生态·诗画

2019 全国城乡规划专业
七校联合毕业设计作品集

北京建筑大学
苏州科技大学
山东建筑大学
西安建筑科技大学 ｜ 编
安徽建筑大学
浙江工业大学
福建工程学院

中国建筑工业出版社

图书在版编目（CIP）数据

生态·诗画：2019全国城乡规划专业七校联合毕业设计作品集/
北京建筑大学等编. —北京：中国建筑工业出版社，2019.8
ISBN 978-7-112-24089-0

Ⅰ.①生…　Ⅱ.①北…　Ⅲ.①城市规划–建筑设计–作品集–中国–
2019　Ⅳ.①TU984.2

中国版本图书馆CIP数据核字（2019）第174258号

责任编辑：杨　虹　尤凯曦
责任校对：张惠雯　姜小莲

生态·诗画

2019全国城乡规划专业七校联合毕业设计作品集

北京建筑大学
苏州科技大学
山东建筑大学
西安建筑科技大学　编
安徽建筑大学
浙江工业大学
福建工程学院
＊
中国建筑工业出版社出版、发行（北京海淀三里河路9号）
各地新华书店、建筑书店经销
北京雅盈中佳图文设计公司制版
北京富诚彩色印刷有限公司印刷
＊
开本：880×1230毫米　1/16　印张：11¼　字数：255千字
2019年8月第一版　2019年8月第一次印刷
定价：**118.00**元
ISBN　978-7-112-24089-0
　　　　　（34590）

编 委 会

- 山东建筑大学：陈　朋　程　亮
- 北京建筑大学：张忠国　苏　毅
- 苏州科技大学：陆志刚　顿明明　周　敏
- 西安建筑科技大学：邓向明　杨　辉　高　雅
- 安徽建筑大学：吴　强　李伦亮　于晓淦
- 浙江工业大学：徐　鑫　周　骏　龚　强
- 福建工程学院：杨昌新　卓德雄　杨芙蓉

- 济南市规划设计研究院：周　东　段泽坤
- 济南市南部山区管理委员会：张嘉瑞

北京建筑大学

苏州科技大学

安徽建筑大学

山东建筑大学

浙江工业大学

西安建筑科技大学

福建工程学院

济南市规划设计研究院

CONTENTS | 目录

序言
Preface

　　本次联合毕业设计以"生态·诗画"为题，将城市设计训练的重点落实在小城镇层面，思考生态文明建设理念下绿色城镇化与可持续发展问题，探索大城市周边山区小城镇严守生态底线与构建和谐空间有机结合的新模式。七校师生与济南市规划设计研究院、济南市南部山区管理委员会的同志密切配合，历经选题研讨、现场踏勘、中期交流等教学环节，形成了内容丰富、思路新颖的设计成果，并尝试使用山地排洪、局地风环境改造、生态承载力评价等技术手段，为济南市南部山区柳埠镇的建设绘制了新时代的"富春山居图"。

高等学校城乡规划专业教学指导分委员会　委　员

山东建筑大学建筑城规学院　副院长

2019 年 7 月

"生态·诗画"——济南市南部山区生态小城镇城市设计

1. 选题背景

1.1 时代背景

党的十九大提出加快生态文明体制改革，建设美丽中国。以生态低冲击、资源低消耗、环境低影响为核心目标和首要原则，实现城乡空间的绿色化营造、绿色化运行和绿色化管理，促进城镇化与自然生态资源环境间全面协调可持续发展。中央城镇化工作会议也提出："城市建设要体现尊重自然、顺应自然、天人合一的理念，依托现有山水脉络等独特风光，让城市融入大自然，让居民望得见山、看得见水、记得住乡愁；要融入现代元素，更要保护和弘扬传统优秀文化，延续城市历史文脉"。城镇化发展的绿色化道路，体现的是城乡可持续发展路径。从城乡自然生态环境、城乡开发建设、城乡功能运行和城乡绿色治理体系四个方面，提高城乡绿色发展能力及绿色治理水平，实现人与自然的和谐共生。

同时，党的十九大报告提出了"实施乡村振兴战略"的发展理念，是城乡发展的重大战略转变。乡村振兴战略的提出，把以往城市工业反哺扶持乡村的思维模式转变为以共享为根本目的的城乡统筹发展，把乡村与城市放在平等的地位上，加强小城镇与乡村之间的联系，这一举措将为城乡一体化战略的推进提供有力保障。小城镇作为乡村和大中城市中间过渡环节的社会实体，在深化农村经济体制改革、建立社会主义市场经济、吸纳农村剩余劳动力方面起着至关重要的作用，它的发展可以有效缩小城乡空间发展差异，实现城乡一体化发展。

1.2 城市背景

1.2.1 济南城市概况

济南具有 2000 多年的历史，是闻名世界的史前文化——龙山文化的发祥地，区域内新有石器时代的遗址城子崖，有先于秦长城的齐长城，有现在中国最古老的地面房屋建筑汉代孝堂山郭氏墓，单层古塔四门塔，有被誉为"海内第一名塑"的灵岩寺宋代彩塑罗汉等。济南山灵水秀，人才辈出，历代文人墨客多聚于此，唐代著名诗人曾在这里写下了"济南名士多"的佳句。

济南自然风光秀丽，自古素有"泉城"之美称。尤以趵突泉、黑虎泉、五龙潭、珍珠泉四大名泉久负盛名，自古享有"家家泉水，户户垂杨"之誉。济南拥有的泉水之多，流量之大，景色之美，独步天下。这些泉，纵横分布，错落有致，既有趵突、黑虎、珍珠、五龙潭四大泉群，又有郊区泉群，誉称 72 名泉。

近年来，济南始终坚持"东拓、西进、南控、北跨、中优"的总体战略，目前，"东拓""西进""中优"战略已取得显著成效，以泉城特色风貌带为核心的中心城区和以中央商务区为核心的东部城区、以西客站为核心的西部城区构成了"一城两区"总体框架;"南控"战略深入推进,对南部山区实行保护为主、生态优先;为推进"北跨"战略,济南积极争取国家级发展载体,正在积极申报新旧动能转换先行区,"北跨"蓄势待发(图1)。

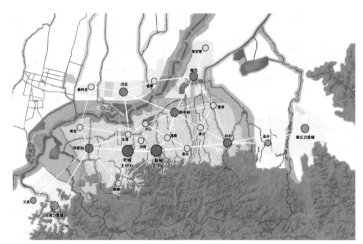

图 1 济南城市中心、次中心与卫星城规划布局研究

2019 年 1 月,国务院批复同意山东省调整济南市莱芜市行政区划,撤销莱芜市,将其所辖区域划归济南市管辖。调整后,济南市辖 10 区 2 县,面积 10244km^2,区域范围内人口 870 万。

1.2.2 《济南市城市总体规划(2011—2020 年)》简介

(1)城市性质

山东省省会,国家历史文化名城,环渤海地区南翼的中心城市。

(2)城市发展目标

打造全国重要的区域性经济中心、金融中心、物流中心和科技创新中心,建设与山东经济文化强省相适应的现代泉城。

(3)发展战略

实施"东拓、西进、南控、北跨、中优"的城市空间发展战略,积极引导城市布局沿东西两翼展开,严格控制城市向南部山区蔓延,适时跨越黄河向北部发展,优化旧城区城市功能,全面提升城市品质。

(4)城市职能

加强和完善的城市职能:全省的政治、经济、科技、文化、教育、旅游中心,区域性金融中心,全国重要交通枢纽。培育和凸显的城市职能:现代服务业和总部经济聚集区,区域性物流中心,高新技术产业和先进制造业基地。

(5)中心城空间结构:"一城两区"

"一城"为主城区,"两区"为西部城区和东部城区,以经十路为城市发展轴向东西两翼拓展。主城区为玉符河以东、绕城高速公路东环线以西、黄河与南部山体之间地区;西部城区为玉符河以西地区;东部城区为绕城高速公路东环线以东地区。主城区与西部城区、东部城区之间以生态绿地相隔离(图2)。

(6)市域生态功能区划

全市划分为南部山区水源涵养区、中心城城市建设区、山前平原农业区、黄河沿岸湿地保育区、北部平原农林区 5 个生态功能区。

南部山区水源涵养区：通过退耕还林、荒山绿化、小流域治理、矿山开采区恢复治理、水资源调控和自然保护区、风景名胜区、森林公园建设，改善生态环境质量，治理水土流失，提高水资源涵养能力，加强生物多样性保护，防治废水和固体废物污染以及农业面源污染；通过生态农业、生态小城镇、生态工业和生态旅游业建设，提高可持续发展能力。

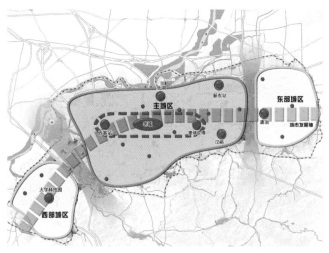

图 2　济南市城市总体规划（2011—2020 年）中心城空间结构图

1.2.3　济南市南部山区概况

济南南部山区，地理位置独特，地处泰山余脉，境内群山环抱、沟壑纵横、山清水秀、空气清新、风景秀丽，被誉为省城后花园。南部山区 2016 年年底户籍人口 21.15 万人，其中户籍非农人口 1.68 万人，户籍农业人口 19.47 万人，城镇化率仅为 7.96%。

近十几年来，南部山区坚持在保护中发展、在发展中保护，"南控"战略得到有效落实：2001 年，济南市政府批准建设南部山区重要生态功能保护区；2002 年，山东省把济南南部山区列入省级生态功能保护区；2003 年 6 月，山东省委常委扩大会议通过"南控"战略，提出"严格控制城市向南发展，将南部山区作为城市重点生态保护区"；2010 年 3 月，《济南市南部山区保护与发展规划》经济南市政府正式批复实施；2012 年济南市提出，要实施积极的"南控"战略，科学有序地发展南部经济，改善当地居民生产生活条件；2015 年济南市"十三五"规划提出，组建南部山区专门管理机构，健全生态补偿等机制。2016 年 7 月，济南市正式批复设立南部山区管理委员会。2017 年初，为进一步梳理南部山区的生态现状，确定各类保护空间，确保南部山区在统一的空间管控要求下开展生态保护和绿色发展，南部山区"多规合一"规划编制工作正式启动。2018 年 1 月，经山东省政府研究，决定在济南市南部山区等地开展"多规合一"试点工作。编制"多规合一"规划是科学有序推进南部山区拆违控违、产业发展、基础设施建设等工作的必然要求，是实施乡村振兴战略的重要抓手，对于推动南部山区生态保护和绿色发展具有重要意义（图 3）。

南部山区的定位，实质上就是如何处理保护与发展的矛盾这个带有普遍性的问题。要把保护作为矛盾的主要方面，进一步明确以保护为主的目标定位，做好"减法"和"加法"

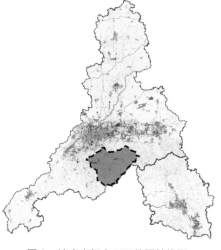

图 3　济南南部山区区位图结构图

的文章。需要健全完善科学合理的生态补偿机制，有序发展生态旅游等绿色产业，不断提高南部山区群众的生活水平。

2. 毕业设计选题

"生态·诗画"——济南市南部山区生态小城镇城市设计

2.1　选题意义

南部山区作为济南的泉源、水塔和生态屏障，山清水秀，风景秀丽，是省会居民的"后花园"。同时，南部山区经济发展相对滞后，公共服务供给水平较低，农民增收渠道较窄，脱贫攻坚任务十分繁重。作为济南市相对深度贫困地区，南部山区脱贫攻坚任务艰巨，贫困人口占全市的 16.5%，254 个行政村有贫困村 135 个，占全市的 15%。长期以来由于缺乏统一规划，南部山区私搭乱建问题突出，产业基础相对薄弱，基础设施建设落后。南部山区的保护与发展，关系济南发展大局，在战略考量中一直占据重要位置。

因此，面对快速城镇化时代下大城市周边小城镇的发展问题，如何在小城镇发展中体现绿色发展的内涵，思考生态文明建设视角下城市发展的要求，以构建生态和谐的城市空间格局为目标，严守生态底线，大力修复生态，重现南山山清水秀的自然风貌，发挥自身资源优势，探索大城市周边小城镇及乡村振兴的发展路径，塑造新时代"富春山居图"优美画卷，是本次联合毕业设计需要解决的主要问题。

2.2　选题区位和概况

柳埠街道办事处位于济南市南部，距市区 15km，省道 103 线贯穿全镇。东南邻泰安市，北邻西营镇，西邻仲宫街道办事处。全街道总面积 172.61km²，是济南市重点生态功能保护区、省城"后花园"的重要组成部分。

2.3　规划用地范围

本次联合毕业设计分两个层面进行，分别为研究范围和城市设计地块范围。

2.3.1　研究范围

规划研究范围为柳埠街道办事处驻地规划区（图 4），规划用地面积约为 3.9km²。

2.3.2　城市设计地块范围

本次联合毕业设计不指定具体的城市设计地块，各组在规划区范

图 4　柳埠街道办事处驻地影像图

围内自行选择城市设计地块，但每组选定的城市设计地块面积应在 50—60hm² 左右。为了确保联合毕业设计成果的多样性，建议每所高校在分组选择地块时，尽可能做到有所差异。

2.4　现状概况

2.4.1　社会概况

柳埠街道办事处 2016 年户籍人口为 61601 人，其中城镇人口 6701 人，乡村人口 54900 人。南部山区作为济南市重点生态保护区，未来人口外迁力度将得到加强。随着南部山区村庄生态搬迁的实施以及空心村、弱小村、偏远村的迁并整合，部分村民生产方式的改变，导致农村剩余劳动力发生转移，农村人口将向城镇和中心村聚集（图 5）。

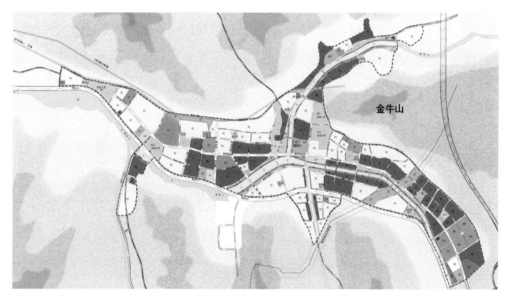

图 5　柳埠街道办事处驻地用地规划图

2.4.2　自然条件

规划用地四面环山，锦阳川东西贯穿规划区。柳埠街道有柳埠、药乡两大国家级森林公园，涌泉竹林有"赛江南"之美称。境内水资源丰富，突泉、涌泉、苦苣泉等均属济南 72 名泉之列。济南野生动物世界、四门塔风景区、九顶塔民族风情园、槲树湾度假风景区等景区，是旅游休闲避暑的理想场所。

2.4.3　交通条件

基地与市区的主要联系通道是省道 103。正在建设中的济泰高速将于 2020 年开通，在规划区东南部设有一处出入口，它将使规划区与市区的交通时间由原来的 30 分钟缩短到 15 分钟。

2.4.4　历史文化遗产

柳埠街道办事处境内四门塔、九顶塔、龙虎塔、千佛崖为全国重点文物保护单位，另有古齐长城遗址、黄巢起义纪念地、天齐庙等省市区级重点文物保护单位。

2.5　上位规划要求

2.5.1　济南市南部山区"多规合一"规划草案（2017—2035 年）

（1）规划范围

规划范围为济南市南部山区管理委员会管辖范围，北至仲宫镇街道办事处、西营镇行政边界，南至泰安界，西至历城、长清区界，东至市区边界，包括仲宫街道办事处（含绣川、高而办事处）、柳埠街道办事处、西营镇三镇街全域范围，土地总面积 571.39km²。

（2）发展定位

目标愿景：生态南山、诗画南山、野趣南山。

总体定位：济南市生态功能保护区和绿色发展示范区。

核心职能：水源涵养——加强对水源地、泉水渗漏带的保护和监管，提高水资源涵养能力；资源保育——统筹实施山水林田湖草系统治理，保持自然资源总量；风景营造——以山水自然本底为基础，打造三川景观带，塑造优美大地景观；休闲旅游——积极融入区域旅游格局，打造大泰山山水文化旅游节点，带动全域乡村旅游发展。

（3）空间格局

形成"三心、四轴、六片"的总体空间格局。

三心——依托仲宫、柳埠、西营三个重点片区，打造南部山区人口集聚、经济发展以及提供公共服务、旅游服务的核心；

四轴——依托 S103 打造旅游服务发展轴；依托济泰高速打造休闲养生服务轴；依托大南环高速以及港西路打造农副产品流通轴；依托 S327 打造东西向城镇发展轴；

六片——以地形地势及主要交通干线划分形成相对独立的一个河谷发展片区、两个后山生态核心保育区、三个前山生态一般保育区，实现"由廊到片"的全域保护。

（4）空间管控

构建"三区三线"全域空间管控体系。落实主体功能区战略和制度，结合南部山区国土空间本底条件，优化生态、农业、城镇三类空间。划定生态保护红线 252.22km²，占南部山区全域面积的 44.14%；划定永久基本农田 102.08km²，占南部山区全域面积的 17.87%；划定城镇开发边界 17.06km²，占南部山区全域面积的 2.98%。

（5）生态保护

构建"三核、三带、多廊、多点"全域生态保护格局。加强自然资源统一管理与保护，至 2035 年，南部山区森林覆盖率达到 61.9% 以上，林地保有量 353.74km² 以上，河湖水面率达到 2.79% 以上，耕地保有量不少于 105.73km²；加强环境污染防治，至 2035 年，南部山区重要水功能区达标率达到 100%。

（6）城乡发展

高度整合城乡资源，推动形成城镇集聚高效、乡村特色鲜明的城乡差异化发展模式。以保山护水、牢守生态空间底线为出发点，对位于生存条件恶劣、生态环境脆弱、自然灾害频发等地区的村庄，通过易地扶贫搬迁、生态宜居搬迁、农村集聚发展搬迁等方式，实施村庄搬迁撤并，统筹解决村民生计、生态保护等问题。

（7）产业发展

打造生态旅游、特色种植两大核心产业。以南部山区良好的自然生态环境和丰富的文化旅游资源为基础，打造集休闲、度假、观光、游憩、体验功能为一体的生态旅游发展高地，带动经济发展与乡村振兴。

2.5.2 柳埠街道办事处驻地控制性详细规划

（1）发展规模

2035 年，规划城镇人口规模约 3.9 万人，城镇建设用地约 3.9km^2。

（2）发展愿景

国家级生态文化旅游名镇——结合柳埠悠久的隋唐文化资源，重点发展生态文旅产业，将柳埠打造成全国发展改革试点城镇。倾省市之力打造，国际化高标准进行建设。

南部山区旅游服务集散中心——结合济泰高速建设，将柳埠驻地打造成济南南部山区旅游服务及集散服务中心。

功能定位：以旅游服务、文旅体验、中草药种植研发、农副产品精深加工及展销、生活居住为主导功能。

（3）发展路径

以山林绿化、河网水系组成的生态格局为基底；以游憩休闲、文化体验的特色旅游为主题；以旅游集散服务、城镇服务的驻地功能为平台；以旅游产品营销、农副产品精深加工、展销的高附加值产业为补充。

2.6 城市设计要求

从分析济南南部山区历史、区位特点入手，对现状建成区的山水空间格局、历史文化特色、产业发展基础、景观环境特征、道路交通组织、服务配套设施等方面深入调研，结合南部山区整体发展要求，以整体空间塑造为目标，合理确定规划范围的发展定位。

具体设计内容可有所取舍，也可增加设计内容。

2.6.1 规划研究范围

在柳埠镇街道办事处驻地规划区范围内进行总体城市设计，具体包括以下方面内容：

（1）落实南部山区"多规合一"规划定位，确定规划区发展愿景、功能定位和城市设计目标；

（2）确定规划区整体发展和生态保护的核心规划策略；

（3）确定功能布局、道路交通框架以及总体城市设计空间结构；

（4）选择并确定城市设计地块范围。

2.6.2　城市设计范围（50—60hm²）

（1）城市设计框架与功能组织

深化总体城市设计规划确定的用地结构，细化功能，依托交通与山水开放空间，明确片区组织架构。通过现状调查研究和目标研判，明确土地功能使用，强化与生态开放空间的关系，策划具体开发项目。

（2）总体形态与空间布局

结合区位、性质等因素确定用地建设总量和各地块的建设强度；围绕山水格局，突出人地和谐，划定重要的视觉走廊、景观节点；确定建筑高度控制和开敞空间组织，加强建筑形体组合和流线贯通，界面与公园、水体、道路关系协调；对建筑色彩、建筑形态以及天际线等进行组织安排，体现空间形态特色。

（3）道路系统与交通组织

选定街道与道路类型，完成道路交通设施布局及控制要素设计，统筹相邻地块停车配建与出入口交通组织。明确不同层级慢行空间布局，创造连续、舒适的出行体验。

（4）公共开放空间与景观系统设计

对水系沿线的开放空间和景观进行重点设计；深化街道空间设计，对不同功能属性的街道实施沿街风貌控制；通过红线宽度和建筑后退，形成尺度宜人的街道空间；充分发挥环境优势，结合现状地形考虑建成环境微气候；组织空间控制要素，营造适宜的景观环境。

（5）建筑风貌与形态

从地域特色视角，对建筑形式、建筑体量、建筑风貌等方面进行控制和引导，体现地域历史文化，使建筑群体风貌协调统一。

（6）街区城市设计导则

以街区为控制单元，制定城市设计导则。

3. 毕业设计成果内容及图纸表达要求

3.1　图纸表达要求

不少于 4 张 A1 标准图纸（图纸内容要图文并茂、文字大小要满足出版的需求）。规划内容至少包括：区位分析图、上位规划分析图、基地现状分析图、设计构思分析图、规划结构分析图、城市设计总平面、道路交通系统分析图、绿化景观分析图、其他各项综合分析图、节点意向设计图、城市天际线、总体鸟瞰及局部透视效果图、城市设计导则等。

3.2 规划文本表达要求

文本内容包括文字说明（前期研究、功能定位、设计构思、功能分区、空间组织、总体布局、交通组织、环境设计、建筑意向、经济技术指标控制等内容）、图纸（至少满足图纸表达要求的内容）。

3.3 PPT 汇报文件制作要求

毕业答辩 PPT 汇报时间不超过 20 分钟，汇报内容至少包括区位及上位规划解析、基地现状分析、综合研究、功能定位、规划方案等内容，汇报内容应简明扼要，突出重点。

3.4 毕业设计时间安排表

请各校在制订联合毕业设计教学计划时遵照执行。

阶段	时间	地点	内容要求	形式
第一阶段：开题及调研	第1周（3月4日—3月10日）	济南山东建筑大学	教学研讨会、基地统合调研及汇报	联合工作坊
基地调研	第1周（3月6日—3月7日）	济南柳埠街道办驻地	采取7校混编的形式，以大组为单位进行基地综合调研	
调研汇报（周六）	第1周（3月9日全天）	济南山东建筑大学	汇报内容包括基本概况，现状分析，初步设想等内容	以混编大组为单位汇报交流（可以用PPT汇报）
补充调研（周日）	第1周（3月10日）	济南山东建筑大学	根据老师的点评，补充调查现状尚未了解和关注的部分	每个学校自定
第二阶段：城市设计方案阶段	第2—8周	各自学校	包括背景研究、区位研究、现状研究、案例研究、定位研究、方案设计等方面内容	每个学校自定
中期检查（周五）	第8周（4月26日）	济南山东建筑大学	汇报内容包括综合研究、功能定位和初步方案等内容	以设计小组为单位汇报交流 PPT 时间控制在 15 分钟以内
第三阶段：城市设计成果表达阶段	第9—13周	各自学校	包括用地布局、道路交通、绿地景观、空间形态、容量指标、城市设计等方面内容	每个学校自定
成果答辩	第14周（6月3日—6月7日）	合肥安徽建筑大学	汇报PPT，4张A1标准图纸和1套规划文本（其中图纸包括：区位、基地现状分析、设计构思分析、规划结构分析、城市设计总平面、道路交通系统分析、绿化景观分析及其他各项统合分析图、节点意向设计、总体鸟瞰及局部透视效果等）	以设计小组为单位进行答辩（文本图册部分可图文并茂混排也可图文分排，打印装订格式各校自定。PPT汇报时间控制在20分钟以内）

注：（1）各校可根据实际情况和学生设计进展进行适当调整，但规定节点时间不能变更；
　　（2）相关规划与基地介绍将在开题（现状调研）阶段由济南市规划设计研究院详细介绍；
　　（3）表中周数以山东建筑大学教学安排计，第1周为2019年3月4日—3月10日。

Beijing

北京建筑大学

指导老师：张忠国　苏　毅

巷子里的人 济南市南部山区生态小城镇城市设计
URBAN DESIGN OF ECOLOGICAL SMALL TOWNS IN SOUTHERN MOUNTAINOUS AREAS OF JINAN CITY

区位分析

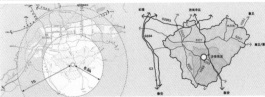

地理区位：济南南部山区后花园的重要组成部分埠镇位于济南市南部，距市区15公里。东南邻泰安市，北邻西营镇，西邻仲宫镇。旅游区位：为济南旅游轴线的重要节点，位于"山水圣人"旅游轴线，齐长城文化旅游长廊，是泉城旅游区与泰山旅游区的交汇处，具有重要的旅游地位。生态区位：济南重点生态保护区济南南部山区实行"南控"政策，是济南的重点生态保护区。

文化分析

生态资源：土地资源类型多样，植被（覆盖面积63%）和水资源丰富，泉水分布广泛，镇内有锦阳川、锦马岭等重要生态资源，环境良好。

旅游资源：国家级历史文物保护单位：四门塔、千佛崖摩崖造像（包括龙虎塔、九顶塔）、齐长城遗址等3处国家级文物保护单位。自然生态风景区：柳埠国家森林公园、椹树涧、药乡国家森林公园。泉水资源：涌泉、突泉、泥淤泉、苦苣泉、避暑泉，级华泉6处名泉均属于济南的七十二名泉。

文化类型：历史文化 泉水文化 民俗文化 红色文化 影视文化

上位规划

区域旅游产业联动分析　　大泰山旅游区　　生态旅游发展布局图

空间结构规划图　　综合交通设施规划图　　生态保护格局图
"三心、首镇、六片"　　指引区域联动、优化内部结构　　"三核、三带、多廊、多点"

城市发展目标：打造全国重要的区域经济中心、金融中心、物流中心和科技创新中心，建设与山东经济文化强省相适应的现代泉城。
发展战略：实施"东拓、西进、南控、北跨、中优"的城市空间发展战略，严格控制城市向南部山区蔓延。城镇职能结构：柳埠镇：旅游开发型城镇。

区域现状分析

山水格局分析图
一带：锦阳川以南生态屏障；多点：散点分布，互不相连。

土地利用分析图
用地聚集度不高资源分布零散，造成用地效率低下，可以整合公共服务、农田、村庄等用地，利于增强公共设施服务水平。用地结构不完善，可以发展现有商业、水体布局形成的优势。

道路交通分析图
对外交通：驻地对外主要依托现有省道103。无其他高等级对外交通，交通压力大，公共交通对景区支撑作用不明显。内部交通：主要生活性干道路状况良好，但内部道路杂乱，不成网络。

公共交通分析
公共汽车为主，主要有88路的多条，67路，812路等等。站点：数量不少，分布以及车次频率还不足够支撑更多的客流量。线路：主要沿103省道和051县道贯穿镇区内，线路可通往济南市区内。

停车场：单独用地停车场仅存在一处南山管委会停车场。停车大都为路边停车车位，不同于老城杂乱的路边占道，镇内路边停车比较整齐，对交通影响较小。

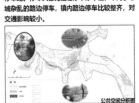
公共空间分析图
现状：滨水步行道为代表，风景优美，自然条件优越，部分路径曲折，有植被树木围合，空间较丰富，长度有限，连续性差，观赏体验感不佳。设想：充分利用滨水岸线，增加长度，加强连续性系统性，增强观赏过程的浸入式体验感。

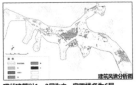
建筑风貌分析图
现状建筑以1、2层为主，安置楼多为6层。基地内建筑以砖混为主，混凝土结构主要是安置楼等。

商业服务设施
基地内商业主要集中于府前街两侧、玉带河沿岸以及天齐庙周边。业态主要包括餐饮服务、商业零售、汽修汽配等，大部分服务于本地及周边居民，少部分为游客提供配套服务。

现状问题总结

老产业 → 老住户 → 老街区

无法吸引新文化
[旧文化不能自我更新]　[新文化注入的缺失]
无法提供新机遇

新产业 → 新居民 → 新空间

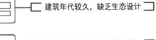

生态问题：水体污染严重，影响市民生活环境；降水丰沛，但雨水回收率低
建筑问题：多处违规搭建，质量存在问题；建筑年代较久，缺乏生态设计
肌理问题：肌理零碎，缺乏联系；后期乱搭乱建严重，破坏肌理
活力问题：公共设施不足，服务能力差；功能复合但布局不合理影响地区活力；缺少体育设施用地
行为问题：连通性、可达性差，交流不足；公共空间缺失，渗透困难
交通问题：公共交通路线单一，交通不足；车辆乱停，影响街道美观

SWOT分析

山水城　文化城　生态法则　旅游服务

S 优势：自然环境优美 旅游资源丰富 区位优势明显
W 劣势：用地聚集度不高 建筑风貌杂乱 公服体系不完善 开放空间利用率低
O 机遇：政策机遇：发展乡村旅游 济南-柳埠-泰安旅游线打造 新高速的开通
T 挑战：对于一个生态小镇，保护与合理开发之间的平衡是最为重要的

巷子里的人 济南市南部山区生态小城镇城市设计
URBAN DESIGN OF ECOLOGICAL SMALL TOWNS IN SOUTHERN MOUNTAINOUS AREAS OF JINAN CITY

平面图

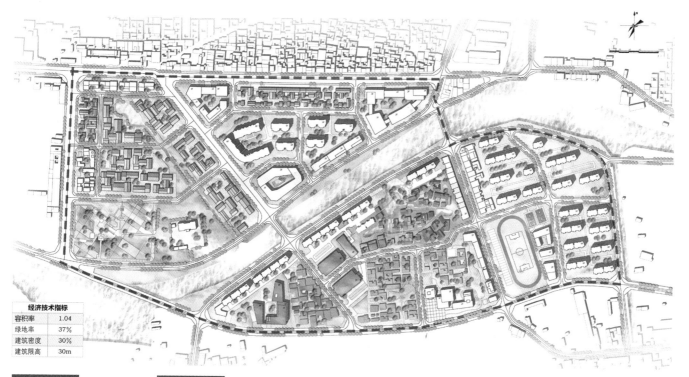

经济技术指标	
容积率	1.04
绿地率	37%
建筑密度	30%
建筑限高	30m

生态策略

道路系统分析图

基地通过103省道、051县道与府前街满足与外界的快速联系；除对外交通外，在规划区内部形成道路清晰的生活性路网骨架生活干道：府前街，双拥街，锦槐街，红线宽度14-22m。
生活型支路：图示褐色路网，红线宽度8-14m。

景观节点分析图

三横：沿河景观绿带，特色商业带，传统文化艺术展览带，
两纵：中心景观生态走廊，居民服务走廊。
多点：特色商业节点，公园景观节点，现代商业节点，传统商业节点，文化展览节点，艺术展览节点，传统建筑展示区，水城相融游览区，回迁房。

功能分区图

传统特色商业区、生态涵养区、现代商业区、传统特色商业区、生态居住区、现代商业区、传统文化展示区、传统文化体验区、传统特色商业区、生态居住区、运动健身区等13个分区。

中观策略

城市品质与发展速度的平衡；城市生活与自然生态的协调；现代文明与传统文化的统筹。

生态策略

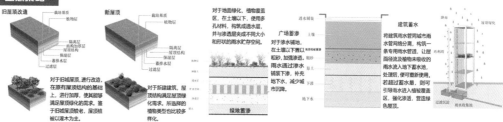

旧屋顶改造　新屋顶

对于旧屋顶，进行改造，在原有屋顶结构的基础上，进行加厚，使其能够满足屋顶绿化的需求。鉴于旧城屋顶较老，屋顶植物被以灌木为主。

对于新建筑，屋顶结构满足屋顶绿化需求。所选择的植物类型也比较多样化。

对于地面绿化，植物覆盖区，在土壤以下铺以多孔材料，构筑成透水层，并与渗透层夹以不同大小和形状的雨水贮存空间。

广场渗透
对于渗水铺装地，在土壤以下铺以粗砂，加速渗透。雨水通过渗水铺装下渗，补充地下水，减少城市内涝。

建筑蓄水
将建筑雨水管同城市雨水管网络分离，构筑一面园液及植物来吸收的雨水流入地下蓄水地，处理后，便可重新使用，若超过蓄水量，则可引导雨水进入植被覆盖区，强化渗透，营造绿色屋顶。

绿地蓄渗

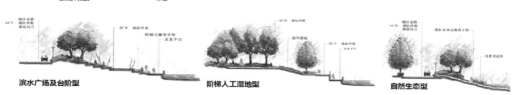

滨水广场及台阶型　　阶梯人工湿地型　　自然生态型

设计以海绵城市为理念，对旧城区的更新改造，融入生态的元素，以生态水循环为基点，对地块内部建筑、路面、绿化等进行全方位的改造。对旧屋顶和新屋顶新增绿化，路面使用渗水铺地。使用最新蓄水技术，将雨水进行再次利用，增强可循环性，减少城市内涝，倡导绿色生活。

建筑策略

街道策略

公共活动策略

空间策略

传统古镇密集，缺乏开放空间，多有建筑破坏并伴渗杂后期后期自然搭建建筑，风格不统一，风貌被破坏。

加入新的绿色开放空间

将具有历史意义和损坏不严重的建筑保留，将后期搭建和损坏严重的建筑拆除，清除出来的空间作为开放空间加以规划，同时加入具有蓄水功能的传统建筑。

重新设计后的古镇群落，丰富的开敞空间。

 公共影院
 露天剧院
 地铁站点
 水岸表演
公交换乘
公交换乘
 屋顶休闲
 平台观景
 广场活动
 水岸游街

巷子里的人 济南市南部山区生态小城镇城市设计
URBAN DESIGN OF ECOLOGICAL SMALL TOWNS IN SOUTHERN MOUNTAINOUS AREAS OF JINAN CITY

鸟瞰图

节点平面图

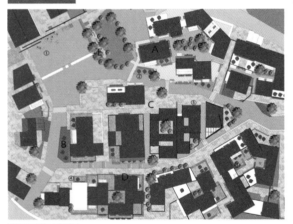

生态策略

a：节点内步道，将各功能区步行串联，使功能之间相互连通，方便到达。
b：景观岛，供游客及居民使用，充分利用小镇水域特色，形成山水环绕的旅游小镇。
c：以居住，商业，餐饮为主，丰富小镇产业结构，进而提高收入水平。
d：将原有传统建筑进行改造，重建，以周庄，乌镇为例，打造具有建筑特色的建筑群体，为小镇旅游奠定基础。

空间策略

场景1：	
时间：	7：00 am
地点：	景观
事件：	嬉戏、散步

场景2：	
时间：	9：00 am
地点：	步行街
事件：	打牌、嬉戏

场景3：	
时间：	2：00 pm
地点：	风貌步行街
事件：	下午茶、购物

场景4：	
时间：	5：00 pm
地点：	步道
事件：	晨练、散步

场景5：	
时间：	7：00 pm
地点：	古镇合院
事件：	嬉戏、住宿

空间活动行为构成……

景观、商业与生活的互动

节点效果图

A：创意工坊（改造建筑）。创意文化中心，集购物、娱乐、文化功能于一体。
B：办公精英楼。背靠清水溪景观带，创造良好的生活生产空间。
C：商业步行街。将原来厂房进行一定的改造，品牌商铺的入驻使形成活力丰富的步行街。
D：传统古镇街。延续周庄古镇的风貌形式并与现代建筑形式结合，形成街、院的休闲娱乐文化场所。
E：中央景观带，贯穿整个场地的中心轴线，是观景、游憩的黄金地带。

1.修缮复原 还原历史
依据原有风格，拆除非本体的构筑物，恢复初始面貌，展现原有砖瓦里面。

改造前　复原修缮　改造后

2.组合更新 衔接历史
以统的灰空间连接各建筑，使新旧和谐，旧新组合，组织成一个统一的群落。

改造前　空间重构　改造后

节点概念演绎

巷子里的人

济南市南部山区生态小城镇城市设计
URBAN DESIGN OF ECOLOGICAL SMALL TOWNS IN SOUTHERN MOUNTAINOUS AREAS OF JINAN CITY

系统分析图

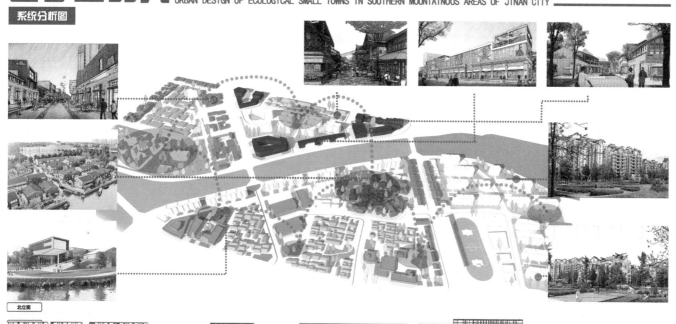

北立面

节点鸟瞰图

设计以海绵城市为理念，对节点更新改造，融入生态的元素，以生态水循环为基点，对地块内部建筑，路面，绿化等进行全方位的改造。对旧屋顶和新屋顶新增绿化，路面使用渗水铺地。使用最新蓄水技术，将雨水进行再次利用，增强可循环性，减少城市内涝。

节点营造策略

建筑
对外展示地块特色，同时对公共建筑进行改造 / 拆除历史建筑周围质量差的建筑，突出历史建筑，将历史建筑展现在市民面前

交通
街道生活气息浓厚，但人车混行影响行人，拓宽人行道，增加沿街店铺 / 打通小区内道路，设计小区入口及流线，增加停车位

空间
化整为零，串联公共空间，形成公共空间网络体系，加强公共空间景观设计 / 定期维护公共服务设施，对公共草坪、健身器材等进行维护

活动
设立物业管理部门，对生活小区内部进行合理管理，增强环境保护及场地的合理使用 / 根据居民的生活习惯及生活需求进行公共空间的设计

传统情节营造

传统空间元素的提取

传统空间的塑造

空间活动提取

将生态、文化、休闲元素结合起来，将人群吸引到场地中来，给场地重注活力，增添生气。

历史文脉的传承
特色产业
文化建筑   旅游产业
周边居民   社区居民
经济
社区产业
社区配套

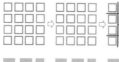
将单体模块进行重新组织，延续原有建筑肌理，增加组团中心，形成组团公共空间

对历史街区进行微小改造，营造适宜居民活动的空间，小空间大智慧

旅游产业板块——依托特色产业打造
文化产业板块——种用文化发展经济
社区经济板块——完善社区配套服务

柳埠生态农旅构建示范园 济南南部山区生态小城镇城市设计 Urban Design of Southern Mountainous of Jinan

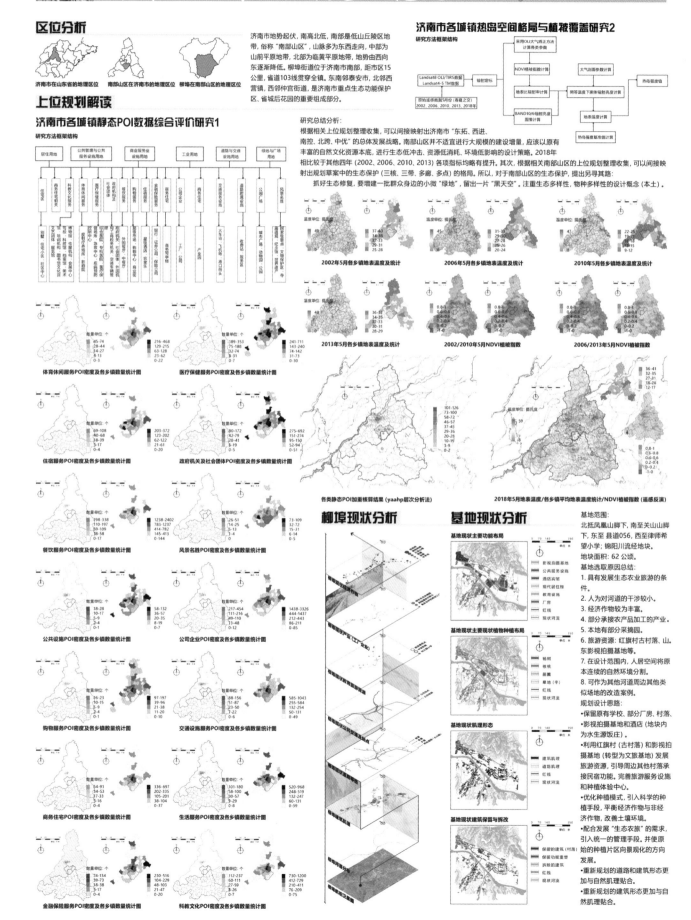

区位分析

济南市地势起伏，南高北低，南部是低山丘陵区地带，俗称"南部山区"，山脉多为东西走向，中部为山前平原地带，北部为临黄平原地带，地势由西向东逐渐降低。柳埠街道位于济南市南部，距市区15公里，省道103线贯穿全境。东南邻泰安市，北邻西营镇，西邻仲宫街道，是济南市重点生态功能保护区、省城后花园的重要组成部分。

上位规划解读

济南市各城镇静态POI数据综合评价研究1

研究方法框架结构

体育休闲服务POI密度及各乡镇数量统计图
医疗保健服务POI密度及各乡镇数量统计图
住宿服务POI密度及各乡镇数量统计图
政府机关及社会团体POI密度及各乡镇数量统计图
餐饮服务POI密度及各乡镇数量统计图
风景名胜POI密度及各乡镇数量统计图
公共设施POI密度及各乡镇数量统计图
公司企业POI密度及各乡镇数量统计图
购物服务POI密度及各乡镇数量统计图
交通设施服务POI密度及各乡镇数量统计图
商务住宅POI密度及各乡镇数量统计图
生活服务POI密度及各乡镇数量统计图
金融保险服务POI密度及各乡镇数量统计图
科教文化POI密度及各乡镇数量统计图

各类静态POI加重核算结果（yaahp层次分析法）

济南市各城镇热岛空间格局与植被覆盖研究2

研究方法框架结构

研究总结分析：

根据相关上位规划整理收集，可以间接映射出济南市"东拓、西进、南控、北跨、中优"的总体发展战略。南部山区并不适宜进行大规模的建设增量，应该以原有丰富的自然文化资源本底，进行生态低消耗、环境低影响的设计策略。2018年相比较于其他四年（2002、2006、2010、2013）各项指标均有提升。其次，根据相关南部山区的上位规划整理收集，可以间接映射出规划草案中的生态保护（三核、三带、多廊、多点）的格局。所以，对于南部山区的生态保护，提出另寻其路：

抓好生态修复，要增建一批群众身边的小微"绿地"，留出一片"黑天空"。注重生态多样性，物种多样性的设计概念（本土）。

2002年5月各乡镇地表温度及统计
2006年5月各乡镇地表温度及统计
2010年5月各乡镇地表温度及统计
2013年5月各乡镇地表温度及统计
2002/2010年5月NDVI植被指数
2006/2013年5月NDVI植被指数

2018年5月地表温度/各乡镇平均地表温度统计/NDVI植被指数（遥感反演）

柳埠现状分析

基地现状分析

基地现状主要功能布局
基地现状主要现状植物种植布局
基地现状肌理形态
基地现状建筑保留与拆改

基地范围：
北抵凤凰山脚下，南至关山山脚下，东至县道056，西至律师希望小学；锦阳川流经地块。

地块面积：62公顷。

基地选址原因总结：
1. 具有发展生态农业旅游的条件。
2. 人为对河道的干涉较小。
3. 经济作物较为丰富。
4. 部分承接农产品加工的产业。
5. 本地有部分采摘园。
6. 旅游资源：红旗村古村落、山东影视拍摄基地等。
7. 在设计范围内，人居空间将原本连续的自然环境分割。
8. 可作为其他河道周边其他类似场地的改造案例。

规划设计思路：
• 保留原有学校、部分厂房、村落。
• 影视拍摄基地和酒店（地块内为水生资源饭庄）。
• 利用红旗村（古村落）和影视拍摄基地（转型为文旅基地）发展旅游资源，引导周边其他村落承接民宿功能。完善旅游服务设施和种植体验中心。
• 优化种植模式，引入科学的种植手段，平衡经济作物与非经济作物，改善土壤环境。
• 配合发展"生态文旅"的需求，引入统一的管理手段。并使原始的种植片区向景观化的方向发展。
• 重新规划的道路和建筑形态更加与自然肌理贴合。
• 重新规划的建筑形态更加与自然肌理贴合。

柳埠生态农旅构建示范园
济南南部山区生态小城镇城市设计
Urban Design of Southern Mountainous of Jinan

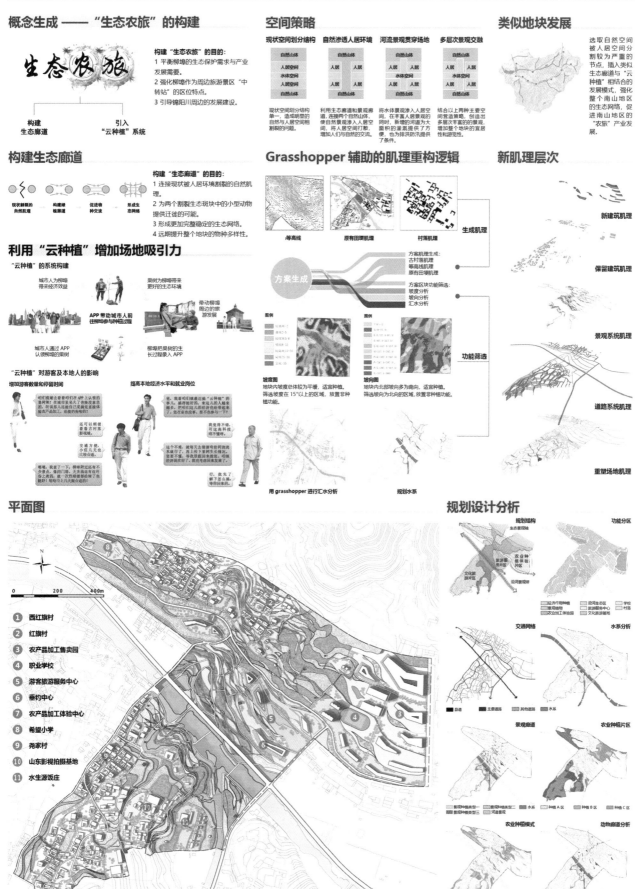

概念生成 —— "生态农旅"的构建

生态农旅

构建"生态农旅"的目的：
1 平衡柳埠的生态保护需求与产业发展需要。
2 强化柳埠作为周边旅游景区"中转站"的区位特点。
3 引导锦阳川周边的发展建设。

构建
生态廊道

引入
"云种植"系统

空间策略

现状空间划分结构	自然渗透人居环境	河流景观贯穿场地	多层次景观交融
自然山体	自然山体	自然山体	自然山体
人居空间	人居	人居	人居
水体空间	水体空间	水体空间	水体空间
人居空间	人居	人居	人居
自然山体	自然山体	自然山体	自然山体

现状空间划分结构单一，造成明显的自然与人居空间割裂的问题。

利用生态廊道和景观廊道，连接两个自然山体，使自然景观渗入人居空间，将人居空间打散，增加人与自然的交流。

将水体景观渗入人居空间的同时，新增的河道为大面积的灌溉提供了方便，也为排洪防汛提供了条件。

结合以上两种主要空间营造策略，创造出多层次丰富的景观，增加整个地块的宜居性和避灾性。

类似地块发展

选取自然空间被人居空间分割较为严重的节点，插入类似生态廊道与"云种植"相结合的发展模式，强化整个南山地区的生态网络，促进南山地区的"农旅"产业发展。

构建生态廊道

现状割裂的自然肌理 — 构建生态廊道 — 促进物种交流 — 形成生态网络

构建"生态廊道"的目的：
1 连接现状被人居环境割裂的自然肌理。
2 为两个割裂生态斑块中的小型动物提供迁徙的可能。
3 形成更加完整稳定的生态网络。
4 远期提升整个地块的物种多样性。

利用"云种植"增加场地吸引力

"云种植"的系统构建

城市人为柳埠带来经济效益

果树为柳埠带来更好的生态环境

APP带动城市人前往柳埠参与种植过程

带动柳埠周边的旅游发展

城市人通过APP认领柳埠的果树

柳埠把果树的生长过程录入APP

"云种植"对游客及本地人的影响

增加游客数量和停留时间

提高本地经济水平和就业岗位

Grasshopper 辅助的肌理重构逻辑

等高线　原有田埂肌理　村落肌理

生成肌理

方案生成

方案肌理生成：
古村落肌理
等高线肌理
原有田埂肌理

方案区块功能筛选：
坡度分析
坡向分析
汇水分析

功能筛选

坡度面
地块内坡度总体较为平缓，适宜种植。筛选坡度在15°以上的区域，放置非种植功能。

坡向图
地块内北部坡向多为南向，适宜种植。筛选坡向为北向的区域，放置非种植功能。

用 grasshopper 进行汇水分析

规划水系

新肌理层次

新建筑肌理

保留建筑肌理

景观系统肌理

道路系统肌理

重塑场地肌理

平面图

0 200 400m

1 西红旗村
2 红旗村
3 农产品加工售卖园
4 职业学校
5 游客旅游服务中心
6 垂钓中心
7 农产品加工体验中心
8 希望小学
9 尧庄村
10 山东影视拍摄基地
11 水生源饭庄

规划设计分析

规划结构

生态景观轴

农业种植体验区
文化民俗
旅游区
沿河景观带

功能分区

经济作物种植　沿河生态区　学校
观赏植物　旅游服务中心　村落
农业加工工业园　文化旅游基地

交通网络

水系分析

景观　主要道路　其他道路　水系

景观廊道

农业种植片区

景观种植类型一　观赏种植类型二　水系　种植A区　种植B区
景观种植类型三　河道景观　　种植C区

农业种植模式

动物廊道分析

种植类型一　种植类型二　动物庇护所　水系

柳埠生态农旅构建示范园
济南南部山区生态小城镇城市设计
Urban Design of Southern Mountainous of Jinan

农旅规划

□农旅平台构建

农旅平台由政府牵头、乡民、工厂共同参与创建，为不同年龄段的游客提供不同的农业旅游服务项目。

□农旅事件活动日历

农业旅游按照节气变化进行农事

月份	农业种植体验				乡村景观观光体验		
	农作物栽种	果树修剪	除虫打药	果实采摘	观赏花卉	岸边垂钓	冰雪南山
1月	樱桃					鲫鱼、鲶鱼、鲋鱼	有雪
2月	樱桃、山楂	樱桃				鲫鱼、鲶鱼、鲋鱼	有雪
3月	核桃、山楂				油菜花	鲫鱼	
4月	核桃	核桃		樱桃	油菜花、槐花		
5月		山楂			槐花		
6月			核桃	樱桃、红玉杏	荷花、紫薇	鲫鱼、鲤鱼	
7月			山楂、核桃	红玉杏	荷花、紫薇		
8月			山楂		荷花、紫薇、丁香花		
9月	山楂、红玉杏			核桃、山楂	荷花、丁香花	草鱼、鲤鱼	
10月	山楂、红玉杏		山楂	山楂	丁香花	草鱼、鲤鱼	
11月	山楂	山楂、红玉杏					有雪
12月		山楂、红玉杏					有雪

春 夏 秋 冬

□特色乡游

食

1. 农家乐：在柳埠镇原住民农家之中品味农家常菜，是用田间新鲜种植、当季时令蔬菜烹调各种农家常菜，有当地特色且健康无害。
2. 鲁菜特色餐厅：由专门的鲁菜师傅精心制作的，以鲁菜为主，精心挑选上等食材制作。餐厅环境布置优雅，有着浓厚山东文化气息。

住

1. 特色民宿：民宿经营者为当地住户，利用自用住宅、空闲房间、闲置的房屋，结合当地人文特色，提供旅客乡野生活的住宿体验。
2. 田园露营：在具有一定自然风光的田园之中，露营住宿。经营者开辟管理营地，可提供帐篷、小木屋、移动别墅等设备，为游客提供安全且亲近大自然的住宿方式。
3. 高端度假酒店：融合乡村文化，服务设施便捷现代化，利用乡村安静的环境，使游客能暂时告别城市喧嚣和繁忙，静心享受度假生活。

观

1. 田园风光：以景观和艺术的手法打造田园美景，增加场地识别性，倡导回归自然主题。
2. 农耕种植：在原山地及农田肌理中，加入非传统种植方式，考虑游客参观路线，生成新的农田肌理；将农业种植和游客参观相结合，展示新型的种植方式，提供不同的旅行体验。
3. 历史村落：以红旗村为代表，展示特色建筑，还原村落风貌，使游客感受当地风土人情。

学

1. 种植体验：外来游客在当地人的指导下参与农作物种植，得到亲近接触自然的机会。在不同的时间参与不同的种植体验过程，如修剪、采摘等，领略农耕文化的魅力，体验种植的乐趣。
2. 工厂参观体验：在野凤酥工厂的基础上，建立食品加工园区。工厂开设观光区，让游客参观了解食品加工的真实场景，在手工作坊中，体验制作的乐趣。
3. 垂钓平台：在垂钓中，体验闲适的乡村生活。同时，可以亲子互动，增进家长和孩子之间的情感交流，享受亲子交流的乐趣。

行 充分利用当地现有的公交系统，加入多样的慢行交通体验方式，满足不同年龄人群交通方面的需求。

1. 公交路线
借助现有的当地公交站点，连接参观路线中的历史村落、种植田、食品加工厂以及其他重要的参观景点将其串联。
公交车

2. 观光拖拉机
由乡民经营，在种植田中设置相关交通设施，游客借助这种极具乡村生产生活特色的拖拉机，参观道路两旁的田园、果林。
观光拖拉机

3. 田园自行车
在景区内设存放地点，游客自助借借田园自行车，为游客深入乡村中各景点提供便捷交通方式。
田园自行车

4. 步行系统
在景区中设置完整的步行系统，满足游客的步行。同时，考虑步行道的铺设方式和材料选择，降低其对于农田的影响。
步行道

设计流线及景观概述

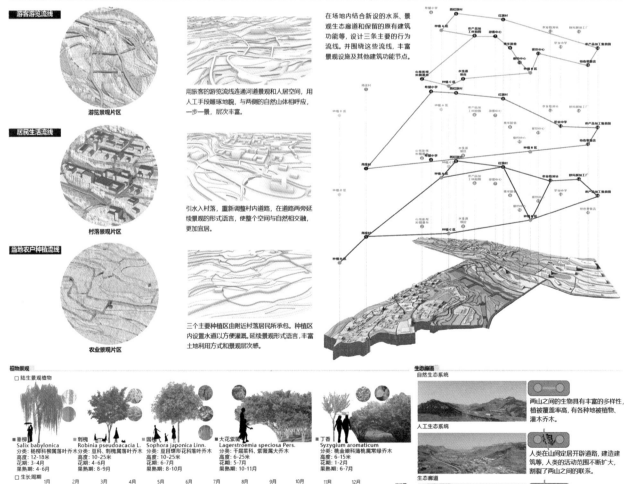

游客游览流线

游览景观片区

居民生活流线

村落景观片区

当地农户种植流线

农业景观片区

在场地内结合新设的水系、景观生态廊道和保留的原有建筑功能等，设计三条主要的行为流线。并围绕这些流线，丰富景观设施及其他建筑功能节点。

用旅客的游览流线连通河道景观和人居空间，用人工手工雕琢地貌，与两侧的自然山体相呼应，一步一景，层次丰富。

引水入村落，重新调整村内道路，在道路两旁延续景观的形式语言，使整个空间与自然相交融，更加宜居。

三个主要种植区由附近村落居民所承包。种植区内设置水道以方便灌溉。延续景观形式语言，丰富土地利用方式和景观层次感。

植物景观

□陆地景观植物

Salix babylonica	Robinia pseudoacacia L.	Sophora japonica Linn.	Lagerstroemia speciosa Pers.	Syzygium aromaticum
垂柳	**刺槐**	**国槐**	**大花紫薇**	**丁香**
分类：杨柳科柳属落叶乔木	分类：豆科、刺槐属落叶乔木	分类：豆亚蝶形花科落叶乔木	分类：千屈菜科、紫薇属大乔木	分类：桃金娘科蒲桃属常绿乔木
高度：12-18米	高度：10-25米	高度：15-25米	高度：6-25米	高度：6-15米
花期：3-4月	花期：4-6月	花期：6-7月	花期：5-7月	花期：1-2月
果熟期：4-6月	果期：8-9月	果期：8-10月	果熟期：10-11月	果熟期：6-7月

□生长周期

1月	2月	3月	4月	5月	6月	7月	8月	9月	10月	11月	12月

生态廊道

自然生态系统

两山之间的生物具有丰富的多样性，植被覆盖率高，有各种地被植物、灌木乔木。

人工生态系统

人类在山间定居开辟道路，建造建筑等，人类的活动范围不断扩大，割裂了两山之间的联系。

生态廊道

通过生态廊道构建，重新建立被人居环境割裂的联系，而且丰富和美化了城镇的人居环境。

柳埠生态农旅构建示范园

济南南部山区生态小城镇城市设计
Urban Design of Southern Mountainous of Jinan

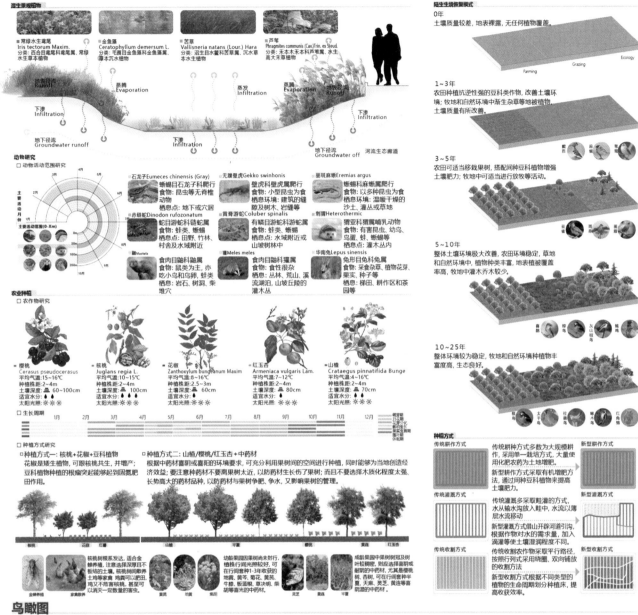

湿生景观植物

■ 常绿水生鸢尾
Iris tectorum Maxim.
分类：百合目鸢尾科鸢尾属、常绿水生草本植物

■ 金鱼藻
Ceratophyllum demersum L.
分类：毛茛目金鱼藻科金鱼藻属、漂本沉水植物

■ 苦草
Vallisneria natans (Lour.) Hara
分类：沼生目水鳖科苦草属、沉水草本水生植物

■ 芦苇
Phragmites communis (Cav.)Trin. ex Steud.
分类：禾本木禾本科芦苇属、水生高大未草植物

径流 Runoff　蒸腾 Evaporation　蒸发 Infiltration　蒸腾 Evaporation　径流 Runoff
下渗 Infiltration　下渗 Infiltration　下渗 Infiltration
地下径流 Groundwater runoff　下渗 Infiltration　地下径流 Groundwater off　河流生态廊道

动物研究
□ 动物活动范围研究

主要活动月份
主要活动范围值(0-Xm)

石龙子 Eumeces chinensis (Gray)
蜥蜴目石龙子科爬行动物
食物：昆虫等无脊椎动物
栖息点：地下或穴居

无蹼壁虎 Gekko swinhonis
壁虎科壁虎属爬行
食物：小型昆虫为食
栖息环境：建筑的缝隙及树木、岩缝等

丽斑麻蜥 Eremias argus
蜥蜴科麻蜥属爬行
食物：以多种昆虫为食
栖息环境：温暖干燥的沙土、灌丛或草地

赤链蛇 Dinodon rufozonatum
蛇目游蛇科链蛇属
食物：蛙类、蜥蜴
栖息点：田野、竹林、村舍及水域附近

黄脊游蛇 Coluber spinalis
有鳞目游蛇科游蛇属
食物：蛙类、蜥蜴
栖息点：水域附近或山坡树林中

刺猬 Heterothermic
猬亚科猬属哺乳动物
食物：有害昆虫、幼鸟、鸟蛋、蛙、蜥蜴等
栖息点：灌木丛内

鼬 Mustela
食肉目鼬科鼬属
食物：鼠类为主，或吃小鸟和鸟卵、蛙类
栖息：岩石、树洞、柴堆穴

獾 Meles meles
食肉目鼬科獾属
食性很杂
栖息：丛林、荒山、溪流湖泊、山坡丘陵的灌木丛

华南兔 Lepus sinensis
兔形目兔科兔属
食物：采食杂草、植物花芽、果实、种子等
栖息：梯田、耕作区和茶园等

农业种植
□ 农作物研究

■ 樱桃
Cerasus pseudocerasus
平均气温：15~16℃
种植株距：2~4m
土壤深度：60~100cm
适宜水分：
太阳光照：

■ 核桃
Juglans regia L.
平均气温：10~15℃
种植株距：2~4m
土壤深度：100cm
适宜水分：
太阳光照：

■ 花椒
Zanthoxylum bungeanum Maxim
平均气温：8~16℃
种植株距：2.5~3m
土壤深度：60cm
适宜水分：
太阳光照：

■ 红玉杏
Armeniaca vulgaris Lam.
平均气温：7~12℃
种植株距：2~4m
土壤深度：80cm
适宜水分：
太阳光照：

■ 山楂
Crataegus pinnatifida Bunge
平均气温：4~16℃
种植株距：2~4m
土壤深度：70cm
适宜水分：
太阳光照：

□ 生长周期
1月 2月 3月 4月 5月 6月 7月 8月 9月 10月 11月 12月

□ 种植方式研究

□种植方式一：核桃+花椒+豆科植物
花椒是伴生植物，可跟核桃共生，并增产；豆科植物种植的根瘤突起能够起到固氮肥田作用。

□种植方式二：山楂/樱桃/红玉杏+中药材
根据中药材喜荫或喜荫的环境要求，可充分利用果树间的空间进行种植，同时能够为当地创造经济效益；要注意种药材不要离果树太近，以防药材生长伤了果树；而且不要选择木质化程度太强、长势高大的药材品种，以防药材与果树争肥、争水、又影响果树的管理。

核桃 花椒 红玉 山楂 半夏 樱桃 黄连 红玉杏

核桃树根系发达，适合金蝉养殖，可跟核桃共生，注意选择深厚且不积水的土壤。核桃树刚栽种的土壤要家禽，鸡应可以肥田，鸡以不吃害虫较高，甚至可以消灭一定数量的害虫。

黄连 地黄 柴胡

功能果园因果树尚未封行，植株行间光照较好，可在行间栽种1-3年生的地黄、黄芩、菊花、牛膝、板蓝根、草决明、柴胡等喜光的中药材。

灵芝 黄连 半夏

成品园中果树树冠及树叶投影部分，可在行间套种半夏、天麻、灵芝、黄连等喜阴耐阴的中药材，尤其是樱桃树、杏树，可在行间套种半阴。

陆生生境恢复模式

0年
土壤质量较差，地表裸露，无任何植物覆盖。
Farming　Grazing　Ecology

1~3年
农田种植抗逆性强的豆科作物，改善土壤环境；牧地和自然环境中渐生杂草等地被植物，土壤质量有所改善。

3~5年
农田可适当移栽果树，搭配间种豆科植物增强土壤肥力；牧地中可适当进行放牧等活动。

5~10年
整体土壤环境极大改善，农田环境稳定，草地和自然环境中，植物种类丰富，地表植被覆盖率高，牧地中灌木乔木较少。

10~25年
整体环境较为稳定，牧地和自然环境种植物丰富度高，生态良好。

种植方式

传统耕作方式
传统耕作方式多数为大规模耕作，采用单一栽培方式，大量使用化肥农药为土壤增肥。

新型耕作方式
新型耕作方式采取有机增肥方法，通过间种豆科植物来提高土壤肥力。

传统灌溉方式
传统灌溉多采取畦灌的方式，水从输水沟放入畦中，水流以薄层水流移动。

新型灌溉方式
新型灌溉方式借山开辟河道引沟，根据作物对水的需求量，加入滴灌等使土壤湿润程度不同。

传统收割方式
传统收割农作物采用平行路径，按照行列式采用畦圈、双向铺设的收割方法

新型收割方式
新型收割方式根据不同类型的植物的生命周期划分种植床，提高收获效率。

鸟瞰图

柳根新生 "生态·诗画" 济南市南部山区生态小城镇城市设计

Urban Design of Ecological Town in Southern Mountainous Area of Jinan City

生度品互创青民艺根游
态假味动业年居术雕乐

区位分析

地理区位

山东省济南市：
山东半岛城市群
和济南都市圈核
心城市

济南市南部山区：
南部山区柳埠镇
省城后花园

柳埠镇：面积4万平
方千亩，常住人口
1.2万，城市沿锦阳
川河谷发展。

上位规划

《济南城市总体规划 (2011-2020)》
济南市生态格局 | 市域历史文化遗产保护规划图

《济南市南部山区"多规合一"规划草案》 (2017-2035年)
空间结构规划图 | 生态保护格局图

北接泉城，南抵泰山 | 南部山区水源涵养区
全国重点文保单位 | 南部山区：人口聚集，经济
发展，提供服务，核心之一 | 打造锦阳川河景观带
控制严格生态

SWOT分析

区位：与市区空间关系紧密。
生态：山水资源丰富，具有良好的生态本底。
文化：具有历史物质文化遗存和民俗特色。
山水：山、水、城关系较弱。
文化：知名度低下，未充分开发。
风貌：城镇风貌缺乏当地特色。
政策：相关政策提倡发展生态旅游业。
规划：上位规划指出将南部山区旅游服务中心。
设施：交通上，多条公路等进一步完善落实。
人口：镇区内老人和小孩偏多，年轻人较少。
活力：街区吸引力不足，活力低下。
产业：镇区内缺少特色产业。

现状分析

用地现状分析

公共空间分析

山水格局分析

调研照片

道路分析

产业分析

人群活动需求分析

人群分类	公共生活需求
老年人	赶集 下棋 散步 跳舞 聊天
中年人	赶集 农作 散步 售卖 社交
青年人	办公 读书 游玩 休闲 交流
儿童	玩耍 读书 学习 游戏 互动
游客	体验 购物 游玩 休闲 采摘
居民	生产 传承 展示 休闲 娱乐

建筑肌理

建筑质量

建筑风貌

建筑高度

视线分析

开敞空间：四周几乎全部开敞，缺乏适度围合感，变化不丰富，视线过于开阔。

街道视线：两侧建筑风貌单一且体量相似，长街两侧缺少开口，视线单一无节奏感。

山城天际线：城镇建筑天际线平直，几乎未考虑与山体天际线起伏的配合，缺乏生态美感。

河道视线：河道两侧建筑距水近，驳岸均为硬质水泥护堤，水面上方视线通透，整体河岸视线极为单一。

现状问题

文化
1. 文化资源没有被全面开发
2. 已开发景区与周边地块缺少联系
3. 镇区景点缺乏整体规划

山水
1. 山水城空间格局关系较弱
2. 山体轮廓线与建成区天际线缺少联系
3. 开放空间与视线通廊未形成关系

人群
1. 旅游人口流量季节性变化较大
2. 本地人口中，老年人偏多，青壮年较少
3. 生活方式单一，不够多元

设计主题

根网城镇 —— 通过根网解决现状问题

济南市的生态水源地和后花园是南部山区。南部山区是济南市的生态山水根源地。

南部山区空间结构规划中，柳埠镇位于生态核心保育区，是三心之中。柳埠镇是南部山区的空间结构根心。

所选设计地块位于柳埠镇的空间几何中心，也是柳埠镇的水系交汇区和生活中心区，是镇区内最具活力的地块。地块是柳埠镇的发展根心。

生态山水之源 空间结构根心 城镇发展之根 地球

根的内容

文化
以根雕传统为启发点，吸引凝聚周边文化资源，发展文化创意产业，活化文化氛围，把柳埠镇打造成济南市南部山区的艺术文化中心。

山水
根自由蔓延，将根网作为山水结构，来优化城镇生活空间。将根网水系引入镇区，创造更好的山水视廊，打造"山城一体、水城互融"的山水格局。

根雕传统 创意引入 智慧活力 文化艺术

人群
吸引年轻人入驻柳埠镇，引入新的活力，让南山"智慧"起来。通过织补道路、步道、生活设施根网，使游客与居民、镇不同区域居民之间的交流融合。

根的形式

1 主根——道路、水系
道路和水系如同主根，对整个镇起到骨架结构的作用同时又如主根一样，承担着对城镇输送和交流的功能。

2 须根——商业、公共空间
在主根骨架体系下，商业和公共空间呈线状、块状或点状分布，我们将其设计为有机联系的整体，成为覆盖镇区的更细密、渗透进生活的须根网络。

3 边界——山与城、居住界线
根系植根于土壤环境，根与土的交界面并非硬性隔离，而是始终进行着营养交互活动。正如同我们试图融合山水与城镇的关系、打破居住的硬性边界，增进彼此交流互动。

设计主题

最小干预，最大效果

考虑到保持历史连续性和城镇对环境的影响，我们希望不仅仅为了增加建设的需求而产生过多破坏。

因此在我们的设计中，一个重要的价值标准应该是"通过最小的干预达到最大的效果"。

柳根新生 "生态·诗画" 济南市南部山区生态小城镇城市设计

Urban Design of Ecological Town in Southern Mountainous Area of Jinan City

生 度 品 互 创 青 民 艺 根 游
态 假 味 动 业 年 居 术 雕 乐

设计构想

构想一 从点到线

交流场所
现有场所分散不成体系，大部分利用效率低下。通过新增开放空间和沿河打造生态绿廊，使整个小城镇的开放空间串珠成线，形成体系。这也符合传统沿河城镇的线形特征。

构想二 从机械设想到动态交织

混合用地
机械的计划不适合城镇发展的动态模糊性。用动态发展的眼光看待规划设计，试图打破规划单一严格的用地界线，仅提出引导建议，使城镇用地在动态生长中寻找到最适合的定位。

构想三 从隔离到交流

人群聚集
城镇居民往往自发形成活动聚集点，呈现河流两岸缺乏交流、各聚集点之间相互隔离的状态。我们试图通过根系织补绿带、完善开放空间体系来促进各人群间的交流。

山水融城
城镇边界形态现状基本咬合山势地形起伏，但需要进一步引入山体的生态绿廊，将锦阳川水体引入城镇的各个组团，行成景观廊道，达到"山城一体""水城互融"的山水格局。

构想四 从重新创造到继续编辑

建筑更新
没有采取一味地新建和拆除手段，而是通过研判各区域建筑质量、建筑风貌等，合理进行更新改造，保留老城传统区域进行改造和适当拆迁。

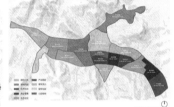

功能引入
在柳埠镇功能现状基础上，引导新增一些功能区，如：青年活力、艺术社区等。没有一味发展新功能，而是希望新旧功能相互激活，迸发活力。

步行系统
结合柳埠镇本身线性发展的特征，考虑在镇区引入公园步道、滨河步道等慢行系统，充分利用镇区现有设施和自然资源，创造宜人的生态休闲小镇。

水系引入
借助原有锦阳川、桃科河径流，充分发掘滨水环境的优势，在镇区引入水系，形成水网，增加丰富有趣的驳岸环境。

设计方案

方案思路

01
思考柳埠镇滨水中心区，我们应该如何构建属于锦阳川径流的新型滨水生态小镇？

02
从周边环境入手，分析用地现状，发现影响柳埠镇滨水中心区城镇发展的关键在于山水生态格局和老城传统。

03
提取锦阳川径流为东西向的自然轴线，同时再建立联系锦阳川南北两岸的三条主题轴线，形成"鱼骨状"的基本结构。

04
顺应周边山水走势，增加锦阳川两岸的公共空间联系，强调城镇与自然之间的和谐关系，建立基本生态环境格局。

05
以生态环境格局为基础，组织基地内的绿地系统、水系网络和步行系统，形成开放空间的根系网络基本格局。

06
结合生态根系与三条轴线主题，采取根系网络形态组织用地，形成青年活力、老城生活、艺术创意三大组团。

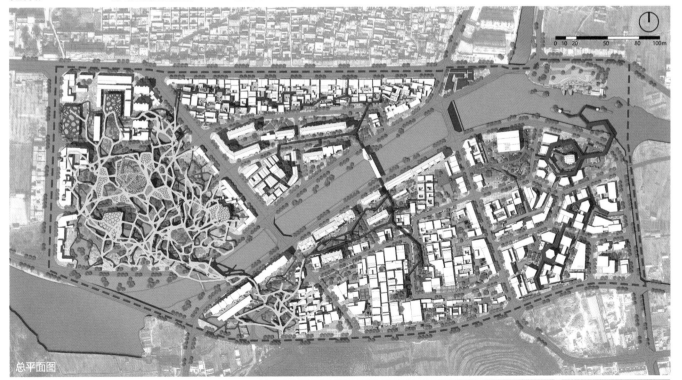

总平面图

柳根新生 "生态·诗画" 济南市南部山区生态小城镇城市设计

Urban Design of Ecological Town in Southern Mountainous Area of Jinan City

生态 度假 品味 互动 创业 青年 民居 艺术 根雕 游乐

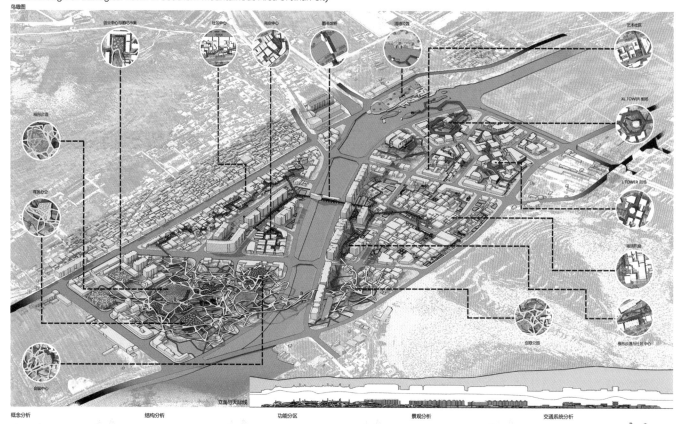

概念分析　　　　　结构分析　　　　　功能分区　　　　　景观分析　　　　　交通系统分析

设计构想

城镇根须

1 街道

梳理现状路网并进行合理丰富，在道路沿线上集中布置功能，使街道形成具有内容的根须体系，创建由交通网络连接的紧凑城镇。

2 慢行步道

多层次步行系统是贯穿整个地块的重要空间线索。它将各个功能场点串联在一起。分为地面和架空两部分，在非工作时间仍可连续通行。

架空步行曲面图

架空步行曲面图

城镇龟裂

1 绿地 公共空间

通过在均值单调的城镇空间内，对风景和历史进行优化，依据建筑肌理嵌入线性绿地及公共空间，从而营造出独特的龟裂线性兴趣空间。

2 水体

在现有的城镇空间内，扩大锦阳川水系的生态魅力，从以前水城分离的纯水泥岸线中，"寻找裂缝"，将水系渗透引入城镇，形成龟裂状水网体系。

绿地与公共空间

水网体系

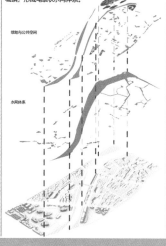

三区根网

1 组团根系

为提升和振兴柳埠镇区活力，结合其现状的老城传统、年轻人流失等特征，利用根雕艺术文化和周边的艺术学校、画室等资源，将基地分为青年活力、老城生活和艺术创意三大组团，组团内部各自形成特色根网系统，以达到对外吸引，对内凝聚的作用。

1.青年活力组团：基于参数化的仿生根系
2.老城生活组团：织补老城生活空间的根系
3.艺术创意组团：平面艺术构图和生态的根系

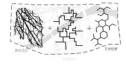

青年组团　　艺术创意

2 产业&功能置入

青年活力组团	办公 创	金融、广播传媒
	创意	文化产品设计与销售
	会展	商业、餐饮、娱乐、拍卖
老城生活组团	文化	科研行业、商务服务
	日常	商业零售、家庭服务
	休闲	旅游、餐饮、住宿
艺术创意组团	交流	艺术家派、电影、电视
	体验	文化休闲、手工制作
	配套	餐饮、零售、公共设施管理

根系网络

1 桥

通过三座根状桥串联整个步行体系，将老城与新添功能进行练习和契合，形成整体，延续场地精神。并以场地为根，向整个柳埠镇区扩散伸展，产生吸引力和聚集力。

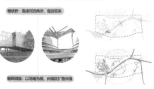

根状桥：连接城市两岸，促进联系

柳根桥：以公场地为根，向镇区扩散伸展

2 活动策划

规划场地内游览路线，串联分布于场地内丰富多彩的功能节点。定时定点策划活动，营造场地整体的趣味艺术氛围。置入特色产品引爆场地，一年内的不同时段以不同的活动形式持续吸引人气，从而带动柳埠城镇产业振兴可持续发展。

有氧户外
文艺演出
民宿体验
美食娱乐
文化展览
头脑风暴

游览路线&活动圈

柳根新生 "生态·诗画" 济南市南部山区生态小城镇城市设计

Urban Design of Ecological Town in Southern Mountainous Area of Jinan City

生度品互创青民艺根游
态假味动业年居术雕乐

青年活力组团

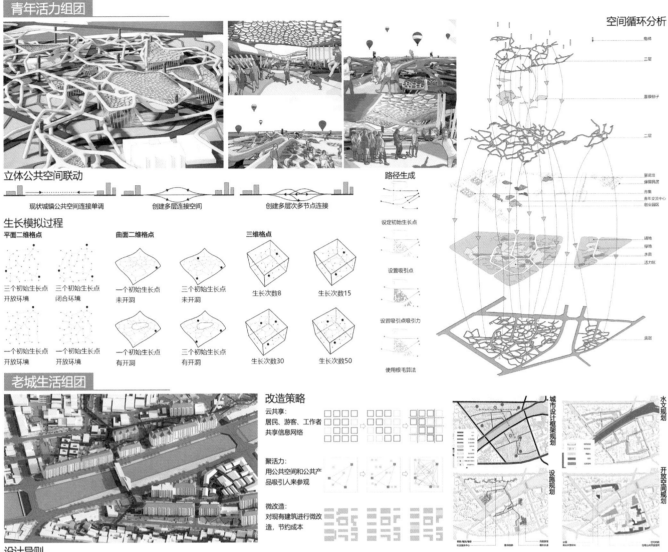

空间循环分析

立体公共空间联动

现状城镇公共空间连接单调　　创建多层连接空间　　创建多层次多节点连接

路径生成

设定初始生长点

设置吸引点

设置吸引点吸引力

使用根毛算法

生长模拟过程

平面二维格点
三个初始生长点
开放环境

一个初始生长点
开放环境

曲面二维格点
一个初始生长点
未开洞

一个初始生长点
有开洞

三个初始生长点
未开洞

三个初始生长点
有开洞

三维格点
生长次数8

生长次数30

生长次数15

生长次数50

老城生活组团

改造策略

云共享：
居民、游客、工作者
共享信息网络

聚活力：
用公共空间和公共产
品吸引人来参观

微改造：
对现有建筑进行微改
造，节约成本

城市设计框架规划
水文规划
设施规划
开放空间规划

设计导则

交通组织
1.街道空间设计：不同类型的街道尺度创造不同的空间感觉。
2.道路转弯半径：较小的转弯半径可对街角和街道形成良好的空间定义。
3.步行系统：步行道净空间不宜小于4m，鼓励设置绿化和城市家具，设置行道树和雨篷，为行人提供舒适的步行环境。

公共空间
1.避免出现比例失调、缺乏定义的空间以及低利用率。
2.拥有良好可达性，不同性质的公共空间应通过建筑和绿化围合形成相应的场所感。
3.公共空间应与绿化空间和步行系统相结合

生态景观
1.绿地与步行系统相结合。
2.邻里绿地要有良好的可达性，并与其他的绿地组成绿地系统。
3.绿地结合服务设施布置，提高绿地的使用频率。
4.人行道绿化以乔木、花卉、地被植物及小灌木、低绿篱构成，力求植物配置统一有序，忌杂乱无章，变化过多。绿化分隔的绿篱、小乔木高度不超过1m。
5.绿地中布置自动喷水设置。
6.行道树穴应用铸铁或混凝土预制花格栅铺装，不宜使泥土外露；为保护树木需要支架时，支架应坚固、造型简洁、黑色或褐色为宜。

建筑形态
建筑尺度、体量：依照城市设计有关控制要求执行。建筑设计注重把握建筑物近人尺度部分的设计，通过景观要素、饰面材料及质地、建筑的纹理和韵律表现、建筑细部等处理手段，保证步行层面有亲切的空间感受。

艺术创意组团

根据艺术文化创意所需的开放、交流性空间，结合柳埠镇根雕文化传统，打造以根雕文化为核心，多种文创产业聚集的艺术创意组团。通过步行廊道系统与生态水网系统两个根网系统交织成整个艺术创意组团的根系骨架结构，具有强流动性。

步行系统生成
水网系统生成

功能分区
架空步道
地面步行
绿化
通路
设计结构
水系
建筑肌理嵌套

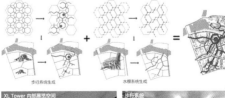

XL Tower 内部展览空间

步行系统

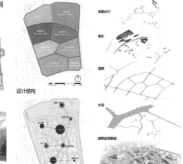

源养溪林　济南市南部山区生态小城镇城市设计

区位分析

历史沿革

上位规划

发展机遇

生态资源

交通区位

产业结构

镇区现状

自然环境

现状分析

SWOT

基地分析

总体规划

总规分析

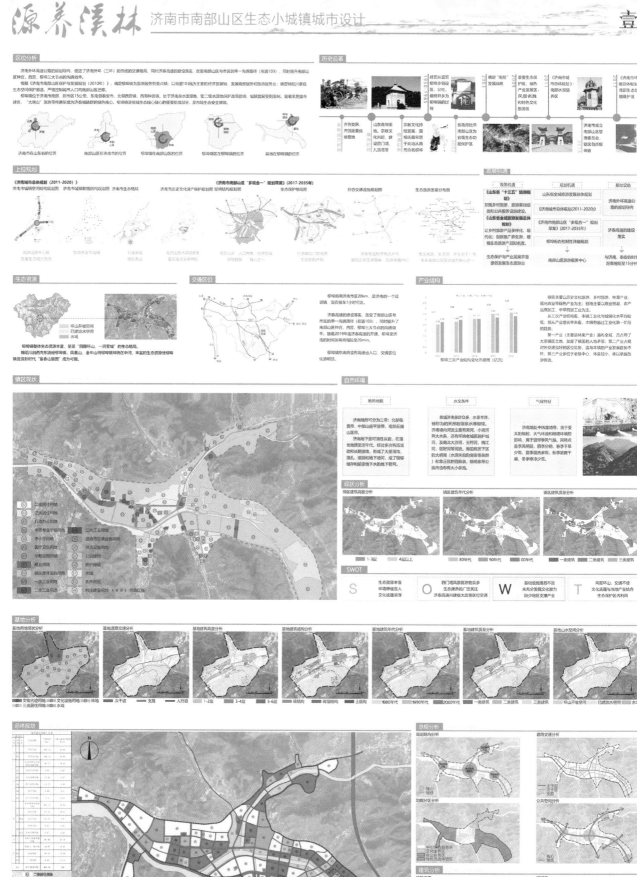

源养溪林

济南市南部山区生态小城镇城市设计

贰

用地性质分析

规划结构分析

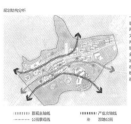

功能分区分析

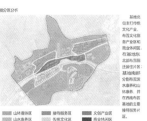

滨水景观带分析

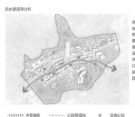

道路系统分析

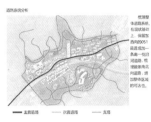

静态交通分析

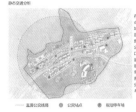

车行游览路线分析

步行游览路线分析

图底关系分析

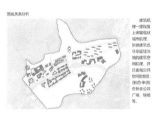

开发强度分析

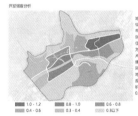

建筑高度分析

无障碍设施分析

总平面图

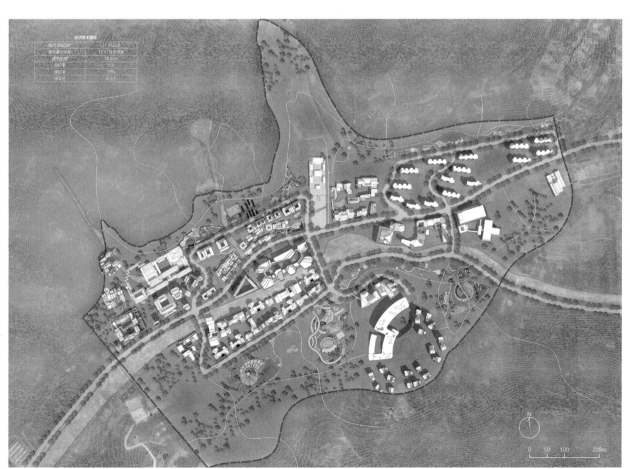

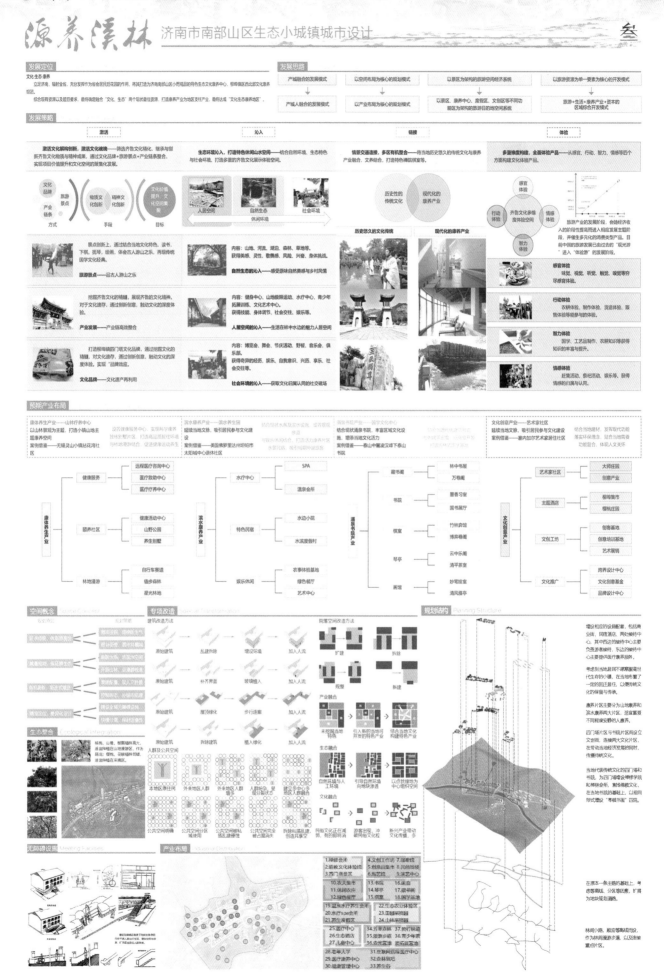

源养溪林 济南市南部山区生态小城镇城市设计

肆

漫游系统 *Roaming System*

平静　　　　　　涌动　　　　　　聚拢

分区演变

架空廊道 *Overhead Corridor*

建筑引导 *Building Guidance*

节点分析

文化创意

书院

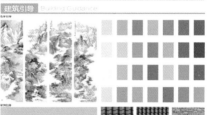
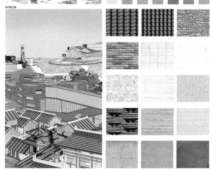

山林度养

泉水度养

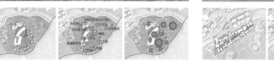

滨河立面 *Riverfront Facade*

鸟瞰效果 *Bird's Eye View*

Suzhou

苏州科技大学

指导老师：陆志刚　顿明明　周　敏

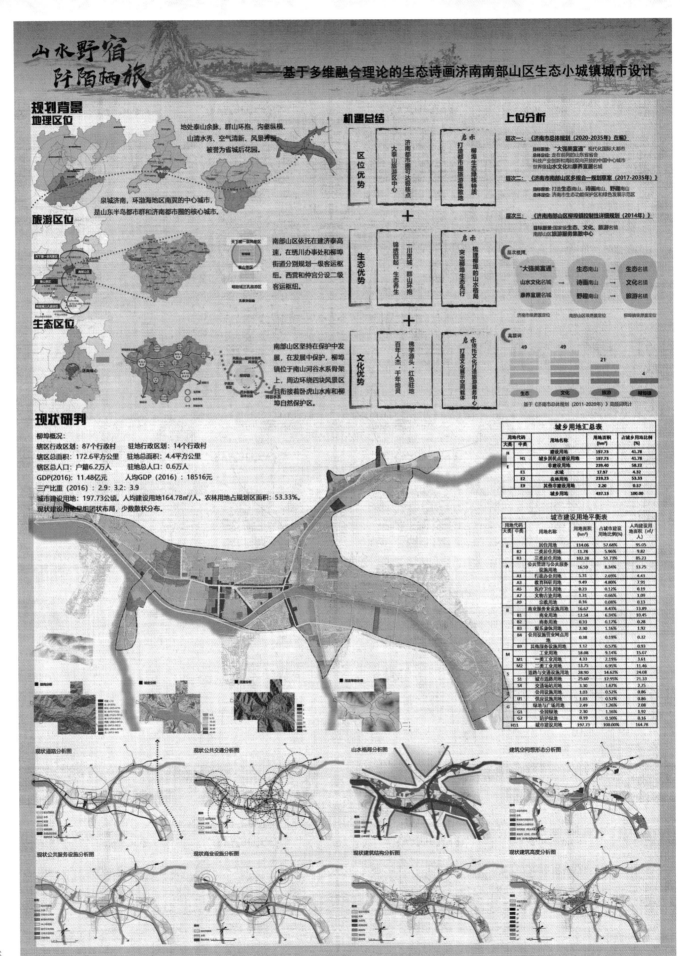

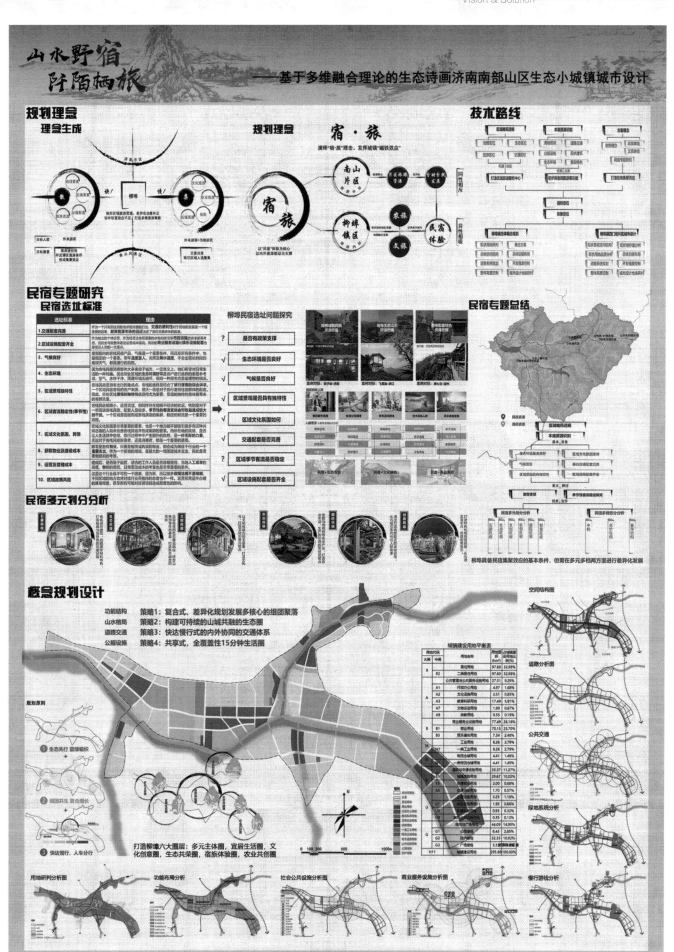

山水野宿 阡陌栖旅
——基于多维融合理论的生态诗画济南南部山区生态小城镇城市设计

山水野宿　阡陌栖旅
——基于多维融合理论的生态诗画济南南部山区生态小城镇城市设计

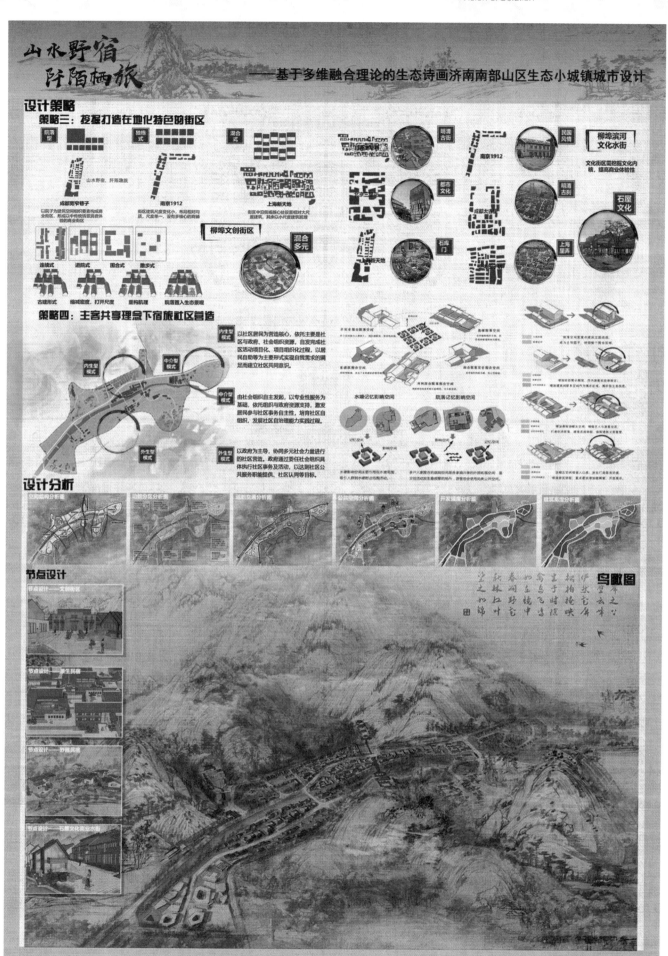

缘水南山·禅心柳埠

——基于活态保护理念的柳埠镇城市设计 Ⅰ

The City Design of Liubu Town,the South of Mountain,Jinan city,Shandong Province

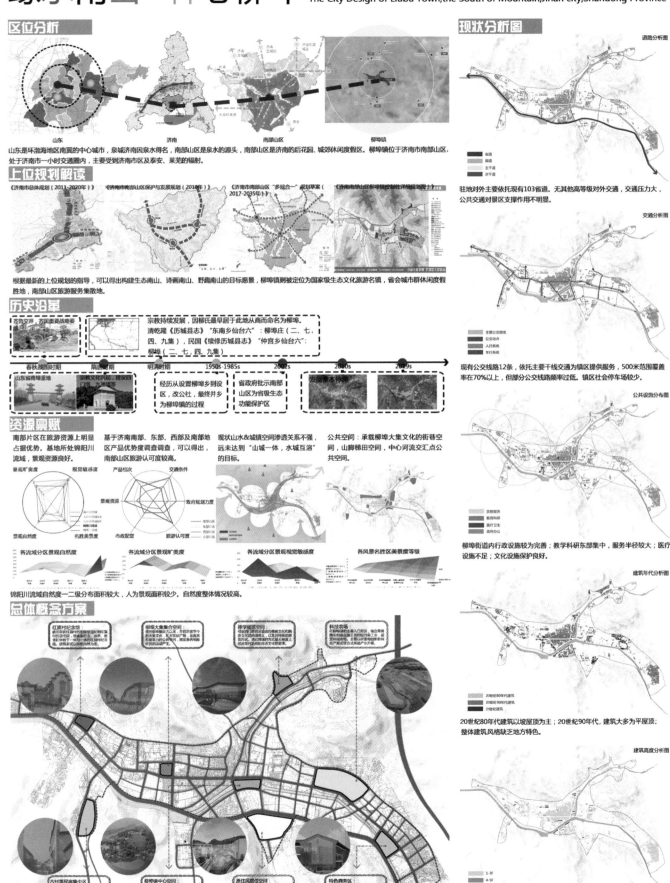

区位分析

山东是环渤海地区南翼的中心城市，泉城济南因泉水得名，南部山区是泉水的源头，南部山区是济南的后花园、城郊休闲度假区。柳埠镇位于济南市南部山区，处于济南市一小时交通圈内，主要受到济南市区及泰安、莱芜的辐射。

上位规划解读

《济南市总体规划（2011-2020年）》《济南市南部山区保护与发展规划（2016年）》《济南市南部山区"多规合一"规划草案（2017-2035年）》《济南南部山区标准镇控制性详细规划草案》

根据最新的上位规划的指导，可以得出构建生态南山、诗画南山、野趣南山的目标愿景，柳埠镇则被定位为国家级生态文化旅游名镇，省会城市群休闲度假胜地，南部山区旅游服务集散地。

历史沿革

宗教持续发展，因柳氏最早居于此地从商而命名为柳埠。
清乾隆《历城县志》"东南乡仙台六"：柳埠庄（二、七、四、九集），民国《续修历城县志》"仲宫乡仙台六"：柳埠（二、七、四、九集）。

春秋战国时期 — 隋唐时期 — 明清时期 — 1950s-1985s — 2002s — 2010s — 2019s

经历从设置柳埠乡到设区，改公社，最终并乡为柳埠镇的过程

省政府批示南部山区为省级生态功能保护区

发展基本停滞

资源禀赋

南部片区在旅游资源上明显占据优势。基地所处锦阳川流域，景观资源良好。

基于济南南部、东部、西部及南部地区产品优势度调查调查，可以得出，南部山区旅游认可度较高。

现状山水&城镇空间渗透关系不强，远未达到"山城一体，水城互溶"的目标。

公共空间：承载柳埠大集文化的街巷空间，山脚梯田空间，中心河流交汇点公共空间。

景观旷奥度　视觉敏感度
景观自然度　名胜美贵度

产品档次　交通条件
景观资源　政府规划力度
市场配套　旅游认可度

各流域分区景观自然度　各流域分区景观旷奥度　各流域分区景观视觉敏感度　各风景名胜区美景度等级

锦阳川流域自然度一二级分布面积较大，人为景观面积较少。自然度整体情况较高。

总体概念方案

红星村纪念馆：
柳埠大集集合空间：
禅宗文化空间：
科技农场：

古村落民宿集中区
柳埠中心空间：
宜住民居空间：
特色商务区：

现状分析图

道路分析图

驻地对外主要依托现有103省道。无其他高等级对外交通，交通压力大，公共交通对景区支撑作用不明显。

交通分析图

现有公交线路12条，依托主要干线交通为镇区提供服务，500米范围覆盖率在70%以上，但部分公交线路频率过低。镇区社会停车场较少。

公共设施分布图

柳埠街道内行政设施较为完善；教学科研东部集中，服务半径较大；医疗设施不足；文化设施保护良好。

建筑年代分析图

20世纪80年代建筑以坡屋顶为主；20世纪90年代，建筑大多为平屋顶；整体建筑风格缺乏地方特色。

建筑高度分析图

建筑以1-3层为主，6-8层大多为公共建筑，整体天际线较为平缓。

缘水南山·禅心柳埠
——基于活态保护理念的柳埠镇城市设计 Ⅱ
The City Design of Liubu Town,the South of Mountain,Jinan city,Shandong Province

城市设计框架

| 基础分析 | 核心要素提取 | 理想导向 | 总体定位 | 方案设想 | 活力点提取 | 核心项目植入 | 理念结合 |

基础分析

现状解析：历史沿革、道路交通、现存建筑、公共设施、绿化景观、产业结构

资源禀赋：空间资源、景观资源、文化资源

发展机遇：竞争视角、合作视角

核心要素提取

历史悠久，发展缓慢
路网不连续，交通不通达
宜保留建筑少
公共设施覆盖不完全
山水格局良好
产业结构单一，发展滞后

街巷空间，建筑空间
良好的自然景观与生态本地
佛教文化，隋唐印象

特色景观，动植物观赏
禅修研学，礼佛朝圣

理想导向

挖掘历史，经济发展为先
增加路网密度，设计慢行系统
保护与发展并行
完善和增加公共服务设施
顺应自然，拥抱自然
创新发展，产业链设计

发展隋唐文化与佛教文化
感受民俗风情与生态居住

慢生活、体验自然、修身养性

总体定位

?

方案设想

思考：主题？ 特质？ 内容？

怎样结合：柳埠历史 / 隋唐/宗教文化 / 生态景观 / 融入自然 / 文化精神 / 互动体验

活力点提取

文化
民俗
生态
人文

核心项目植入

休闲居住游
民俗文化休闲游
休闲养生游
特色商业休闲游
文化体验游
礼佛修身体验游
城市农庄体验游

理念结合

缘起：济南泉水发"源"地
水承：寺庙、历史、人文的承接
禅转：佛教文化转变为禅修理念
心合：取心、修心、娱心、净心结合

规划定位

柳埠镇不同于一般的小镇，这里能够让人感受历史，感受文化的积淀。是一个憩于山水，静心养性的场所，是一个让人享受慢生活的休闲度假小镇。以"禅"为主题形象，以佛学文化传承为主要特色。形成集禅修体验、民俗文化、艺术聚集、科技农业和休闲居住于一体的禅意休闲区。

四门塔（遗址）：遥看隋唐，追溯历史足迹，体验禅修文化。

锦阳川流域：以水为带，感受人文积淀，寻觅静心空间。

涌泉竹林：看山水清秀，以清观洗人。

禅修体验 · 民俗文化 · 艺术集聚 · 科技农业 · 休闲居住 — 禅意休闲区

规划理念

活态遗产理念

庙会 / 评经论道 / 丰收美食 / 参佛礼道

昨天：宗教雕塑建筑丰富，文化习俗的繁盛
今天：建筑转译，功能植入，城市扩张
明天：激活动的动力，体现宗教文化的价值

山水城市理念

边缘区向山体树枝状进行渗透蔓延，山城互为图底。

水体尺度及水量较少，与城市街道融合，汇入玉符河。

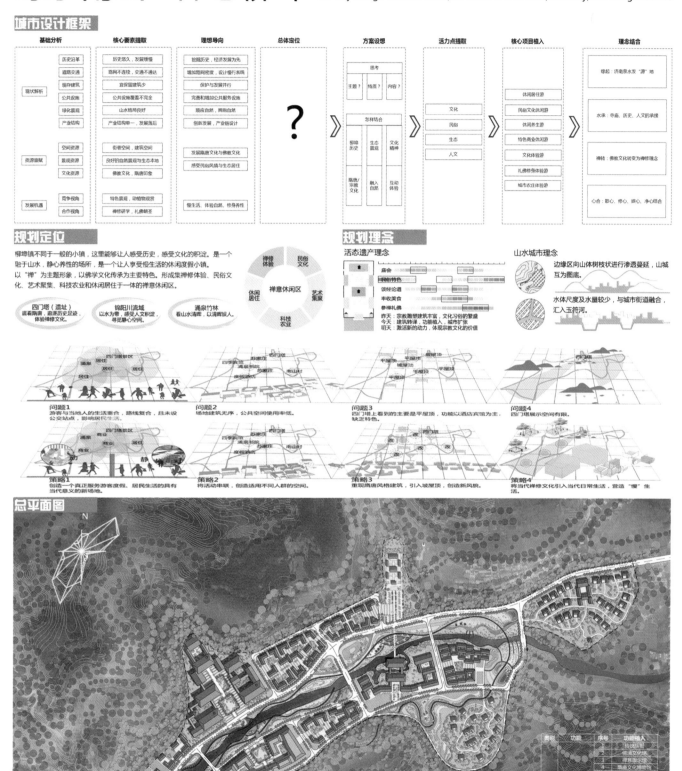

问题1：游客与当地人的生活重合，路线复合，且未设公交站点，影响居民生活。

问题2：场地建筑无序，公共空间使用率低。

问题3：四门塔上看到的主要是平屋顶，功能以酒店宾馆为主，缺乏特色。

问题4：四门塔展示空间有限。

策略1：创造一个真正服务游客度假、居民生活的具有当代意义的新场地。

策略2：将活动串联，创造适用不同人群的空间。

策略3：重现隋唐风格建筑，引入坡屋顶，创造新风貌。

策略4：将当代禅修文化引入当代日常生活，营造"慢"生活。

总平面图

缘水南山·禅心柳埠
——基于活态保护理念的柳埠镇城市设计 Ⅲ
The City Design of Liubu Town,the South of Mountain,Jinan city,Shandong Province

问题与策略

问题

缺乏对上位规划的解读，忽视与更大范围区域的合作

基地为泰山余脉，北接济南市区，南临曲阜。没有结合"泉城-泰山-三孔"。

缺乏对环境的保护和可持续利用，忽视生态的重要性

柳埠镇自古以来在形态上沿着柳埠大街发展，在周围山体对于基地的影响的方面缺乏深刻的思考。

路网混乱，交通不便

柳埠镇的现状道路系统不完善，路网密度不够，道路宽度需要重新规划。

产业结构落后，产业链条断裂，与科技结合程度弱

	第一产业	第二产业	第三产业
	传统农业	矿石采集	旅游观光
产业现状	·资金缺乏 ·基础设施落后 ·技术条件、经营观念落后	·矿产资源丰富 ·环境破坏严重 ·产业链断裂	·旅游资源丰富，但开发形式单一 ·基础设施薄弱 ·缺乏人口回流吸引
发展困境	产业发展不可持续	环境矛盾突出	产业缺乏关联

策略

区域协同——南部门户；文化协同；功能互补；区域共荣

顺应上位规划的"一山一水一圣人"轴线，打造了一条文化传承的旅游轴线。柳埠镇以"禅"，文化服务配套，中转休憩的功能。

生态修复——山水为脉；生态网络；有机聚合；低碳示范

山水格局　构建山水视廊　创造活力点

沿河业态　山舞规划　沿河驳岸

交通疏导——绿色出行；内外结合；网络布置；综合开发

重塑内外交通　塑造活力点

塑造景观步道　建立综合慢行系统

产业提升——创新注入；结构提升；三产引领；协同进步

一产：
致力于产业升级，将科学技术与农林产业紧密结合。与二产和三产结合开发，形成产业链。
二产：
与一产相结合开发生产农副产品，与文化主题相结合开发禅意工艺品的制作和体验。
三产：
以发展旅游为主要第三产业的发展方式，发展以"禅"文化为主题的民宿、禅修中心、博物馆和商业等。

策略——微观

公共生活
1 大院落　古建保护　古树　组团中心　街巷　重组院落　一层空间

街道改造
2 宜人　连接　重组　分级　车行街道　打通　禁行　拓宽

建筑策略
3 传统建筑　拆除　添加　功能置换　功能植入　现代建筑　重组　消解　分隔

居住空间

坐禅空间

禅修空间

综合系统分析

功能分区　景观结构　道路交通　慢行系统　环卫设施

鸟瞰图

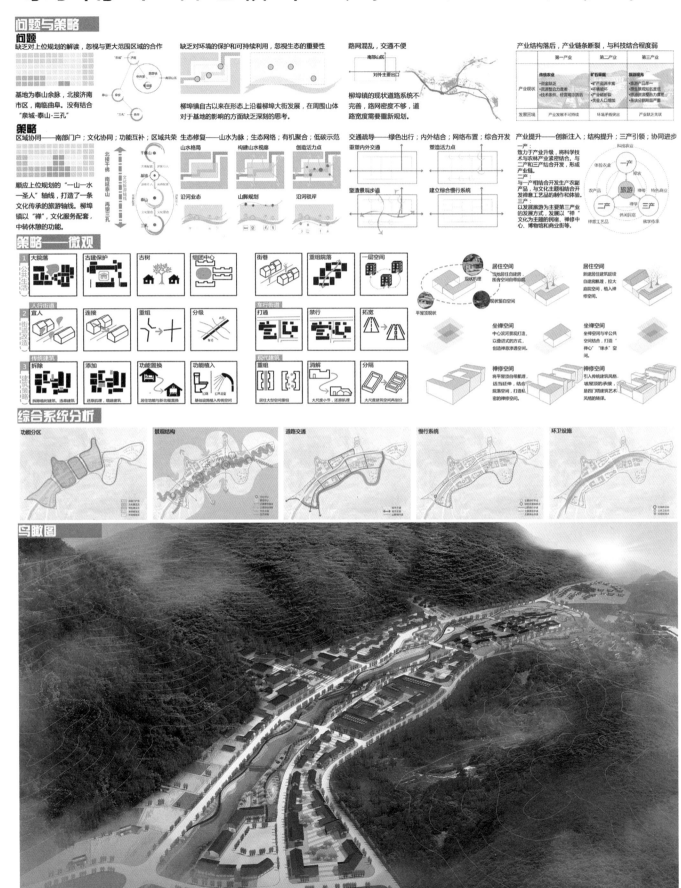

缘水南山 · 禅心柳埠

——基于活态保护理念的柳埠镇城市设计 IV
The City Design of Liubu Town,the South of Mountain,Jinan city,Shandong Province

节点引导

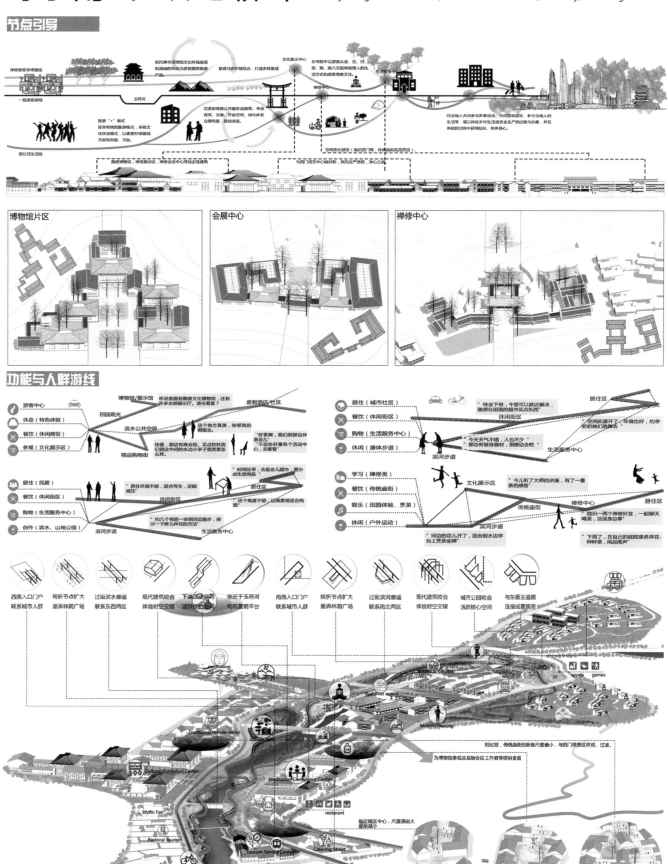

博物馆片区　　　会展中心　　　禅修中心

功能与人群游线

南山有真色，遥水动客情
——基于环境容量理论的
济南市南部山区生态小城镇城市设计 I

定位分析

地理区位

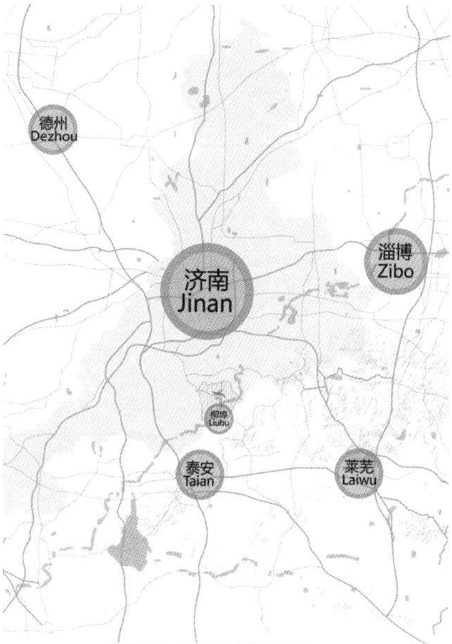

泉城之源，未来济泰城镇群的绿核

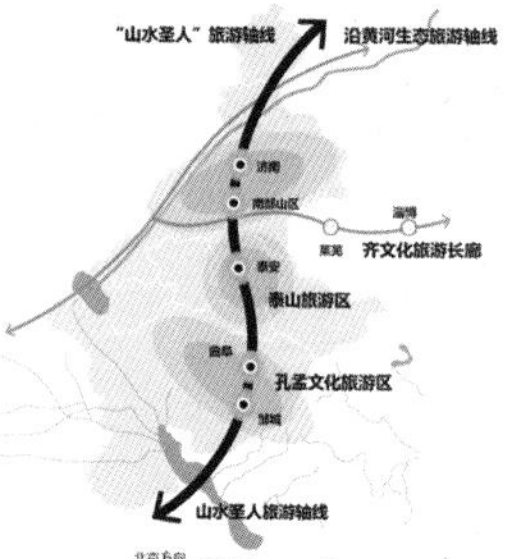

"山水圣人"旅游轴线　沿黄河生态旅游轴线

位于"山水圣人旅游轴线、沿黄河生态旅游长轴和齐长城文化旅游长廊的交汇点，同时是泉城旅游区与泰山旅游区的交汇处，是重要的旅游枢纽地位。

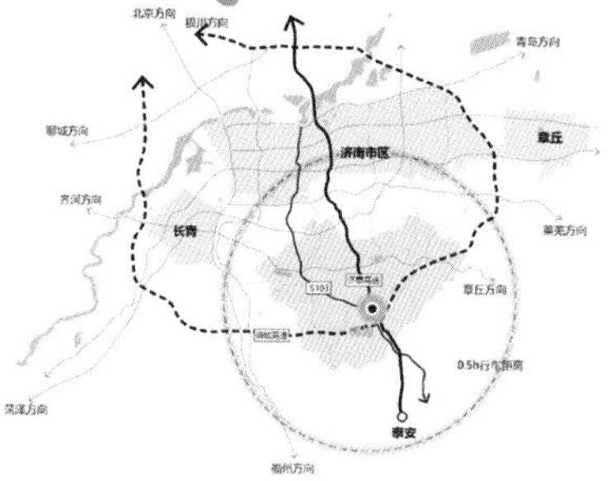

柳埠镇距离济南市区20km，主要联系通道是省道103济泰高速，与市区的交通时间将缩短到15-20分钟。

上位规划

济南市总体规划（2011-2020）

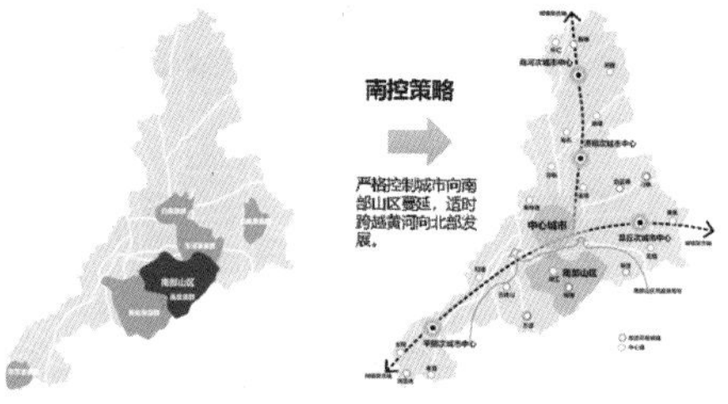

南控策略

严格控制城市向南部山区蔓延，适时跨越黄河向北部发展。

济南市总体规划将南部山区定义为水源涵养区，作为区域生态屏障，济南泉水之源，生态意义重大。而柳埠镇既作为南部山区的中心镇，也是济南市重点旅游开发镇。

南部山区多规合一规划草案（2017-2035）

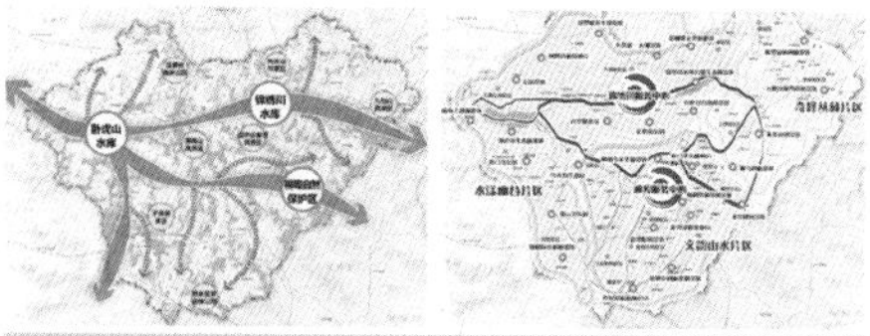

纵观从济南市乡到南部山区的上位规划，柳埠镇在不同尺度下均被定位都围绕着"生态"和"旅游"两个关键词展开，是南部山区乃至济南打造生态旅游的关键。

旅游优势

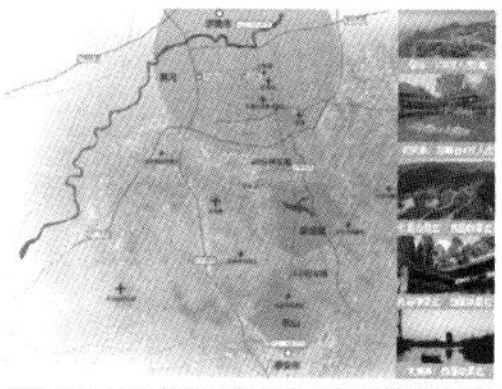

周边丰富的旅游资源以及交通与其的密切联系

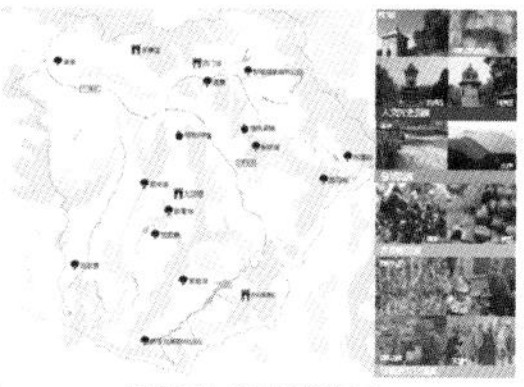

柳埠镇丰富的旅游资源

生态优势

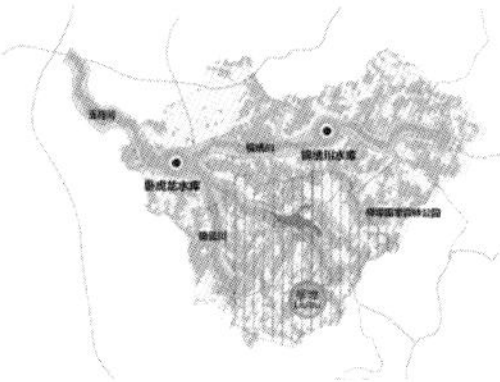

镇域内山水资源丰富，有良好的生态基础

定位解读

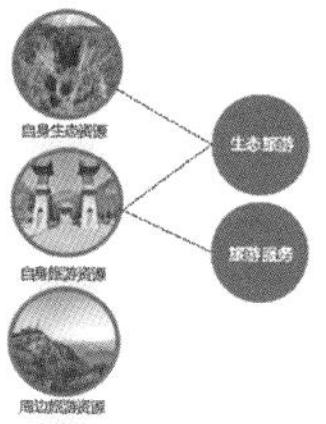

南部山区生态文化旅游名镇

南部山区生态文化旅游名镇——结合柳埠悠久的历史文化资源和当地生态条件，重点发展生态文旅产业，将柳埠打造成生态旅游小镇。

南部山区休闲、旅游服务中心

将柳埠办事处驻地打造为各地旅客服务的集餐饮、商业、居住、旅游、文化、田园休闲的旅游服务中心。

现状分析

土地利用

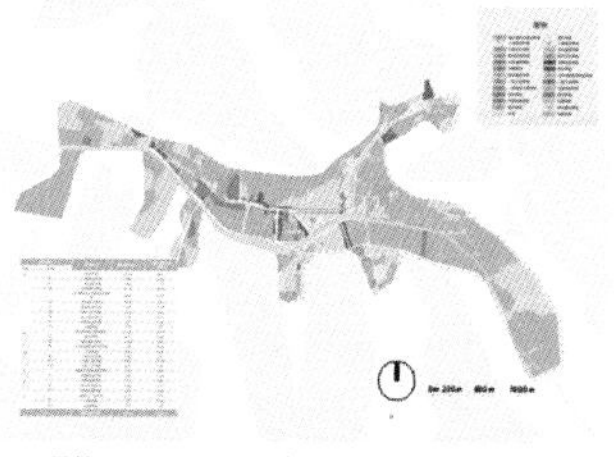

居住用地、农林用地为主的土地利用地现状

用地结构

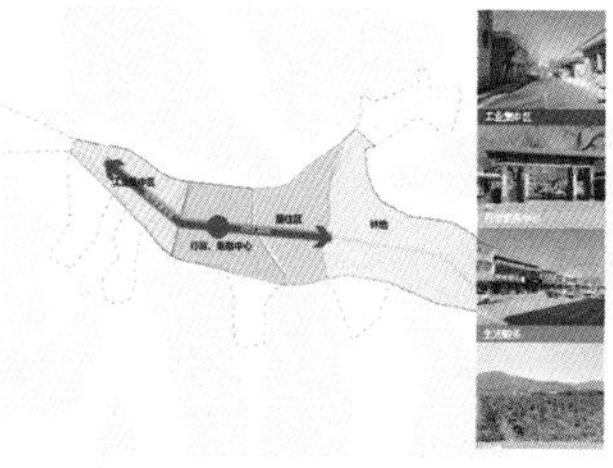

整体结构功能分区明显，有明确中心

交通分析

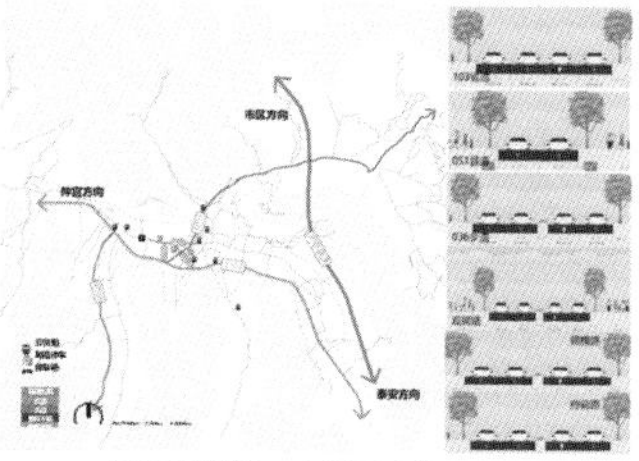

对外交通便利，对内尚不完善

山水格局

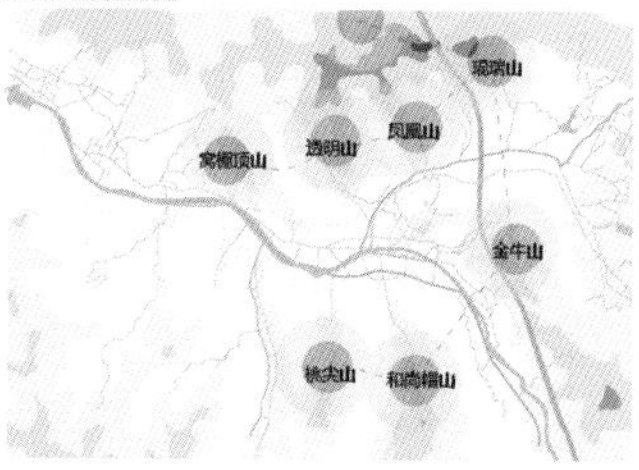

山水资源丰富

山城格局

城镇围绕山建设

公共设施

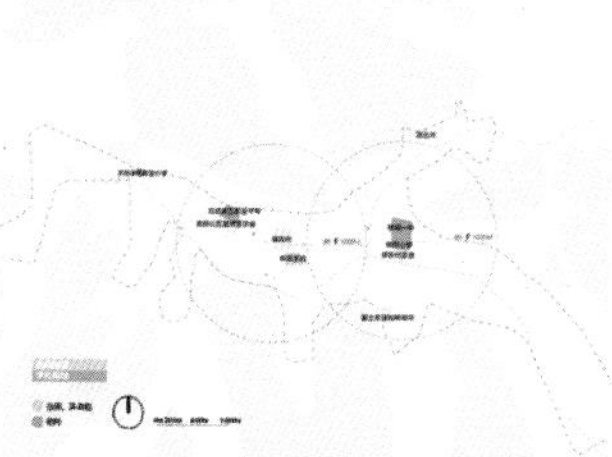

公共服务集中于镇区中心

公共空间

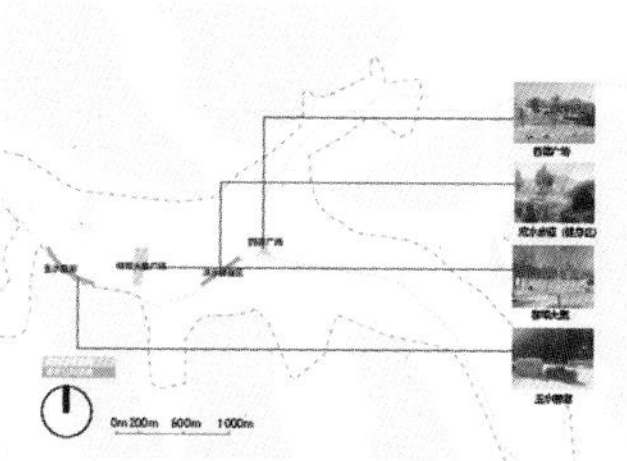

镇区内公共空间缺失

建筑分析

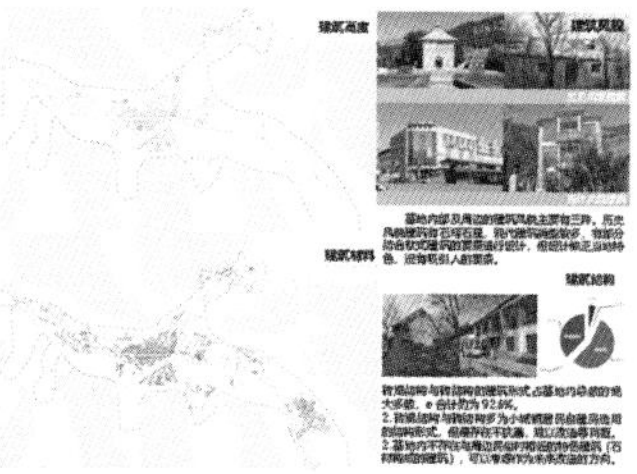

风貌单一无特色

土地利用

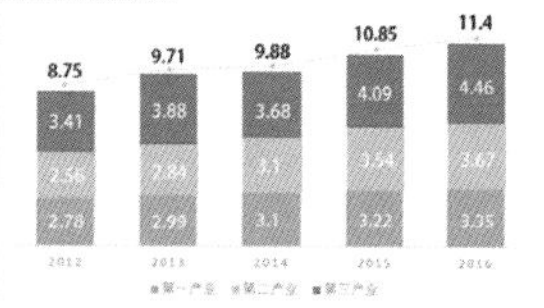

第一产业（主要是林果产业）遍布全域，加重了镇区的人地矛盾；第二产业占据对外交通良好的区位优势，这与本镇的产业发展趋势不符；第三产业位于老镇中心，体量较小，难以承接旅游客流。

问题分析

旅游服务设施发展较为落后

产业结构落后，第三产业发展未能很好满足旅游服务需求的增长

城镇风貌缺乏特色

城镇与自然山水关联度较低

南山有真色，遥水动客情
—— 基于环境容量理论的
济南市南部山区生态小城镇城市设计 Ⅱ

规划策略

策略框架

筑游
Build up
TOURISM
+旅游资源评价
+旅游项目策划

动线
Moving
ROUTE
+镇域动线策划
+南部山区游线策划

聚核
Contact
CORE
+选址研究
+总体结构
+功能研究

汇绿
Converge
Green
+生态网络的构建
+绿地系统的打造

活水
Waking
WATER
+岸线分类
+岸线分类及重要节点

↓

南部山区生态文化旅游名镇

动线策略

柳埠镇域游线策划

建立多元并行，提升路网效能，
升华旅游体验的路线规划。

南部山区游线策划

以柳埠的镇区为服务中心，多条
游线游览整个柳埠镇。

汇绿策略

生态网络的构建

利用区域自然山水生态格局，将
保留自然山水景观作为区域内部
绿化生态环境的向外延申。

生态网络的构建

社区公园

水岸公园

综合公园

生态图底

线性公园

活水策略

植入多彩岸线

岸线分类及重要节点

岸线的多样性体现了一个水岸城市的丰富生活
体验。集合水系规划的原则，将岸线分为三种。
生态涵养水岸：巩固边界堤防，结合石笼墙等
措施恢复生态多样性。

总体设计

功能结构 | 交通分析 | 慢行系统 | 社会服务 | 用地规划

山水格局 | 绿地系统 | 商业服务 | 高度控制

筑游策略

旅游资源评价

价值评价指标		资源因素		市场因素		现状完整度	综合价值	适宜开发产品
		稀缺度	影响力	需求度	竞争力			
自然资源	梯树湾	★★★★★	★★★	★★★★★	★★★★	★★★★	★★★★☆	生态观光、度假
	柳埠国家森林公园	★★★★★	★★★	★★★★★	★★★★	★★★★	★★★★★	
	药乡国家森林公园	★★★★★	★★★	★★★★★	★★★★	★★★★	★★★★☆	
	泉水资源	★★★★★	★★★	★★★★	★★★	★★★★	★★★★	特色观光
	樱桃	★★★	★★★	★★★★	★★	★★★★	★★★	农业观光、体验
	核桃	★★★	★★★	★★★	★★	★★★	★★★	
历史文化资源	千佛崖摩崖造像	★★★	★★	★★★	★★	★★★	★★★	特色观光
	四门塔	★★★★	★★★★	★★★	★★★	★★★★	★★★★☆	
	齐长城遗址	★★★	★★★	★★★	★★	★★★	★★★	文化观光
	红色文化	★★	★	★★	★	★★	★	
非物质资源	媳妇宴	★★	★	★★	★	★★★	★★	民俗体验
	柳埠大集	★★★	★★★	★★★	★★★	★★★★	★★★☆	

作为南部山区的独特生态景观，
山水资源对各类游客都有较大
的吸引力，也是当地居民的特
色。现有景点都有一定的开发
程度，已经能作为现存的主打
景点。

历史文化资源虽有一定知名度，
但是单纯的农产品较难吸引游
客前来。需要一个包装、优化，
打造成为农产品基地或田园综
合体才能有更大的机会吸引游
客。

柳埠有很好的樱桃种植基础，
红色遗址等要要知名度较低，
微难吸引游客。但是若能打开
发优化，打造出知名度，方能
吸引游客。

柳埠大集、媳妇宴、黄梨村、
红色遗址等要要知名度较低，
微难吸引游客。但是若能打开
发优化，打造出知名度，方能
吸引游客。

旅游项目策划

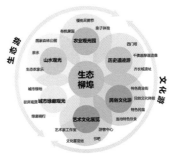

柳埠镇将以六大主题旅游项目为引擎，带动文
化游、生态游两大旅游类型，形成多层次复合
化生态文化旅游目的地。

农业观光园
依托农业资源 创造理想农业观光空间
+ 有机果园
+ 樱桃采摘
+ 亲子互动
+ 生态食疗中心

历史遗迹游
组织具有浓郁历史特色的旅游景点
+ 四门塔
+ 千佛崖摩崖造像
+ 齐长城遗址
+ 龙虎塔

山水观光
依托现有自然山水风光
+ 国家森林公园
+ 泉水发源地
+ 生态农家乐
+ 乡野小径

民俗文化游
提供具有特色的旅游体验
+ 特色商业街
+ 民俗文化体验
+ 特色民宿
+ 特色饮食

城市绿廊观光
宜人的城市空间 给市民更好的体验
+ 城市绿地
+ 驳岸观赏
+ 绿廊慢行
+ 乡野小径

艺术文化游
浓厚的艺术文化气息吸引更多游客
+ 艺术家工作坊
+ 文化展览
+ 书吧
+ 手工艺体验馆

在柳埠镇发展旅游服务中心的可能性
Feasibility Analysis for service center
+ 与南动地区的便捷交通联系
+ 周边产业动能和就业人群的需求支持
+ 城市可建设空间和环境条件

选址研究：在哪适合发展服务中心

比选条件 Comparison conditions	西部中心 Western center	东部中心 Eastern center
1.交通条件 Transportation		
2.用地条件 Land use		
3.开发进度 Phase-developed		
4.人口规模 Population		
5.综合比较结论 Comprehensive evaluation		
最终选择 The final site selection		✓

优先启动发展东部新服务中心！
Eastern center owns the priority to develope !

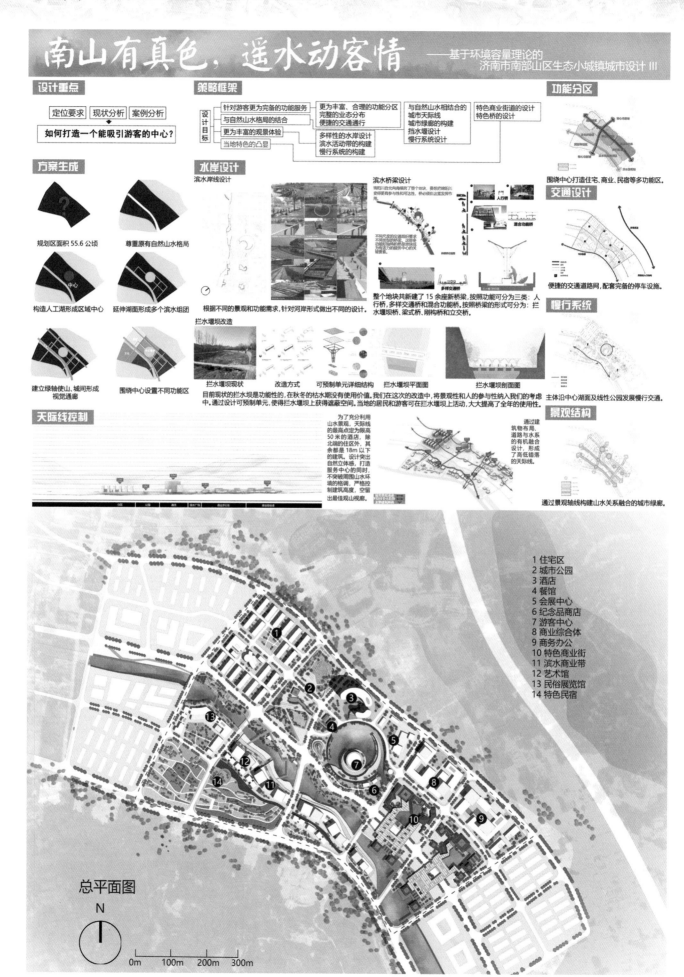

南山有真色，遥水动客情

——基于环境容量理论的
济南市南部山区生态小城镇城市设计 III

设计重点

定位要求　现状分析　案例分析

如何打造一个能吸引游客的中心？

策略框架

设计目标：
- 针对游客更为完备的功能服务
- 与自然山水格局的结合
- 更为丰富的观景体验
- 当地特色的凸显

- 更为丰富、合理的功能分区
- 完整的业态分布
- 便捷的交通通行

- 多样性的水岸设计
- 滨水活动带的构建
- 慢行系统的构建

- 与自然山水相结合的城市天际线
- 城市绿廊的构建
- 挡水壩坝设计
- 慢行系统设计

- 特色商业街道的设计
- 特色桥的设计

功能分区

围绕中心打造住宅、商业、民宿等多功能区。

方案生成

规划区面积 55.6 公顷

尊重原有自然山水格局

构造人工湖形成区域中心

延伸湖面形成多个滨水组团

建立绿轴使山、城间形成视觉通廊

围绕中心设置不同功能区

水岸设计

滨水岸线设计

根据不同的景观和功能需求，针对河岸形式做出不同的设计。

拦水壩坝改造

目前现状的拦水壩坝是功能性的，在秋冬的枯水期没有使用价值。我们在这次的改造中，将景观性和人的参与性纳入我们的考虑中。通过设计可预制单元，使得拦水壩坝上获得遮蔽空间。当地的居民和游客可在拦水壩坝上活动，大大提高了全年的使用性。

拦水壩坝现状　改造方式　可预制单元详细结构　拦水壩坝平面图　拦水壩坝剖面图

滨水桥梁设计

整个地块共新建了 15 余座新桥梁，按照功能可分为三类：人行桥，多样交通桥和混合功能桥。按照桥梁的形式可分为：拦水壩坝桥、梁式桥、刚构桥和立交桥。

交通设计

便捷的交通道路网，配套完备的停车设施。

慢行系统

主体沿中心湖面及线性公园发展慢行交通。

天际线控制

为了充分利用山水景观，天际线的最高点定为限高50米的酒店，除北端的住区外，其余都是 18m 以下的建筑。设计突出自然立体感，打造服务中心的同时，不突破周围山水环境的格调，严格控制建筑高度，空留出最佳观山视廊。

景观结构

通过建筑物布局、道路与水系的有机融合设计，形成了高低错落的天际线。

通过景观轴线构建山水关系融合的城市绿廊。

总平面图

N

0m　100m　200m　300m

1 住宅区
2 城市公园
3 酒店
4 餐馆
5 会展中心
6 纪念品商店
7 游客中心
8 商业综合体
9 商务办公
10 特色商业街
11 滨水商业带
12 艺术馆
13 民俗展览馆
14 特色民宿

南山有真色，遥水动客情
—基于环境容量理论的
济南市南部山区生态小城镇城市设计 IV

鸟瞰图

节点透视

滨河线性公园　　　　特色商业街

节点设计

中央核心区节点设计

N
0m 50m 100m   200m
1 室外剧场 2 市民广场 3 酒吧 4 景观湖 5 城市草坪 6 花园 7 酒店 8 餐厅
9 观景山 10 会展中心 11 滨水平台 12 会馆 13 游客中心 14 纪念品商店
中心景观区以游客中心及中心湖面为核心，环绕以慢行系统，连接周边各个功能。

中心慢行系统

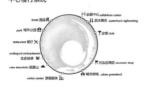

H 会展中心 exhibition center
滨水观光 waterfront sightseeing
hotel 酒店群
park 城市公园
restaurant 餐厅 X
生态浪漫
ecological embankment
view mountain 观景山
纪念品商店 souvenir shop
城市绿地 urban grassland
visitor center 游客服务中心
会馆 club

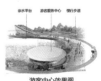

承水平台　　游客服务中心　慢行步道
游客中心效果图

线性公园节点设计

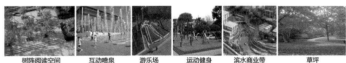

树阵阅读空间 社区花园 游戏场 运动健身 互动喷泉 咖啡馆 草坪 餐饮 亲水平台

水上平台 生态驳岸 民俗博物馆 艺术展览 滨水商业带 滨水商业带

树阵阅读空间 互动喷泉 游乐场 运动健身 滨水商业带 草坪

中心景观节点设计

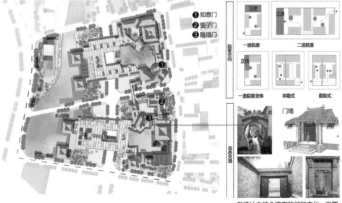

❶ 如意门
❷ 蛮子门
❸ 随墙门

正房
正房
一进院落 二进院落
一进院落变体 串联式 套院式

门墙

在特色商业街的设计中，加入济南传统建筑的语汇，增加当地的特色，吸引游客。

在设计中结合济南的门楼文化，布置如意门、蛮子门、随墙门。

梦里桃源·悠然南山
——基于新田园主义的济南南部山区生态小城镇城市设计

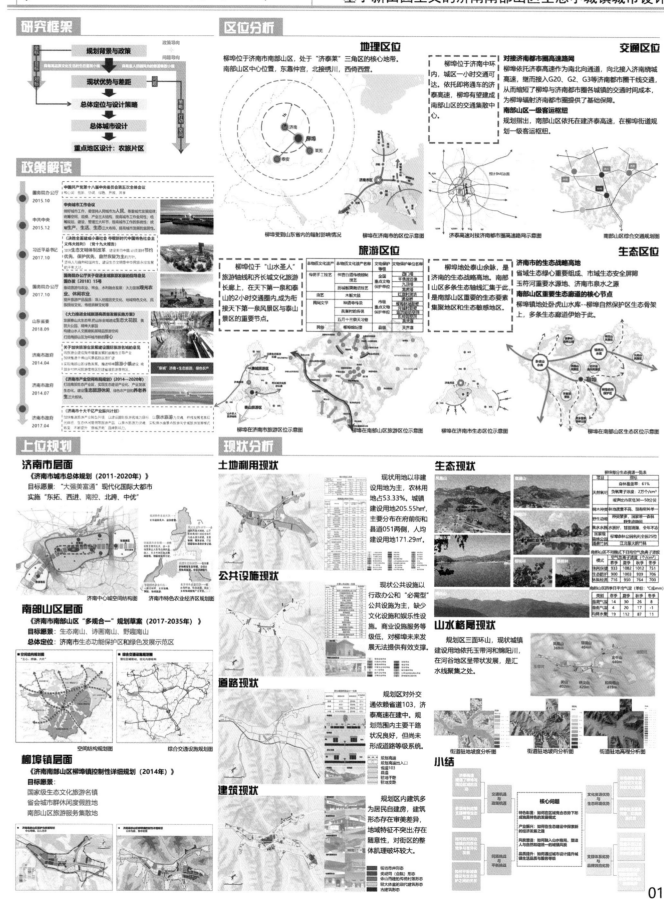

梦里桃源·悠然南山
—— 基于新田园主义的济南南部山区生态小城镇城市设计

形象定位

梦里桃源·悠然南山

寓意1：世外桃源，人人闻之而欣然规往寻之

寓意2：采菊东篱下，悠然现南山

寓意3：桃源，桃园，寓指核桃、樱桃等特色农业

寓意4：南山还代指南部山区，暗示柳埠将成为南部山区的新名片

功能定位

集文化创意、田园观光、旅游集散为一体的
生态宜居小镇

职能1：具有高品质文化生活的生态宜居小镇

职能2：具有宜人田园风光的旅游集散小镇

对标案例

美国 Redmond

美国电信电话公司 AT&T

微软 Microsoft

任天堂 Nintendo

瑞典 YTTERJÄRNA

生态文化资源的典型实践

专题研究

新田园主义背景
新农村建设＋美丽中国＋经济转型＋城镇化
政策导向带来契机

新田园主义
农业＋文旅＋居住
田园主义源自古希腊时期，是一种淳朴的乡村生活理想。"新"田园主义是田园主义的延续与拓展，关注重点是人自身，关注人与人、人与环境之间的关系。

发展策略

策略一：修补山体环境

拆除违章建筑减少山体景观面的遮挡。对山石开采留下的矿坑，通过植物植入或功能改造，修复为自然山体、主题公园和攀岩基地三类特色旅游项目，为城市空间提供新的活力。其中，注入的植物应以本土化植物为主，避免生态系统的破坏。

运用"加减法"的方式进行山体环境修补

策略二：活化水体空间
1.活化旱雨两季对水体空间的利用

旱季时，河床裸露可形成公共流动空间，居民可在其间闲游观览过。
雨季时，河床被水体覆盖，形成可远观而不可亵玩的河岸水景。
2.鼓励多样化的水体驳岸景观

空中平台驳岸　　亲水漫步平台驳岸
亲水台阶驳岸　　疏水步道驳岸

策略三：再生城镇"棕地"，盘活存量资源
1.对居住与工业混合的棕地，强制清退工业功能，强化居住功能，打造生态社区

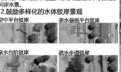

2.腾空具有改造力的厂房，保留建筑物基本外观，改造为休闲活动中心或创业孵化平台。
3.对缺乏剩余价值的棕地，坚决予以拆、清理。

策略四：布局生态产业，增加就业机会
1.发展林下经济。外围山体以林药模式与林禽模式结合，城镇内部以林菜为主

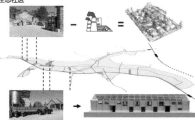

林药模式　　林菌模式　　林禽模式
林菜模式　　林游模式

2.城镇内部布局文化创意产业，服务生态旅游，打造艺术创作、展示、销售一条龙产业链。

艺术工作室　　文化展示中心　　文创销售

策略五：打造文旅＋农旅的全方位旅游体系

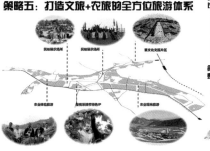

农业体验园　　采摘景观保护　　农业观光园

策略六：提升城镇生活品质，吸引人口回流
1.提升基础设施服务水平，打造15分钟共享设施圈

60-69岁老人日常设施圈：以菜市场为核心，与理疗休闲、小型商业、学校及邻里机构等设施靠近布局

儿童日常设施圈：以学校与幼儿园为核心，并与游乐场所、运动场、传导设施等服务较高关系度配置

上班族日常设施圈：周末以公司为核心，周末以社会中心、公共活动中心为核心，与社区文化、娱乐中心关系程度较高

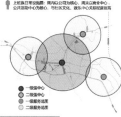

2.形成核心功能集聚＋基本功能均衡＋特色功能创新三类公共服务体系
基于生活圈、可达性为依据，按照"供需平衡"配置基本服务设施，实现重大服务设施在老城核心集聚，基本设施在各区域自行满足的公共服务体系。

概念方案

空间结构规划

一带一轴，一核四极。"T"字拓展，组团生长。
一带一轴：依水系及路网，打造东西向的田园田园休闲旅游带，南北向的滨河文旅发展轴
一核四极：打造老城服务核心＋田园游憩服务节点、田园服务节点、门户集散节点。四门级文化服务节点四个增长极，"T"字拓展：一带一轴"T"字形相交，带动全域发展组团生长：自然蔓延分离，组团有机生长

土地使用规划

延续组团式发展模式，将田园主义嵌入各个功能片区，寻求全域的生态可持续发展。

功能分区

门户集散片区＋田园观光片区＋老城生活片区＋文化体验片区＋农旅休闲片区
门户集散片区：门户担当，承担接待联络功能；保留了原有的田园景观，打造景观通廊的同时提供田园观光休闲老城生活片区：镇区的生活服务核心，基本保持原有居住环境农旅休闲片区：远离喧嚣的农业旅游体验和休闲之地

道路系统规划

梳理现状路网，保留合理道路，增加路网密度，主干道连通当地拓宽形成完善的道路系统。
省道：连接济南与柳埠的需要通道
主干路：连接路中路及北部的村镇道路，改造成担当山镇重要组织通道
次干路：通而不畅，串联基地内的主要生态和建设板块
支路：主干道连通片区支路，减少道路上建设片区破坏，路上建设片区支路，减少道对现有田园肌理的破坏

规划目标

开轩面场圃，把酒话桑麻
早日田园牧歌式的生活体验，身体与心灵放疗养的生态小城镇田园宜居社区

设计策略

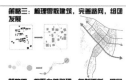

策略一：提取生态元素，打造绿廊以人为本

策略二：保留历史文脉，有机生长整体延续

策略三：梳理零散建筑，完善路网，组团发展

策略四：提取自然肌理，复制更新，田园康养

梦里桃源·悠然南山 —基于新田园主义的济南南部山区生态小城镇城市设计

总平面图

规划分析

1. 石屋民宿
2. 民宿管理中心
3. "悠然南山"度假酒店
4. 会议展示中心
5. 游客服务中心
6. 门户广场
7. 市民活动中心
8. 家庭农庄基地
9. 管理服务中心广场
10. 滨水空间
11. 温室农田
12. 有机种植片区
13. 采摘花园
14. 花田乐园
15. 酒乡巷子
16. 翁莹花田
17. 原鲜餐厅
18. 四季花田
19. 泊山步道
20. 商业步行街-A
21. 商业步行街-B
22. 带状景观公园
23. 滨水商业会所

规划结构

功能分区

道路系统

慢行系统

景观系统

视觉通廊

梦里桃源·悠然南山

——基于新田园主义的济南南部山区生态小城镇城市设计

鸟瞰图

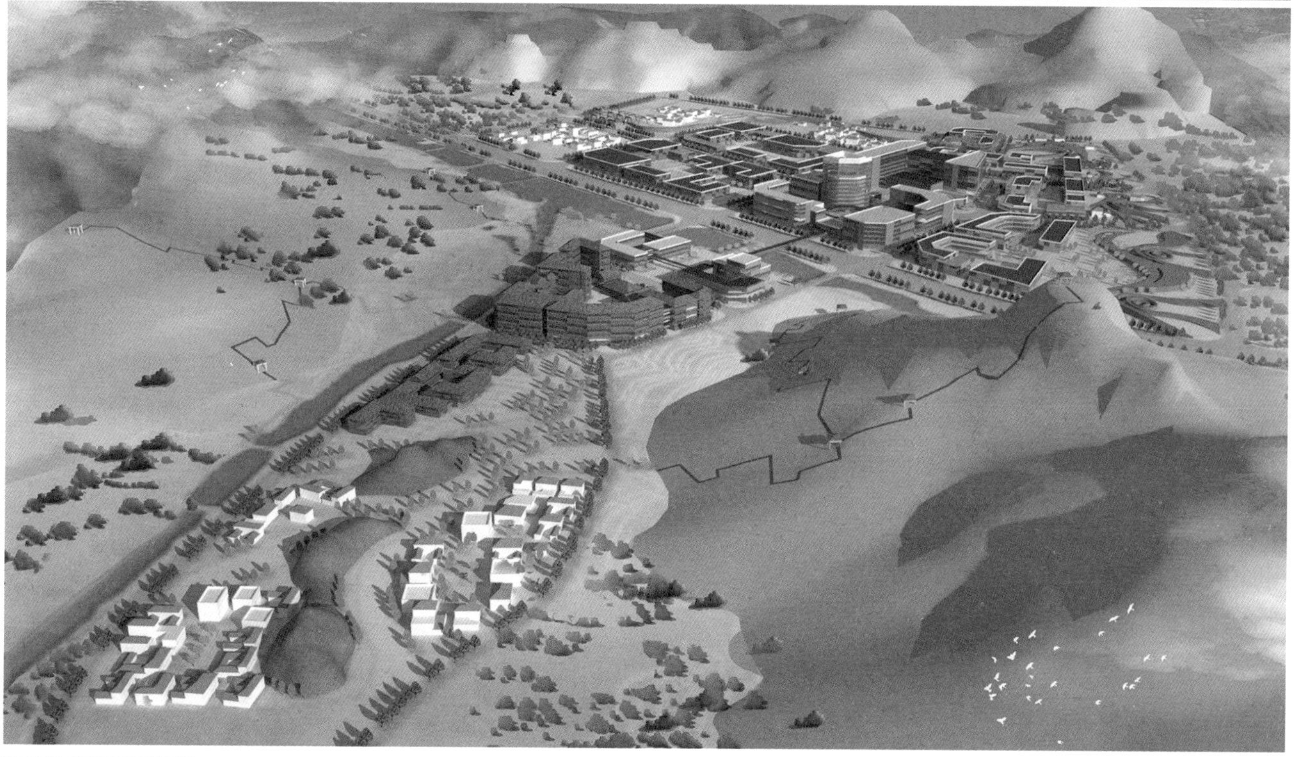

风貌分区控制

风貌分区

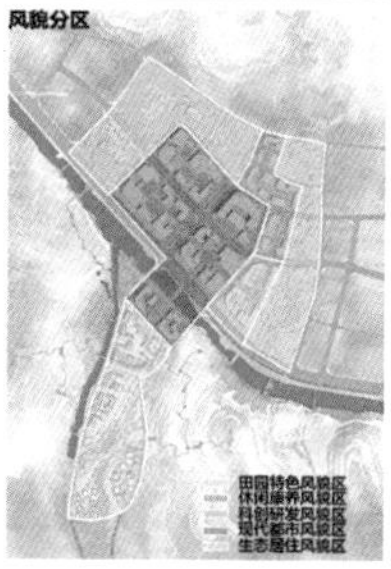

风貌区	建筑风格	开发强度	开发高度控制	开发色彩控制	公共空间特色
田园特色风貌区	结合民宿建房改造的特色石屋。	按原有开发强度控制。	以2-3层为主。	白、褐、黄为主，局部以冷色调为辅色调。	自然田园与小型公共空间。
休闲康养风貌区	现代、生态、技术的低层建筑。	按中低等开发强度控制。	以2-3层为主。	以灰、白为主色调，局部以冷色调为辅色。	特色的内部空间与外立面。
科创研发风貌区	现代、生态、技术的低层建筑。	按中低等开发强度控制。	以2-3层为主。	以灰、白为主色调，局部以暖色调为辅色。	开放的公共空间与外部环境。
现代都市风貌区	现代、生态、技术的中、低层建筑。	按中高等开发强度控制。	以6-12层为主，[illegible]	白、蓝为主，局部以暖色调为辅色调。	鼓励人工环境创新，加强标志性建筑建设。
生态居住风貌区	特色石屋民宿与仿古建筑结合。	按中低等开发强度控制。	酒店以6-8层为主，石屋民宿以2-3层为主。	白、褐、黄为主，局部以冷色调为辅色调。	自然田园与良好的内部环境为主。

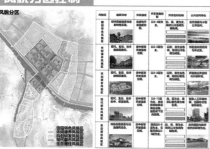

天际线控制

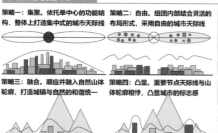

策略一：集聚。依托单中心的功能结构，整体上打造集中式的城市天际线

策略二：自由。组团内部结合灵活的布局形式，采用自由的城市天际线

策略三：融合。顺应并融入自然山体轮廓，打造城镇与自然的和谐统一

策略四：凸显。重要节点天际线与山体轮廓相悖，凸显城市的标志感

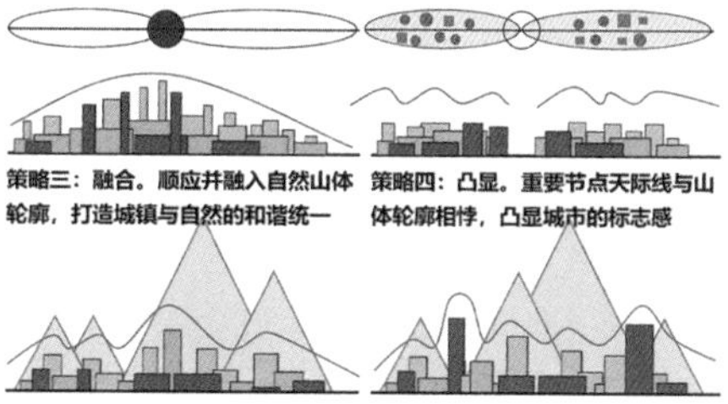

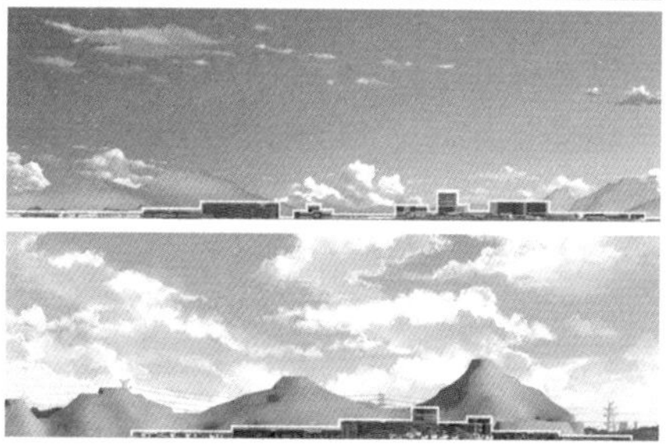

城市设计导则

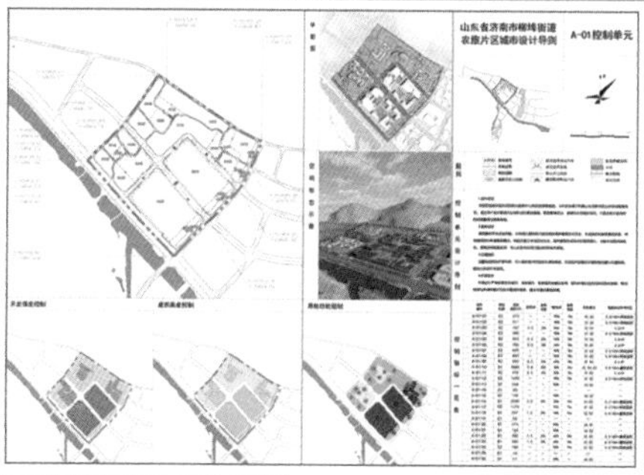

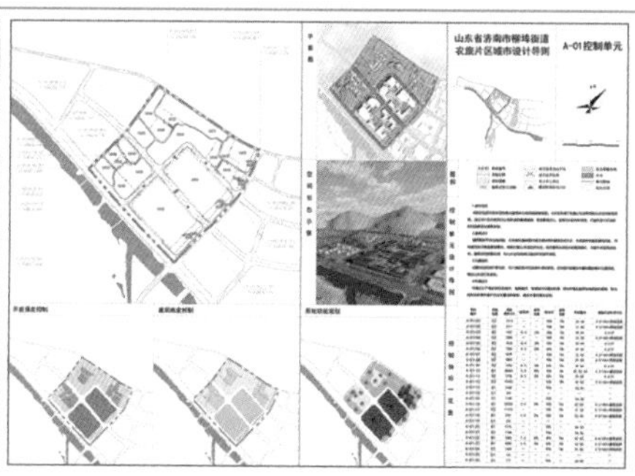

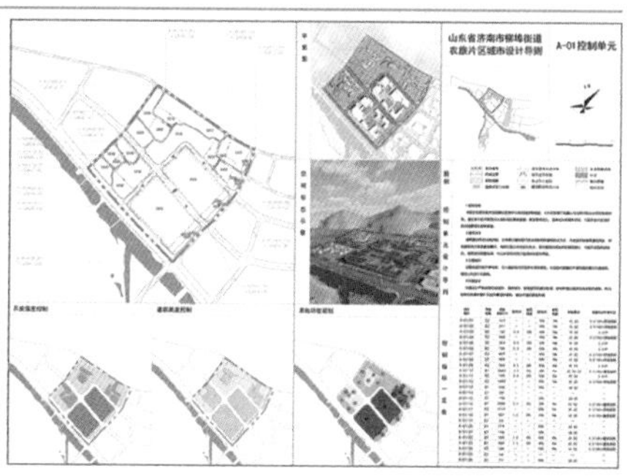

节点透视

登山远望

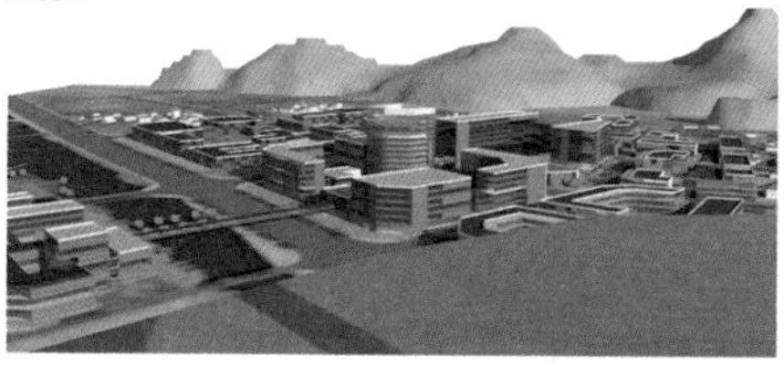

田园谜踪

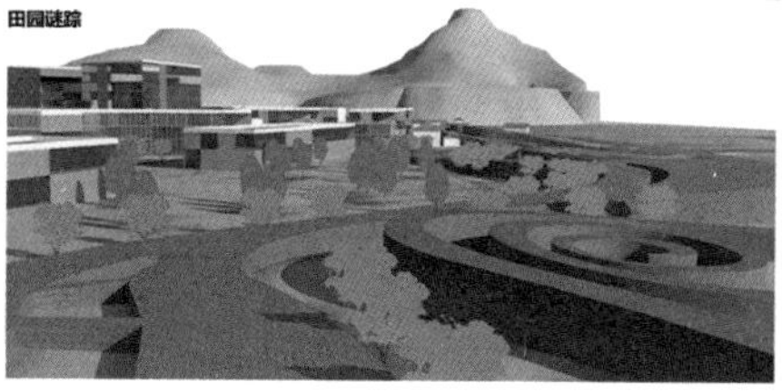

门户展示

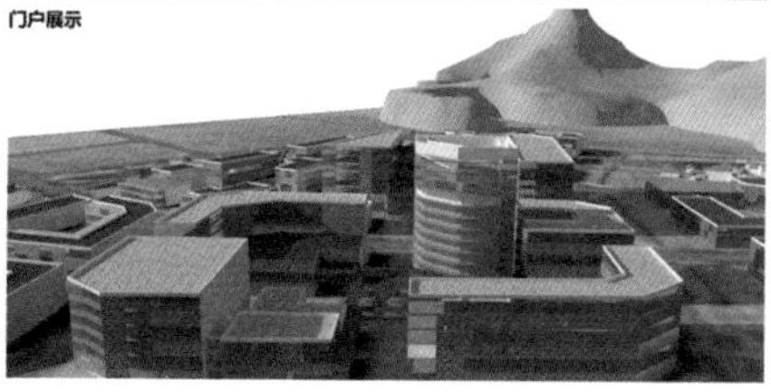

慢享生活 生态柳埠

——基于慢生活理念的济南市南部山区生态小城镇城市设计 **01**

工作框架

生态
诗画
- 背景研究
- 现状解读 —— 现状研究 / 问题剖析
- 战略构想 —— 规划定位 + 案例分析 + 规划策略
- 坡带设计 —— 选地过程 + 原则及策略 + 方案生成 + 方案分析

背景研究

1.政策背景

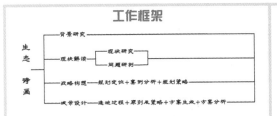

中共十九大报告中提出要加快国家生态文明体制改革，以生态低冲击、资源低消耗、环境低影响为核心目标和首要原则，实施乡村振兴。
2019年山东省政府报告中提出要形成高质量发展生态系统，打造魅力自然生态。
2019年济南市政府工作报告中提出要聚焦加强生态环保建设，坚持不懈治山、治水，持续推进南部山区自然生态景观保护。

2.区位分析

济南市为山东省省会，环渤海区域的中心城市，位于山东省中西部，南依泰山，北靠黄河。南部山区管委会位于济南市南部地理位置独特，本次规划研究范围柳埠街道也位于南部山区的南部区域。

3.历史沿革

自春秋至今，柳埠有了千年历史，历史文化底蕴浓厚，且位于重要的生态保护区，2003年山东省发布南控政策并且实施至今，柳埠镇位于管镇范围中，生态得到了一定的保护。

4.上位规划

《济南市总体规划（2011-2020年）》
提出南控政策，严格控制城市向南部山区蔓延并确定南部山区为水源涵养区。

《济南市南部山区保护与发展规划》
确定柳埠镇为旅游服务型重点镇；以省道103线为主要的经济发展轴，确定锦阳川景观生态空间保护廊道。

《南部山区"多规合一"规划草案》
此版规划中，柳埠镇被定位为国家级生态文化旅游名镇、省会城市休闲度假胜地、南部山区旅游服务集散地。规划形成两轴三心多组团的发展结构。

《济南市南部山区柳埠镇镇区控制性详细规划》
提出构建生态南山、诗画南山、野趣南山的目标愿景，要求充分挖掘柳埠四门塔等文化旅游资源。

现状研究

1.用地现状

现状土地呈非集约化发展特征，以农林用地为主，建成区在玉带河西北侧。

2.已选址项目

现状基地有十块土地已有选址项目，在后续规划设计中应当注意其用地性质和意向。

3.地形地貌分析

通过GIS软件分析基地的坡向、高程、坡度并生成适建性分析后我们发现：规划范围四周呈现沟壑状的群山环抱形态，北部群山相对较高，范围的建设用地整体较为平缓，是典型的山区地形地貌。基地总体处于15%的适宜建设地区区域，小部分边界处位于需要采取工程措施才能建设的用地。这求在规划过程中需要结合具体本地形地貌情况进行合理分析进而进行下一步。

4.交通条件分析

对外交通图　　对内交通图　　公共交通图　　静态交通图

基地内部对外主要交通依靠省道103，济泰高速建设中，目前对外交通较为不便。内部主干道状况良好，其他道路不成系统。公交线路目前12条，依托主干道发展，部分频率较低。目前基地停车场仅一处，大多为路边停车。

5.山水格局分析

基地四面群山环抱，锦阳川自西向东贯穿基地，形成了"一川贯穿，群山环抱"的山区风貌。

6.文化资源分析

7.建筑风貌分析

高度分析图　　　　结构分析图

基地内建筑以自建民居1-3层为主，整体天际线较为平缓，民房多以砖混结构为主。

8.公服配套分析

行政设施分析图　教育设施分析图　医疗设施分析图　公共空间分析图

目前基地行政设施较为完善，教育水平较为落后，居民使用不便。医疗设施不足，且分布较为集中。文化设施保护较为良好。公共空间呈现多点分布，单相对分散但不佳，滨河空间呈现线性但连续性不强。

9.产业分析

基地支柱产业为林果种植业、旅游业、传统服务业。

一产：以林果种植业为主，收益较低。

二产：受制于南控政策，几近消失。

三产：以旅游业主导的服务业，亟待发展。

10.SWOT分析

慢享生活 生态柳埠

——基于慢生活理念的济南市南部山区生态小城镇城市设计 02

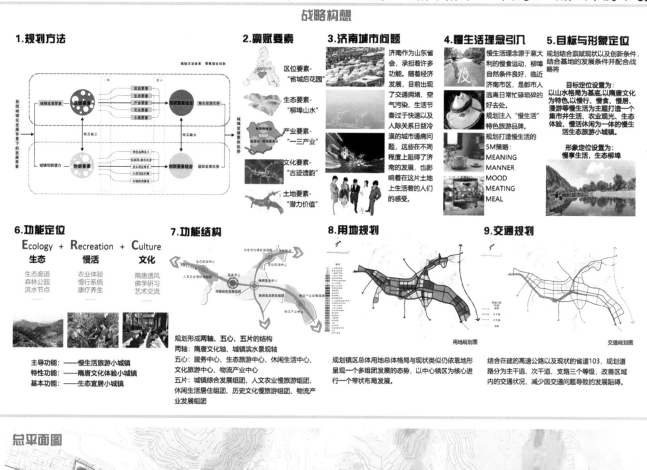

战略构想

1.规划方法

城镇发展要素 创新要素组合

2.禀赋要素

区位要素-"省城后花园"

生态要素-"柳埠山水"

产业要素-"一三产业"

文化要素-"古迹遗韵"

土地要素-"潜力价值"

3.济南城市问题

济南作为山东省会，承担着许多功能，随着经济发展，目前出现了交通拥堵、空气污染、生活节奏过于快速以及人际关系日益冷漠的城市通病问题，这些在不同程度上阻碍了济南的未来发展，也影响着在这片土地上生活着的人们的感受。

4.慢生活理念引入

慢生活理念源于意大利的慢食运动，柳埠自然条件良好，临近济南市区，是都市人逃离日常忙碌琐碎的好去处。规划注入"慢生活"特色旅游品牌，规划打造慢生活的5M策略：
MEANING
MANNER
MOOD
MEATING
MEAL

5.目标与形象定位

规划结合禀赋现状以及创新条件，结合基地的发展条件并配合战略将

目标定位设置为：以山水格局为基底，以隋唐文化为特色，以慢行、慢食、慢居、漫游等慢生活为主题打造一个集市井生活、农业观光、生态体验、慢活休闲为一体的慢生活生态旅游小城镇。

形象定位设置为：
慢享生活，生态柳埠

6.功能定位

Ecology + **R**ecreation + **C**ulture
生态　　　慢活　　　文化

生态廊道　农业体验　隋唐遗风
森林公园　慢行系统　佛学研习
滨水节点　康疗养生　艺术交流

主导功能：——慢生活旅游小城镇
特性功能：——隋唐文化体验小城镇
基本功能：——生态宜居小城镇

7.功能结构

规划形成两轴、五心、五片的结构
两轴：隋唐文化轴、城镇滨水景观轴
五心：服务中心、生态旅游中心、休闲生活中心、文化旅游中心、物流产业中心
五片：城镇综合发展组团、人文农业慢旅游组团、休闲生活居住组团、历史文化慢旅游组团、物流产业发展组团

8.用地规划

规划镇区总体用地总体格局与现状类似仍依靠地形呈现一个多组团发展的态势，以中心镇区为核心进行一个带状布局发展。

用地规划图

9.交通规划

结合在建的高速公路以及现状的省道103，规划道路分为主干道、次干道、支路三个等级，改善区域内的交通状况，减少因交通问题导致的发展阻碍。

交通规划图

总平面图

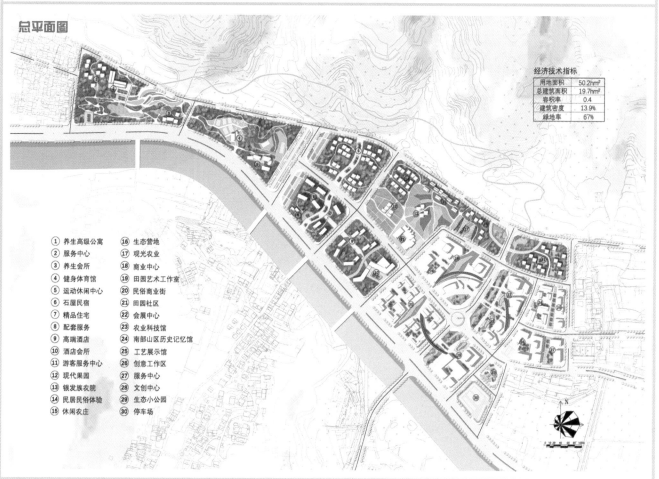

经济技术指标	
用地面积	50.2hm²
总建筑面积	19.7hm²
容积率	0.4
建筑密度	13.9%
绿地率	67%

① 养生高级公寓　⑯ 生态营地
② 服务中心　　　⑰ 观光农业
③ 养生会所　　　⑱ 商业中心
④ 健身体育馆　　⑲ 田园艺术工作室
⑤ 运动休闲中心　⑳ 民俗商业街
⑥ 石屋民宿　　　㉑ 田园社区
⑦ 精品住宅　　　㉒ 会展中心
⑧ 配套服务　　　㉓ 农业科技馆
⑨ 高端酒店　　　㉔ 南部山区历史记忆馆
⑩ 酒店会所　　　㉕ 工艺展示馆
⑪ 游客服务中心　㉖ 创意工作区
⑫ 现代果园　　　㉗ 服务中心
⑬ 银发族农院　　㉘ 文创中心
⑭ 民居民俗体验　㉙ 生态小公园
⑮ 休闲农庄　　　㉚ 停车场

慢享生活 生态柳埠

——基于慢生活理念的济南市南部山区生态小城镇城市设计 03

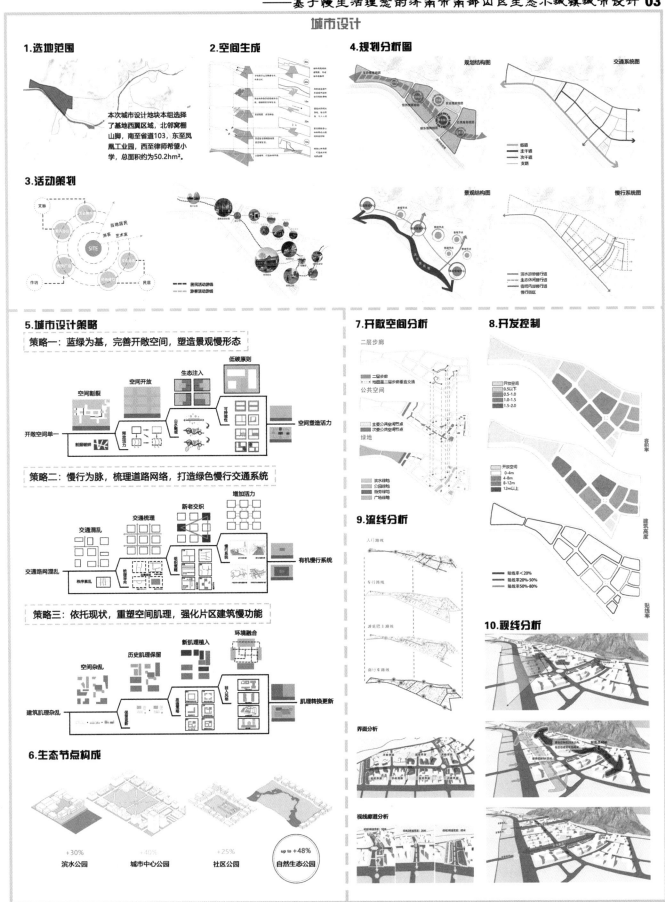

城市设计

1.选地范围

本次城市设计地块本组选择了基地西翼区域，北邻窝棚山脚，南至省道103，东至凤凰工业园，西至律师希望小学，总面积约为50.2hm²。

2.空间生成

3.活动策划

- - - 居民活动游线
- - - 游客活动游线

4.规划分析图

规划结构图

交通系统图

景观结构图

慢行系统图

临道
主干道
次干道
支路

滨水游憩慢行道
生态休闲慢行道
街坊内部慢行道
慢行街区

5.城市设计策略

策略一：蓝绿为基，完善开敞空间，塑造景观慢形态

空间割裂 空间开放 生态注入 低碳原则

开敞空间单一 → 景观塑活力 → 山水渗透 → 可持续发展 → 空间塑造活力

策略二：慢行为脉，梳理道路网络，打造绿色慢行交通系统

交通混乱 交通梳理 新老交织 增加活力

交通路网混乱 → 秩序紊乱 → 有机慢行系统

策略三：依托现状，重塑空间肌理，强化片区建筑慢功能

空间杂乱 历史肌理保留 新肌理植入 环境融合

建筑肌理杂乱 → 肌理转换更新

6.生态节点构成

+30% 滨水公园
+40% 城市中心公园
+25% 社区公园
up to +48% 自然生态公园

7.开敞空间分析

二层步廊

二层步廊
地面层至二层步廊垂直交通

公共空间

主要公共空间节点
次要公共空间节点

绿地

滨水绿廊
公园绿廊
街巷绿廊
广场绿廊

8.开发控制

开放空间
0.5以下
0.5-1.0
1.0-1.5
1.5-2.0

容积率

开放空间
0-4m
4-8m
8-12m
12m以上

建筑高度

贴线率<20%
贴线率20%-50%
贴线率50%-80%

贴线率

9.流线分析

人行路线
车行路线
游览巴士路线
自行车路线

界面分析

视线廊道分析

视线廊道宽度50米
视线廊道宽度25米

10.视线分析

慢享生活 生态柳埠

——基于慢生活理念的济南市南部山区生态小城镇城市设计 04

城市设计

11.重点地块分析

1.综合商业商务片区
本区域主要功能提供生活配套、商务办公。

规划策略 连续性界面

2.酒店会展片区
本区域主要功能为游客提供高端住宿、商务会议等功能。

规划策略 突出节点，组织流线

3.民俗商业街片区
本区域主要功能为当地居民、游客提供餐饮、购物。

规划策略 增加屋顶活动面

4.文化创意片区
本区域为文创中心，主要进行文化活动的策划和产品设计。

规划策略 打造多尺度空间

5.田园社区片区
本区域主要功能为当地原住民提供环境良好的生态居住区。

规划策略 融入建筑功能

6.民宿体验片区
本区域以原住民建筑改造成居住、生活体验的片区。

规划策略 增强空间趣味性

12.局部透视图

13.特色景观系统

A.观景廊道系统
围绕中心建筑群，以建筑之间的连通廊道为观景平台，并在不同的功能分区设置不同功能的公共开放空间，并有高差的起伏，给游人不同的空间感受。

B.水循环生态景观系统
提承海绵城市的理念，下雨时吸水、蓄水、净水，并结合重要的文保单位以及生物群落，构建中心水体景观系统。

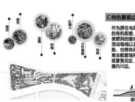

C.特色景观公园系统
作为居住与周边山体的有机衔接，既有方便居民的漫游、排球活动场地以及运动的点，也有休闲娱乐的商业配套场所，以及观景花园区，同时也通向川山。

14.天际线

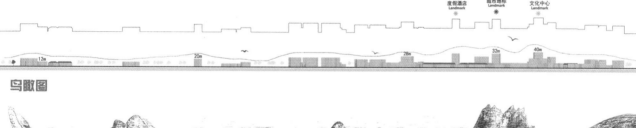

度假酒店 Landmark 城市地标 Landmark 文化中心 Landmark

12m 20m 28m 32m 40m

鸟瞰图

Ji'nan

山东建筑大学

指导老师：陈　朋　程　亮

山水交互　诗画步埠

济南市南部山区生态小城镇城市设计
Urban Design of Ecological small towns in the Southern Mountain area of Jinan City

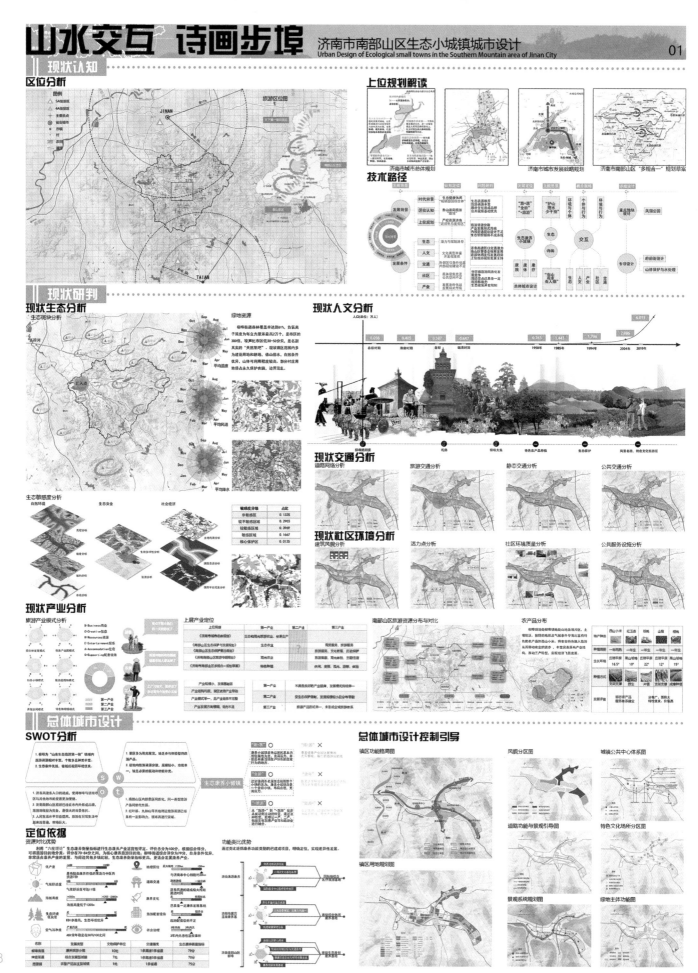

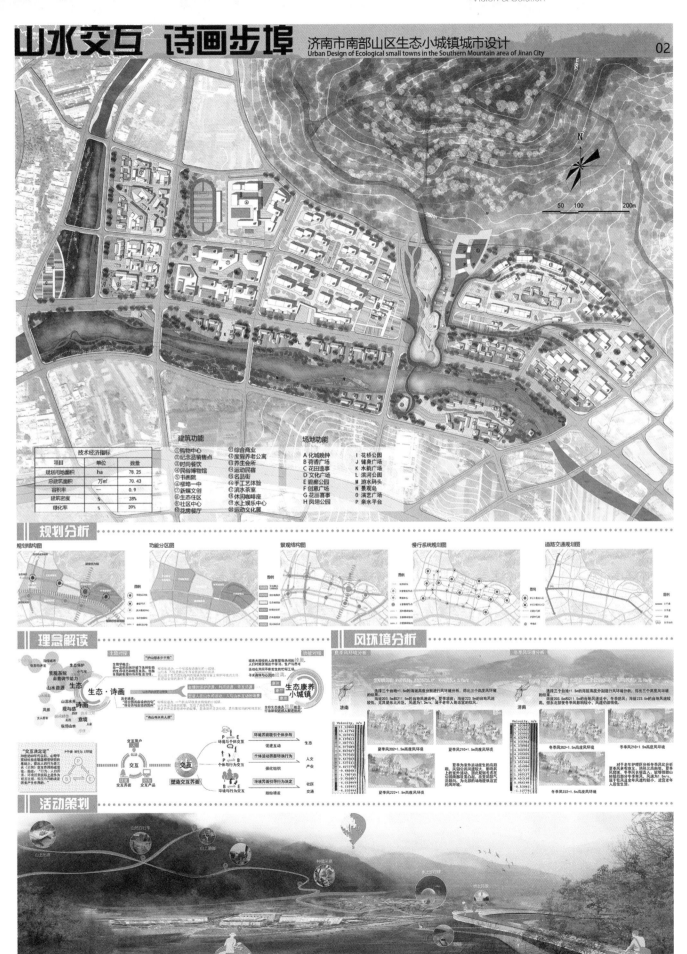

山水交互 诗画步埠

济南市南部山区生态小城镇城市设计
Urban Design of Ecological small towns in the Southern Mountain area of Jinan City

02

山水交互 诗画步埠 济南市南部山区生态小城镇城市设计
Urban Design of Ecological small towns in the Southern Mountain area of Jinan City

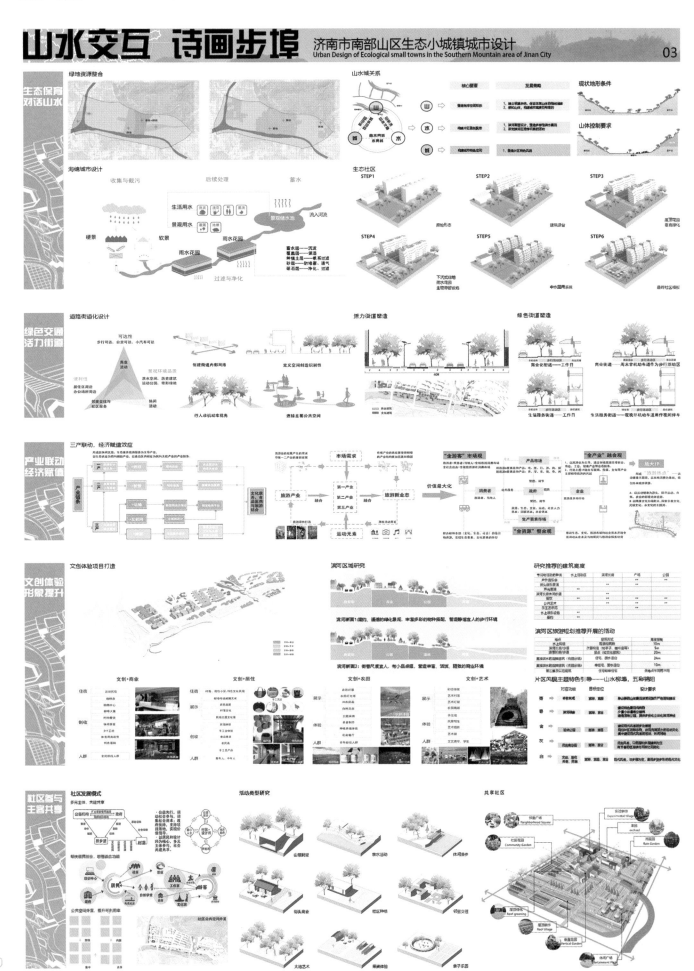

山水交互 诗画步埠

济南市南部山区生态小城镇城市设计
Urban Design of Ecological small towns in the Southern Mountain area of Jinan City

04

鸟瞰图

透视图

商业街区俯视图　　　文创南区俯视图　　　生态住区广场透视图　　　凤翎公园南侧人视图　　　凤翎公园南侧鸟瞰景塔航望图　　　凤翎公园节点俯视图

重点地块设计

府前街界面设计　　　街道空间设计　　　凤翎公园设计

体系整合

生态·诗画　[基地初探]

第九届全国城乡规划专业"7+1"联合毕业设计

踏石寻山

济南市南部山区生态小城镇城市设计　01

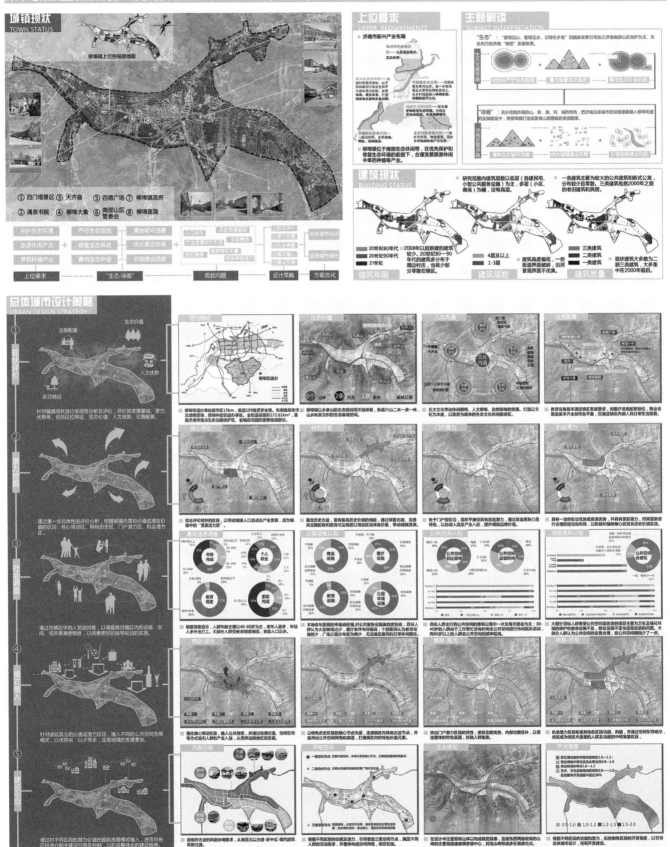

生态·诗画 [概念植入] 踏石寻山

第九届全国城乡规划专业"7+1"联合毕业设计

济南市南部山区生态小城镇城市设计 02

生态·诗画

[方案生成]

踏石寻山

第九届全国城乡规划专业 "7+1" 联合毕业设计

济南市南部山区生态小城镇城市设计 03

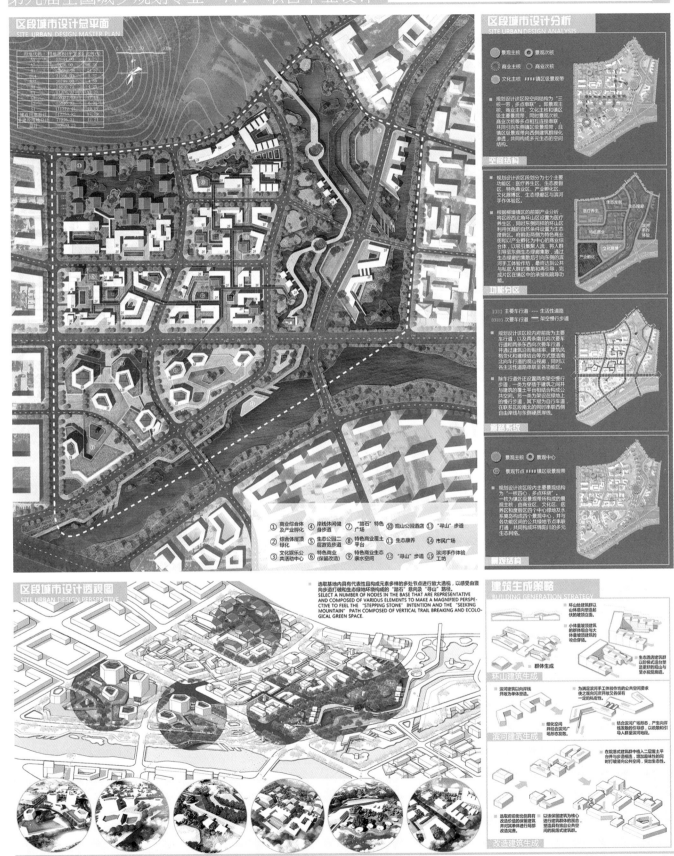

生态 · 诗画 　　　[策划引导]　　　 踏石寻山

第九届全国城乡规划专业 "7+1" 联合毕业设计　　　济南市南部山区生态小城镇城市设计 04

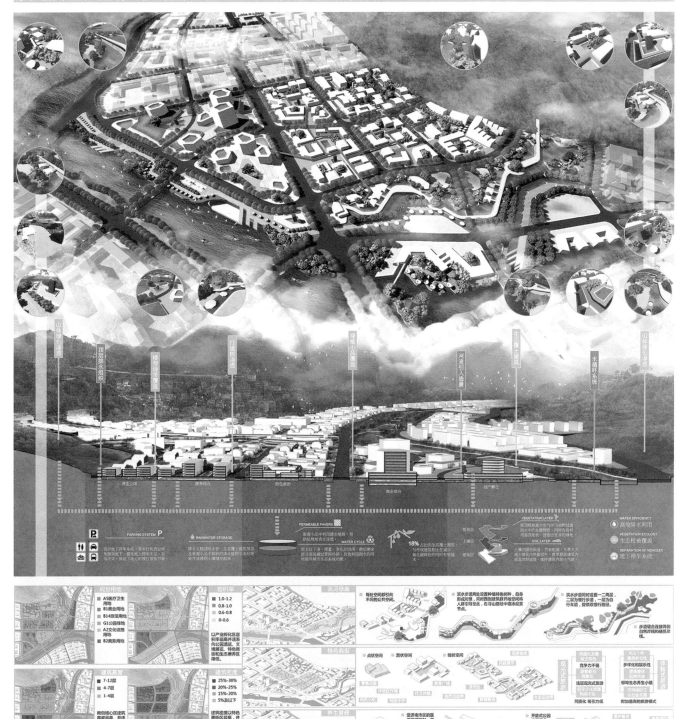

区段城市设计控制
SITE URBAN DESIGN CONTROL

区段城市设计策划
SITE URBAN DESIGN PLANNING

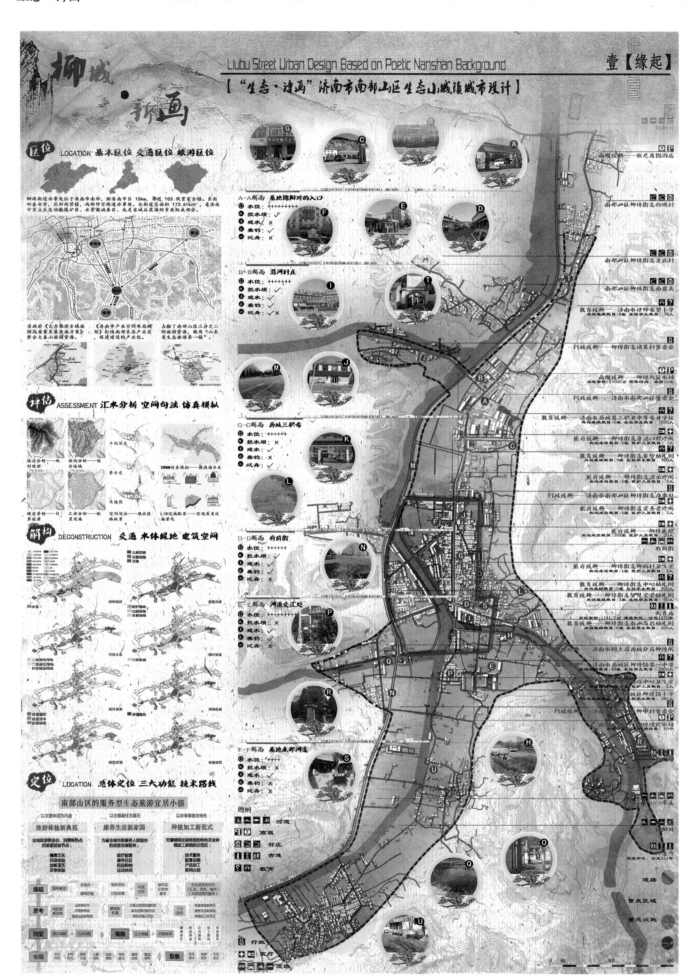

柳城·新画

Liubu Street Urban Design Based on Poetic Nanshan Background

壹【缘起】

【"生态·诗画"济南市南部山区生态山城镇城市设计】

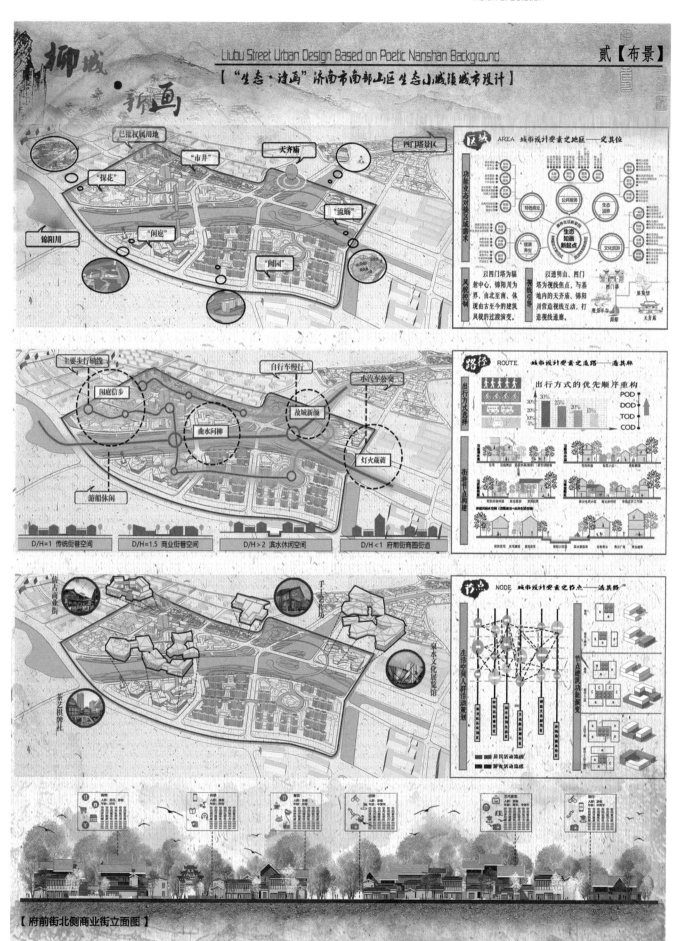

Liubu Street Urban Design Based on Poetic Nanshan Background

【"生态·诗画"济南市南部山区生态小城镇城市设计】

贰【布景】

【府前街北侧商业街立面图】

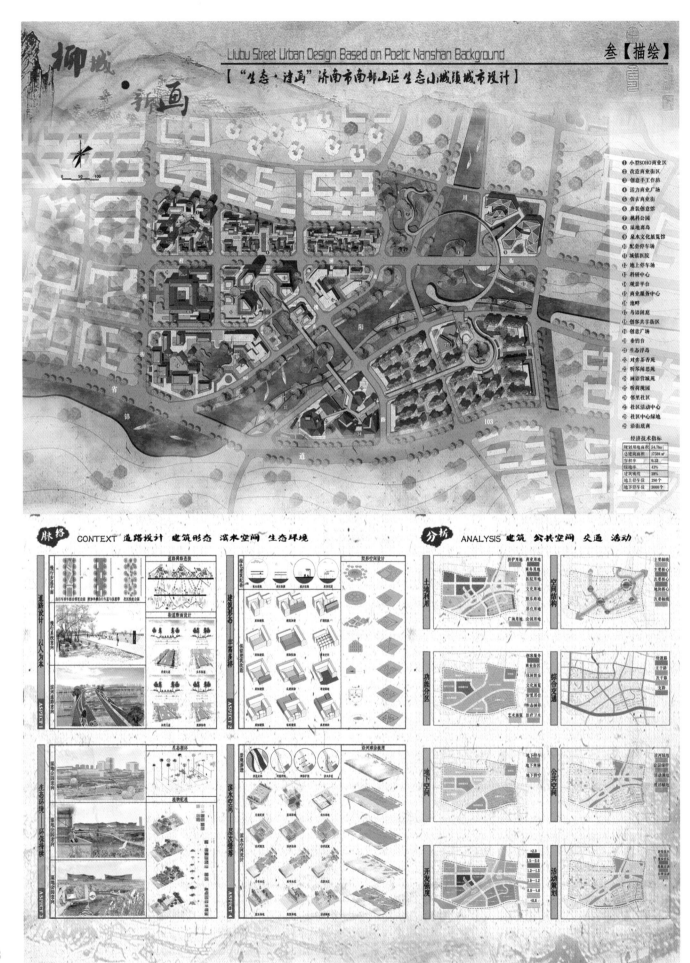

柳城·新画

Liubu Street Urban Design Based on Poetic Nanshan Background

【"生态·诗画"济南市南部山区生态小城镇城市设计】

肆【化境】

透视 CONTEXT 两岸平行式 环筑围层式

微至 DETAILS 人性化细节设计

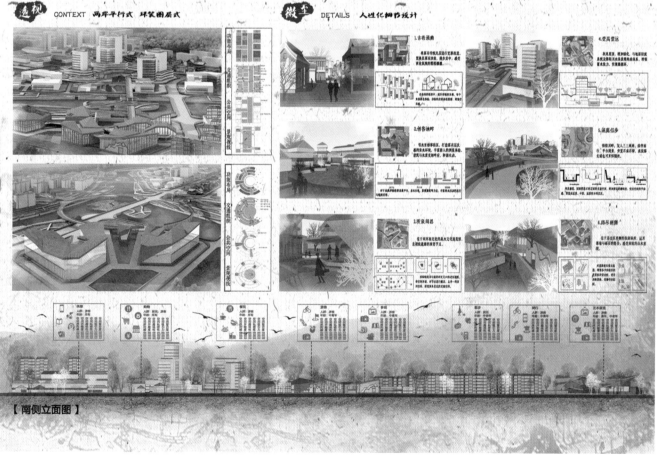

【南侧立面图】

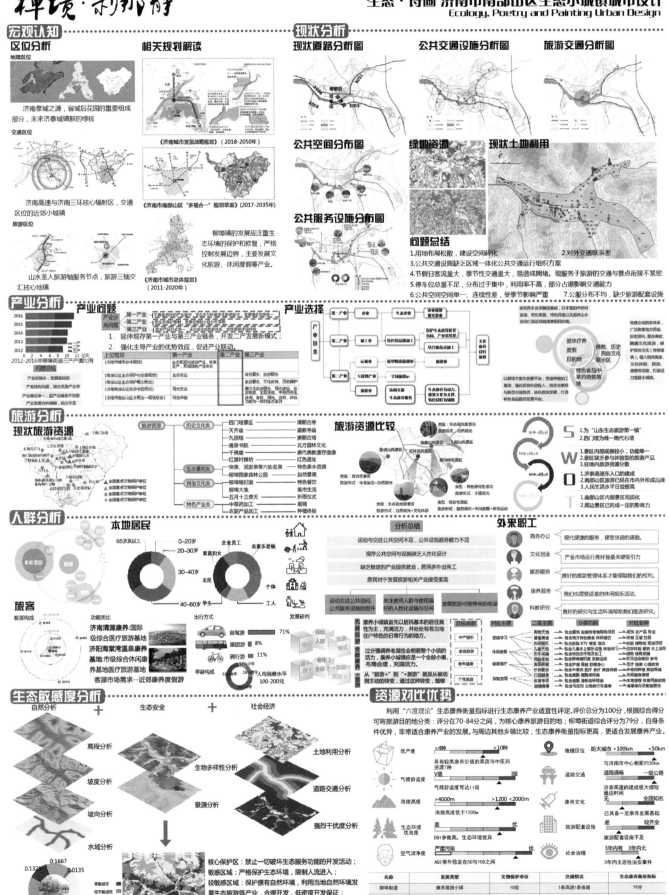

禅境 刹那静

生态 · 诗画 济南市南部山区生态小城镇城市设计
Ecology, Poetry and Painting Urban Design

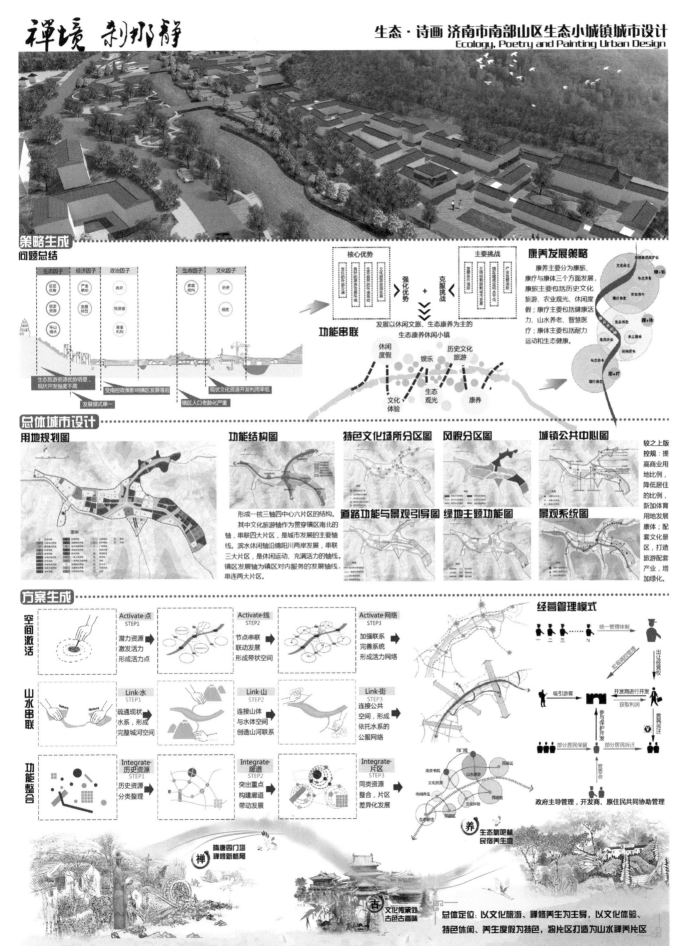

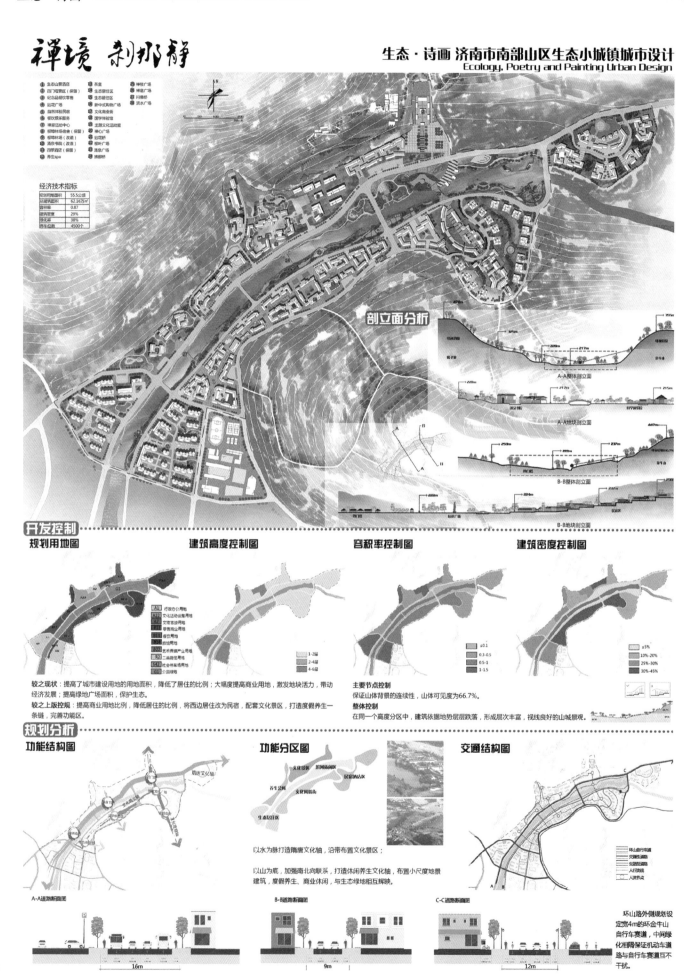

禅境 刹那静

生态 · 诗画 济南市南部山区生态小城镇城市设计
Ecology, Poetry and Painting Urban Design

剖立面分析

开发控制
规划用地图　　建筑高度控制图　　容积率控制图　　建筑密度控制图

较之现状：提高了城市建设用地的用地面积，降低了居住的比例；大幅度提高商业用地，激发地块活力，带动经济发展；提高绿地广场面积，保护生态。

较之上版控规：提高商业用地比例，降低居住的比例，将西边居住改为民宿，配套文化景区，打造度假养生一条链，完善功能区。

主要节点控制
保证山体背景的连续性，山体可见度为66.7%。

整体控制
在同一个高度分区中，建筑依据地势层层跌落，形成层次丰富，视线良好的山城景观。

规划分析
功能结构图　　　　　　功能分区图　　　　　　交通结构图

以水为脉打造隋唐文化轴，沿带布置文化景区；

以山为底，加强南北向联系，打造休闲养生文化轴，布置小尺度地景建筑，度假养生、商业休闲，与生态绿地相互辉映。

A-A道路断面图　　　　　　B-B道路断面图　　　　　　C-C道路断面图

16m　　　　　　9m　　　　　　12m

环山路外侧规划设定宽4m的环金牛山自行车赛道，中间绿化相隔保证机动车道路与自行车赛道互不干扰。

禅境 刹那静

生态·诗画 济南市南部山区生态小城镇城市设计
Ecology, Poetry and Painting Urban Design

水月近禅意
水云客野情

功能流线生成

对现状的功能属性进行了归纳总结，分为黄色滨河观光游线、橙色文化风情路线、绿色自然生态观光流线，提升现有元素价值，并能深入挖掘价值，找到多元路径，打造柳埠独特文化吸引力

将独栋民宿置入山林，多方位感受自然美景
适合家庭游玩，感受大自然的美妙
生态民宿

结合周边佛教文化，泉水文化，生态景观塑造柳埠独有的文化风情街
设置文化体验区，面向青少年素质拓展活动
文化风情街

远离城市的喧嚣，依山傍水，回归自然
利用技术手段蓄水固土，保护生态环境
生态景住区

环境要素营造

追求安宁的环境，远离繁杂的市区
既有私密的读出空间也有共同活动的庭院
生态酒店

水资源丰富，有较为良好的生态景观
利用原有水体，打造生态自然广场
结合佛教文化，营造独特禅意景象
滨河广场

涌泉书院
打破涌泉书院对内开放格局，与柳埠林场结合打造多元功能区
外接养生spa,茶室等，打造一体化禅意泉水文化休闲区域

水岸分析

中密度　高密度　广场
渗水性停车区域　生态街道
生物过滤池　滞留

流线生成

家庭旅游

山景民宿起床　拈花广场活动　参观涌泉书院　文学体验　素质拓展
野炊早餐　参观四门塔景区　风情街午餐　水岸活动　私房菜晚餐

老年健康

起床　超市购物　四门塔广场活动　下山径归家
滨水景观漫步　滨水活动交流　文化轴上山

个性旅游

骑行到达　景区简餐　风情街休息
参观四门塔　山地骑行　环山路骑行

中产旅游

民宿起床　观山景　文化山景活动　休息
茶室早餐　农家菜午餐　野区晚餐

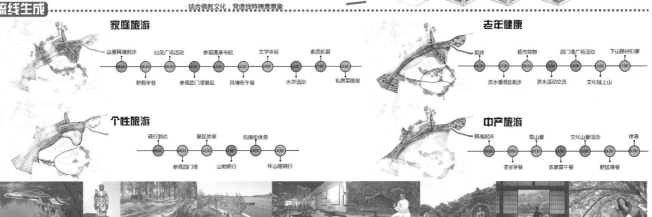

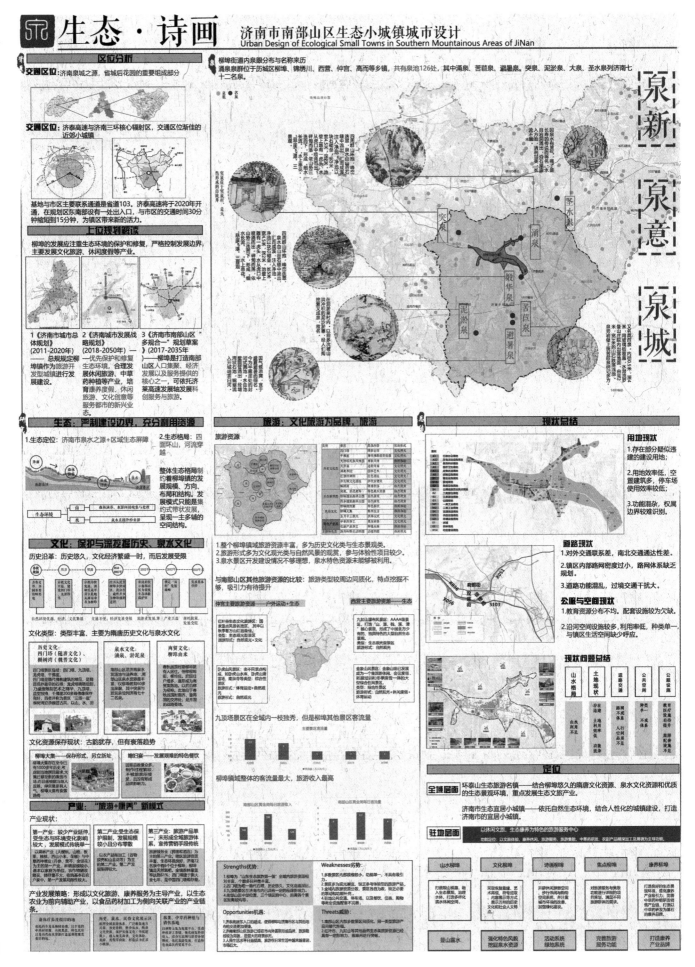

生态·诗画

济南市南部山区生态小城镇城市设计

Urban Design of Ecological Small Towns in Southern Mountainous Areas of JiNan

泉·新
展示平台

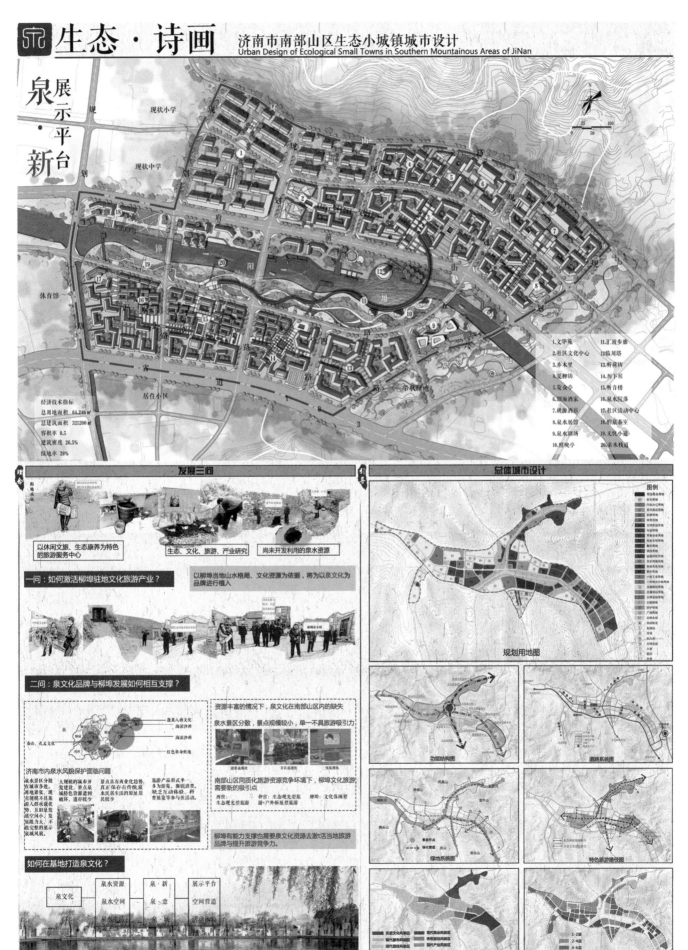

075

生态·诗画

济南市南部山区生态小城镇城市设计
Urban Design of Ecological Small Towns in Southern Mountainous Areas of JiNan

泉·意
空间营造

白烟消尽添云淑，山月飞来气气澄。
且向波间看玉塔，不须桥畔觅金绳。

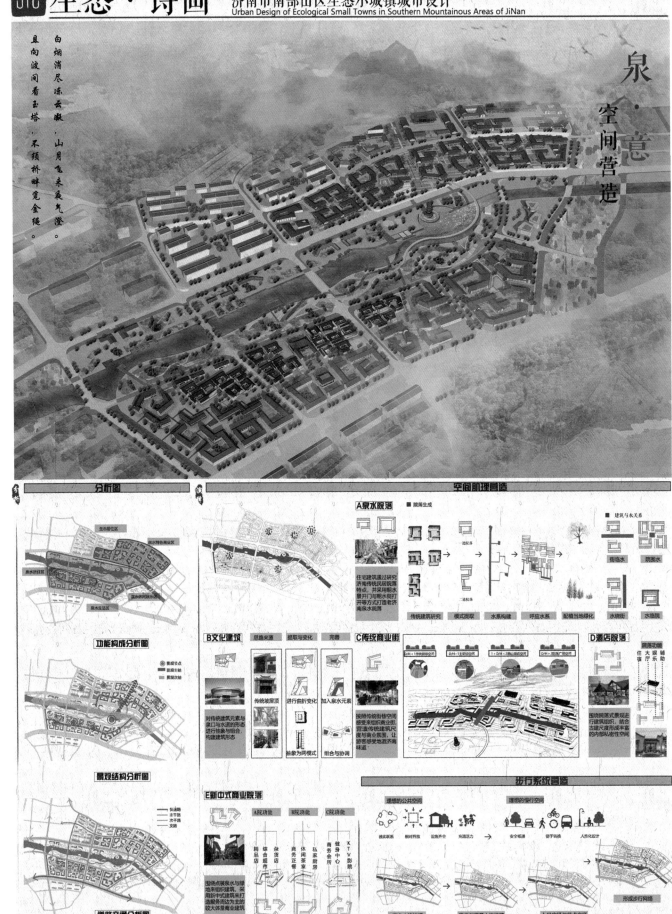

分析图

生态居住区

泉水特色商业区

泉水邻住区

温泉娱乐区

泉水生活区

功能构成分析图

景观节点
景观主轴
景观次轴

景观结构分析图

快速路
主干路
次干路
支路

道路交通分析图

空间肌理营造

A 泉水院落
院落生成

一进院落

二进院落

住宅建筑通过研究济南传统民居院落特点，并采用朝水景开门与朝北开门等方式打开或打造老济南泉水院落

传统建筑研究　模式提取　水系构建　呼应水系　配植当地绿化

建筑与水关系
街临水　院围水
水绕街　水临院

B 文化建筑
思路来源　提取与变化　完善

对传统建筑元素与泉口与水的形态进行抽象与组合，构建建筑形态

传统坡屋顶　进行曲折变化　加入泉水元素

抽象为两模式　组合与协调

C 传统商业街

D/H＝1传统街巷空间　D/H＝1主街空间　1＜D/H＜2副巷空间　D/H＞2较宽广场空间

按照传统街巷空间感受来组织商业街，营造传统建筑尺度与商业氛围，让游客感受地道济南水院街道

D 酒店聚落

院落功能
住宿　大厅　辅助
休闲　娱乐

围绕院落式景观进行建筑组织，结合古建尺度形成丰富的内部私密性空间

E 新中式商业院落

A院功能　B院功能　C院功能

精品店　杂货店　私家茶室　KTV影院
综合超市　商务正餐　商务会所　健身中心

围绕点装泉水与绿地来组织建筑，采用新中式建筑打造服务周边为主的较大体量商业建筑

步行系统营造

理想的公共空间
彼此联系　相对开放　设施齐全　充满活力

理想的慢行空间
安全便捷　便于转换　人性化设计

商业人流梳理　居住与观景人流梳理　入口广场与节点广场　形成步行网络

生态 · 诗画 济南市南部山区生态小城镇城市设计
Urban Design of Ecological Small Towns in Southern Mountainous Areas of JiNan

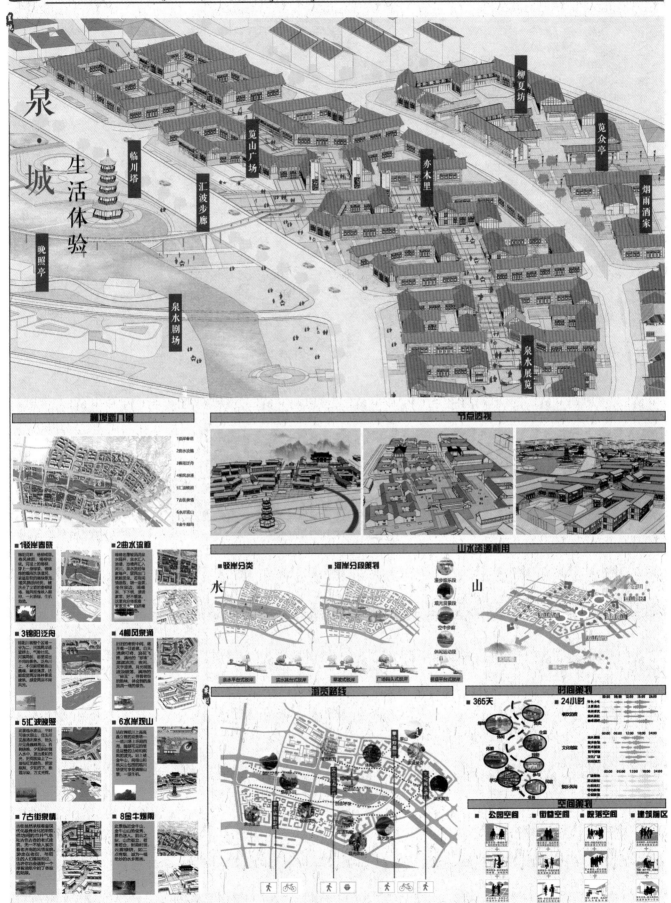

两岸青山·车马客

"生态·诗画" 济南市南部山区生态小城镇 城市设计
Urban design of ecological small town in southern mountainous area of jinan city
第九届全国城乡规划专业"7+1"联合毕业设计

重点地块城市设计鸟瞰图

柳埠解读

区位分析

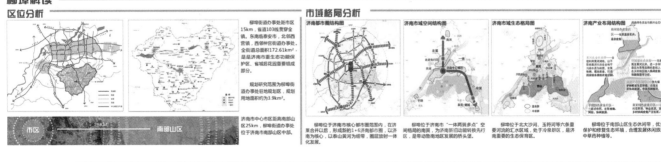

柳埠街道办事处距市区15km，省道103线贯穿全镇，东南临泰安市、北邻西营镇、西邻仲宫街道办事处，全街道总面积172.61km²，是是济南市重生态功能保护区、省城后花园重要组成部分。

规划研究范围为柳埠街道办事处驻地规划区，规划用地面积约为3.9km²。

济南市中心市区距离南部山区25km，柳埠街道办事处位于济南市南部山区中部。

市域格局分析

济南都市圈结构图

济南市域空间结构图

济南市域生态格局图

济南产业布局结构图

柳埠位于济南市核心都市圈范围内，在济莱合并以后，形成新的1+6济南都市圈，以济南为核心，以泰山黄河为纽带，圈层放射一体化发展。

柳埠位于济南市"一体两翼多点"空间格局的南翼，为济南新旧动能转换先行区，是带动鲁南地区发展的桥头堡。

柳埠位于北大沙河、玉符河等六条重要河流的汇水区域，处于冷泉群区，是济南重要的生态保育区。

柳埠位于南部山区生态休闲带，优先，保护和修复生态环境，合理发展休闲旅游和中草药种植等。

基地现状概况

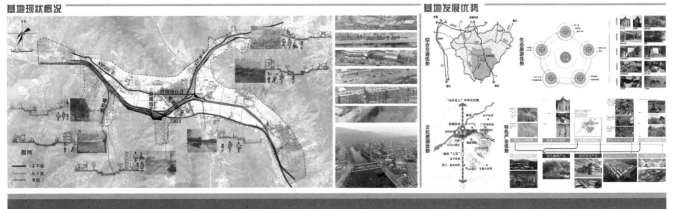

基地发展优势

综合交通优势

生态资源优势

文化资源优势

特色产业优势

两岸青山·车马客

"生态·诗画" 济南市南部山区生态小城镇 城市设计 **02**
Urban design of ecological small town in southern mountainous area of jinan city
第九届全国城乡规划专业 "7+1" 联合毕业设计

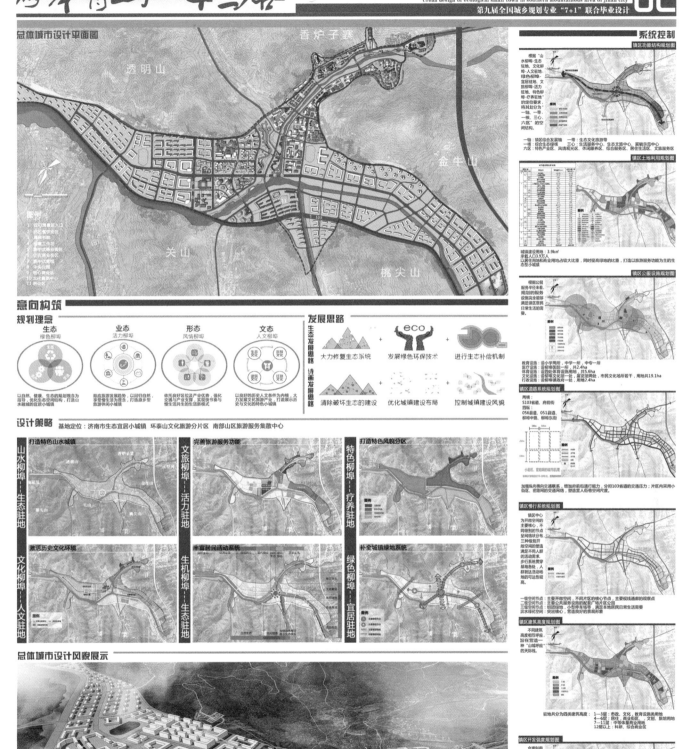

两岸青山·车马客

"生态·诗画" 济南市南部山区生态小城镇 城市设计 **03**
Urban design of ecological small town in southern mountainous area of jinan city
第九届全国城乡规划专业"7+1"联合毕业设计

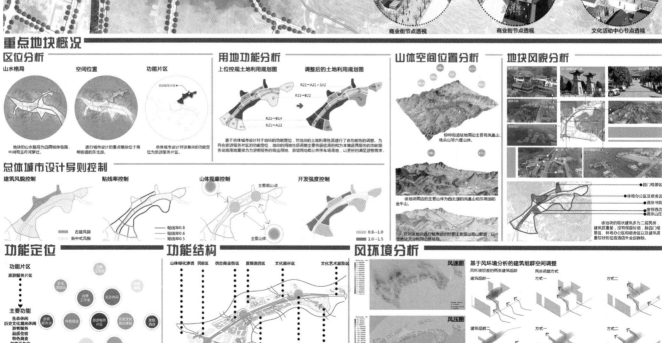

重点地块城市设计平面图

1. 旅游休闲驿站
2. 餐饮与公共活动厅
3. 客栈
4. 服务站
5. 放映厅
6. 文化活动厅
7. 民俗主题酒店
8. 文化活动中心
9. 居委小学
10. 办公楼
11. 主题文化活动室
12. 公共活动厅
13. 新中式商业街
14. 特色餐饮
15. 民俗主题旅游购物街
16. 民俗休整宿工坊
17. 露天小剧场
18. "园主题"体验小镇
19. 民俗小商业
20. 民间古玩市场
21. 涌泉书院（扩建）
22. 涌泉书院（保留）
23. 度假酒店（保留）
24. 林场消防站（保留）
25. 林场住宿区（保留）
26. 涌泉山庄（保留）
27. 民俗风情街
28. 四门塔景区（保留）
29. 入口广场
30. 旅游与体验馆
31. 服务与管理中心
32. 公共活动中心
33. 创意办公楼
34. 色的园
35. 滨河观景区
36. 亲水平台
37. 文化示范
38. 南山文化艺术展览馆
39. 露天活动平台
40. 玉符河

技术经济指标

规划用地面积	55.9 hm²
商业用地面积	9.9 hm²
商务用地面积	8.2 hm²
旅馆用地面积	7.7 hm²
文化活动用地面积	3.0 hm²
图书展览馆用地面积	0.6 hm²
居住用地面积	1.7 hm²
文物与遗迹设施用地面积	15.6 hm²
道路与交通设施用地面积	54.7 万m²
总建筑面积	14.9 万m²
商业建筑面积	12.3 万m²
商务建筑面积	12.8 万m²
旅馆建筑面积	13.6万m²
文化建筑面积	0.9 万m²
居住建筑面积	30 %
建筑密度	1.3
容积率	35%
绿地率	1600个
停车位数	

节点小透视

旅游休闲驿站节点透视 　创意工坊节点透视 　旅游休闲驿站节点透视

商业街节点透视 　商业街节点透视 　文化活动中心节点透视

重点地块概况

区位分析

山水格局　　空间位置　　功能片区

用地功能分析

上位控规土地利用规划图　　调整后的土地利用规划图

山体空间位置分析

地块风貌分析

总体城市设计导则控制

建筑风貌控制　　贴线率控制　　山体视廊控制　　开发强度控制

功能定位

功能片区
旅游服务片区

主要功能
生态休闲
历史文化休闲
游憩服务
品质住宿
特色商业
创意工作室

主要项目策划

功能结构

山体绿化渗透　民俗区　仿古商业区　度假酒店区　文化旅游区　文化艺术展览区

风环境分析

风速图
风压图

基于风环境分析的建筑组群空间调整

两岸青山·车马客

"生态·诗画" 济南市南部山区生态小城镇 城市设计
Urban design of ecological small town in southern mountainous area of jinan city
第九届全国城乡规划专业 "7+1" 联合毕业设计 **04**

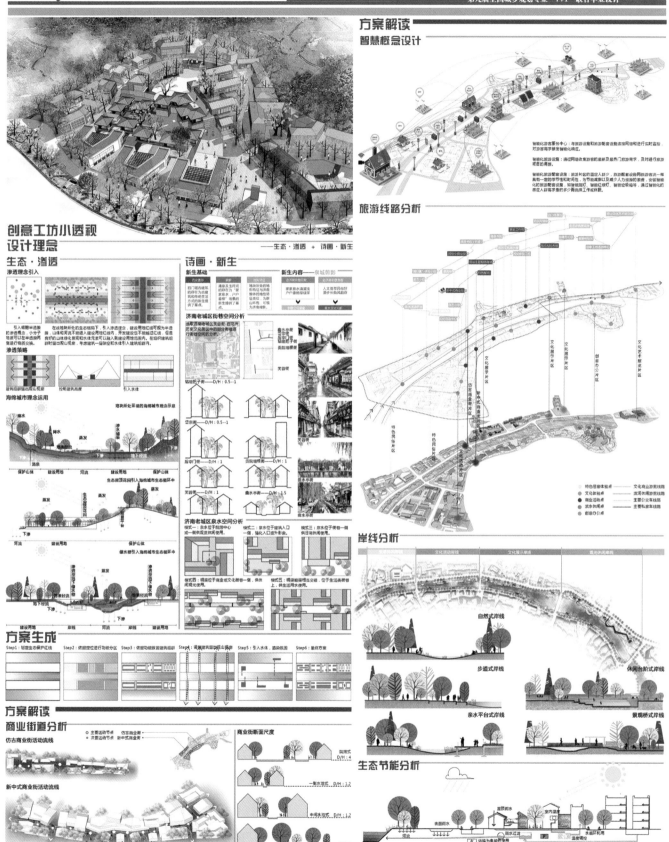

Xi'an

西安建筑科技大学

指导老师：邓向明　杨　辉　高　雅

文韵山水 乐活驿站 / 084

胡光宇　孙璇
高靖葆　候笑莹
苏航营　吴隐杰

乐游南山 / 096

董慧超　李婉莹　薛　健

文韵山水 乐活驿站

"生态·诗画"——济南市南部山区生态小城镇城市设计
URBAN DESIGN OF ECOLOGICAL TOWNS IN SOUTHERN MOUNTAINOUS AREAS OF JINAN

背景分析

水

名泉涌泉泉群
柳埠内拥有七十二名泉涌泉泉群,泉群内不仅有景观区域,同时还有"滴水之恩,涌泉相报。"的历史故事。
核心问题:怎样保护水源环境?怎样利用滨水空间?

滨水活动单一
柳埠街道虽然对S103周边部分驳岸进行处理,然而河岸空间单一,缺乏适宜居民与游客的滨水空间。

硬质驳岸
由于河道为硬质驳岸,使得水体与城镇空间结合并不紧密,硬质河岸无法体现较好的生态功能。

部分河道受到污染
河道与城市相接紧密,由于缺乏相关的处理保护措施,导致河道受到城镇活动的一定程度的污染。

寺

四门塔
国家级文物保护单位/现存最早的全石结构佛教塔/保存最完整的单层庭阁式石塔/现存最早的亭式塔

九顶塔
国家级文物保护单位/单层亭阁式塔砖塔/盛唐遗存

龙虎塔
国家级文物保护单位/单层亭阁式石塔/盛唐艺术奇葩/唐宋文化结合

千佛崖
国家级文物保护单位/中国唐代佛教雕刻/初唐佛教明珠

旅游收入比例失衡
柳埠旅游收入占比中柳埠街道景区门票收入超过50%。柳埠旅游收入结构严重失衡。
核心问题:怎样整合文化资源?怎样感知文化空间?

床位不足	
红叶谷日接待	43
柳埠镇宾馆	20
泉子村民宿	20
奇一客栈	12
锦绣前程	15
绿缘居宾馆	78

柳埠目前接待能力在高峰期的柳埠镇游损失超过九成潜在过夜游客

功能不足
柳埠现状旅游服务功能单一,没有形成吃、住、游、购、娱等综合服务功能

空间差异
柳埠核心景区与主要服务区之间由大量居住用地相隔,空间分异严重。现状核心景区周边在功能上没有为游客

林

山林覆盖
森林覆盖率较高,城市景观生态良好

空气清新
柳埠国家森林公园中负氧离子浓度高而且具有医疗功效

涵景竹林	北方最大竹林,孕育了多种文化传说,竹林中还拥有多个名泉
涵景观赏林	
涵景人文林	
涵景七十二...	
涵景2林,涵景观林	

古树名木	
柳埠内拥有大量的古树名木,其中有三颗古树木存在超过千年	

核心问题:怎样利用山林资源?怎样营造山林景观?

规划策略

产业策略

创意核心吸引物	核心区	产业生态	特色项目	五大主题旅游产业类型
文化传承	历史文化区		四门塔文化展示区	创意文化型
民俗风情	康养度假区药膳养生区		书院文化展示点群	
放养身心	健康养生区		风情体验型	体验型型
体验自然	生态探究区		养心民宿邻居邻里	健康养生型
运动竞技	运动活力区		金牛山运动公园户外自行车赛道	体育运动型

文化策略

空间策略

·通过道路连接、视线联系构建节点空间、加强联系

·宜人的传统街巷和院落空间尺度

·设置贴合边界走势和导引的步行路径

·结合两侧用地功能,以生态驳岸为主,局部采用自然抛石、亲水平台、浅水湿地的驳岸形式,整体呈现绿色自然的景观氛围.

规划目标

旅游产业定位明确
特色突出多元发展
产业特色更强

尊重历史挖掘内涵
传承文化彰显魅力
文化深度活

建筑低密形态精美
环境优美生态持续
空间精而美

基地分析

四门塔　　山水关系　　涌泉书院

森林公园　涌泉竹林　旅游集散中心

门票　文化旅游　东西交往割裂

资源优势　**现状问题**　**文化开发落后**　**功能组团单一**

功能分区

·基地分为六个功能片区:四门塔核心景区、滨水景观带、禅修主题民宿区、涌泉书院文化景区、民俗文化体验区以及保留改造区。

空间结构

·整体上形成了一核一轴、三心多点的结构。沿水街形成基地主轴线,沿河两岸打开多个开口,形成三处对景,通过视线通廊和绿带形成四处景观渗透,加强了河岸两侧的联系。

功能主核心
景观次核心
景观主核心
景观次核心
景观主轴
绿视通廊

道路交通

·基地采用主次干道两级路网结构,设置有三处地面停车场,提供600地面停车位。

主干道
次干道

游线组织

·整体上形成三条游线,分别为诗意山水景观游线,历史文化体验游线和民俗文化体验游线。

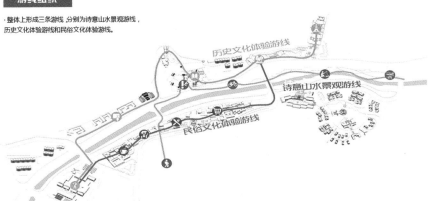

历史文化体验游线

诗意山水景观游线

民俗文化体验游线

绿化系统

·在景观设置上通过视线通廊、绿带设置实现山景渗透,涌泉书院、竹林广场、望岳广场形成三个绿色斑块,其中望岳广场为片区景观核心。

景观主核心
景观次核心
绿视渗透

文韵山水 乐活驿站

"生态·诗画"——济南市南部山区生态小城镇城市设计
URBAN DESIGN OF ECOLOGICAL TOWNS IN SOUTHERN MOUNTAINOUS AREAS OF JINAN

旅游主题策划

该片区为基地的文化旅游片区,我们依据片区内各地块特点,将其分为分别为石、竹、书画、茶酒、琴棋、禅寺六个主题片区。在功能上,每个主题地块都具备展览、售卖、体验等多种功能。在设计空间时,做到功能与空间的统一。

节点效果图

方案鸟瞰图

方案总平面图

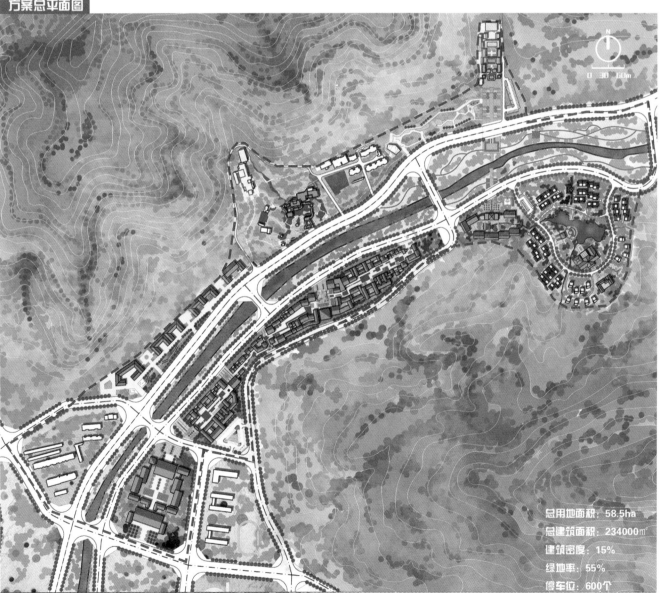

总用地面积:58.5ha

总建筑面积:234000㎡

建筑密度:15%

绿地率:55%

停车位:600个

文韵山水 乐活驿站 "生态·诗画"——济南市南部山区生态小城镇城市设计
URBAN DESIGN OF ECOLOGICAL TOWNS IN SOUTHERN MOUNTAINOUS AREAS OF JINAN

禅修民宿片区

方案思路

方案结合四门塔和金牛山制高点，构建核心空间控制线；延续四门塔南北轴线构建次要空间控制线。形成集中组团式空间布局，保留自然空间的完整性和连续性，营造亲近自然的特色民宿。

局部效果图

空间结构

图例
◉ 功能主核心
◎ 功能次核心
◈ 景观主核心
◉ 景观次核心
← 空间主轴
← 空间次轴

·禅修民宿片区通过金牛山制高点与四门塔广场之间的视线通廊构建空间主轴；园林酒店延续四门塔南北轴线至山坡上观景平台形成另一条空间控制线。

功能分区

图例
园林酒店
禅修民宿
综合服务
别墅客房
民宿客房
自然体验
运动休闲

·片区特色即打造以住宿为主，禅修、修养、养心、健康等功能多元复合的现代民宿，依托场地原有文化要素和自然要素，深度开发其禅修、养心的文化价值和自然价值。

交通流线

图例
车行流线
步行流线

·片区内主要由U形车行主路和各组团的内部路形成车行流线；步行流线串接入口节点和片区内主要景观节点以及功能节点，形成完整闭合的步行流线。

开敞空间

图例
绿地开敞空间
硬质开敞空间

·基地内开敞空间主要为绿地开敞空间和硬质开敞空间，并以绿地自然开敞空间为主，保留原有的自然环境空间，减少人为破坏和干预。硬质开敞空间提供活动场地。

片区总平面图

文韵山水 乐活驿站

"生态·诗画"——济南市南部山区生态小城镇城市设计
URBAN DESIGN OF ECOLOGICAL TOWNS IN SOUTHERN MOUNTAINOUS AREAS OF JINAN

系统分析

方案生成

以金牛山制高点和涌泉书院为控制点，打造控制廊道，同时注重景观渗透，通过打通是下半年廊道，加强两岸联系。

结构分析

功能分区

街巷空间

在设计街巷空间时，基本遵循D:H为1：1的空间尺度。并通过开放空间的设置，形成具有韵律的空间序列，给游客以丰富的空间体验。

绿化渗透

处理原生态的河道割裂的问题，我们通过打造视线廊道，进一步划分功能片区，最终形成了山精神头的关系，促进了河岸两侧的交流，打破割裂感。

建筑功能

展示功能
售卖功能
体验功能

路径分析

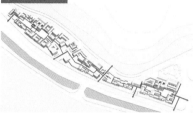

方案总平面

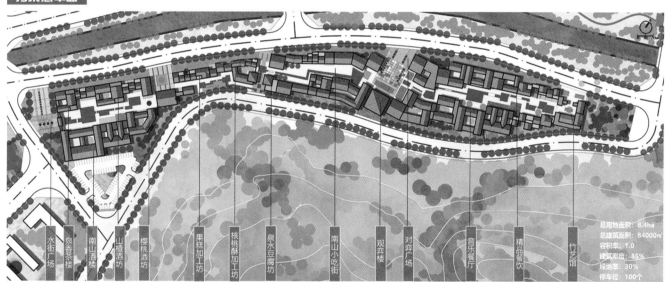

水街广场　泉香茶楼　南山酒楼　山楂酒坊　樱桃酒坊　果糕加工坊　核桃酥加工坊　泉水豆腐坊　南山小吃街　观鱼楼　对弈广场　音乐餐厅　精品餐饮　竹艺馆

总用地面积：8.4ha
总建筑面积：84000m²
容积率：1.0
建筑密度：35%
绿地率：30%
停车位：100个

局部效果图

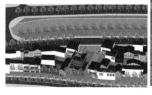

文韵山水 乐活驿站

"生态·诗画"——济南市南部山区生态小城镇城市设计
URBAN DESIGN OF ECOLOGICAL TOWNS IN SOUTHERN MOUNTAINOUS AREAS OF JINAN

现状分析

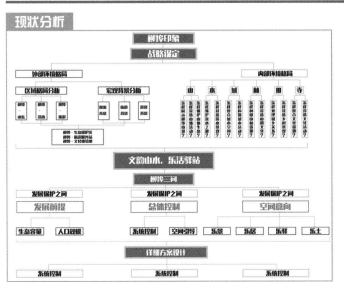

柳埠印象

有山　有水　有历史　生态旅游第一镇

柳埠三问

发展保护之问　保护 VS 发展
南控政策的提出，让柳埠的发展逐渐变缓。大批遗产、资源并未有效利用。如何在这的发展与保护之间寻求一个平衡，是我们的第一个核心问题。

形象风貌之问　传统特色 VS 千城一面
柳埠独特的文化符号的特色元素琳琅满目。但高速的城镇化历程却忽略了的经济目标被无限放大。如何在城镇化的原有特色，历史风貌丧失。如市发展的同时平衡柳埠的原有片区何打造具有柳埠风貌特色的文化标识，是我们的第二个核心问题。

居游关系之问　游 VS 居
在城市发展的过程中，发展旅游业和未来旅游片区，是我们的第三个核心问题。

战略谋定

外部条件分析

柳埠-山东
柳埠位于山东省第二大旅游片区——山水圣人旅游片区，此片区包括泰山、趵突泉、孔庙等大量传统历史文化景区。

柳埠-山水圣人旅游轴线
随着济泰高速的开通，柳埠作为山水圣人轴线中的节点，位于曲阜景区、泰山景区之中。

柳埠-济南
随着济泰高速的开通，柳埠作为山水圣人轴线中的节点，位于曲阜景区、泰山景区之中。

南部山区生态格局
南部山区内生态格局整体呈现"三川十二峪"的整体格局，其中内部大部分为生态保护区。

南部山区三区三线
上位规划同时也进行了三区三线的划定，最终形成了仲宫、绣川西营、柳埠四个集中居民点。

南部山区保护区划定
如图所示，柳埠位于南部山区中生态核心保护片区，在生态保护应进行重点控制。

南部山区产业分析

仲宫镇
仲宫镇以生态旅游农业、无公害农产品采摘及销售、良种基地建设、千里果品、花木养殖、玉米制种、农副产品加工为主。

柳埠镇
柳埠镇以历史文化旅游、乡村旅游、林果产业、观光农业等绿色产业为主；以商业贸易、农产品深加工、中草药加工业为主。

西营镇
西营镇以锅炉、药品、建筑、家具、针织、肥料、建材、矿产品、玉米种植为主。依托济南锦绣川保健药品厂生产的保健药品芦笋糖浆形

柳埠客源-济南
游客来源：济南游客
游览方式：周边游，自驾游
游览目的：风光体验
出行规模：家庭出行
游览时间：1-2天

柳埠客源-山水圣人旅游片区
游客来源：全国游客
游览方式：跟团游，自助游
游览目的：历史，文化体验
出行规模：个人/多人出行
游览时间：1天以内

柳埠客源-山东
游客来源：山东宗教文化游客
游览方式：自助游
游览目的：宗教文化深度体验
出行规模：个人/多人出行
游览时间：2天及以上

内部条件分析

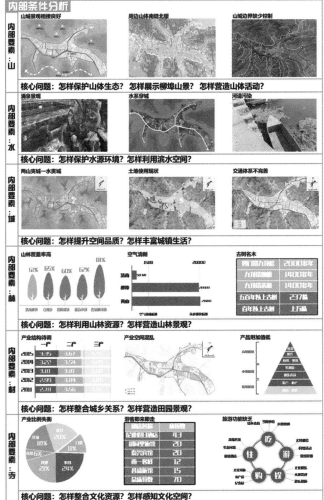

内部要素：山
山城景观衔接良好　周边山体南陡北缓　山城边界缺少控制
核心问题：怎样保护山体生态？怎样展示柳埠山景？怎样营造山体活动？

内部要素：水
泉身景观　水系穿城　河道污染
核心问题：怎样保护水源环境？怎样利用滨水空间？

内部要素：城
两山夹城-水贯城　土地使用现状　交通体系不完善
核心问题：怎样提升空间品质？怎样丰富城镇生活？

内部要素：林
山林覆盖率高　空气清新　古树名木
核心问题：怎样利用山林资源？怎样营造山林景观？

内部要素：村
产业结构待调　产业空间混乱　产品附加值低
核心问题：怎样整合城乡关系？怎样营造田园景观？

内部要素：寺
产业比例失新　游客即来即走　旅游功能缺乏
核心问题：怎样整合文化资源？怎样感知文化空间？

概念生成

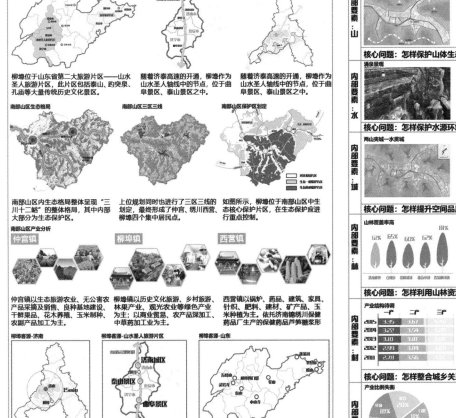

文韵山水 乐活驿站
"生态·诗画"——济南市南部山区生态小城镇城市设计
URBAN DESIGN OF ECOLOGICAL TOWNS IN SOUTHERN MOUNTAINOUS AREAS OF JINAN

节点效果图

基地选择

我们选取了位于柳埠街道中心区域内，基地面积共55.02公顷。
基地为三条山谷交汇形成的片区，两山夹于基地两侧。基地南东北拥有丰富的自然资源，而且其有天齐庙、柳埠大佛等多种文化节点。

外部条件分析

基地位于柳埠街道几何中心，位于柳埠南北山体之间。

基地内部东西向的主干道为沟通城镇横向的主干道，纵向道路为沟通城市南北的重要道路，基地处于城市交通重要节点。

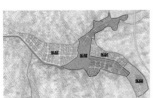

在分区上，基地处于主要为游客提供服务的乐驿片区之中，同时基地两侧紧邻以居民生活为主的乐居片区。

基地成为沟通南北重要景区的转节点，同时也是居民生活与游客活动的交汇点。

内部条件分析

基地北侧为地形高差较大的天齐庙及周边片区，南部为城市建成区，有较多的村庄建筑。

基地内部为三条锦阳川交汇之处，拥有较大的城市河道。同时，基地两侧为山体。

基地内部道路整体结构相对合理，然而缺少与之相匹配的次干道与支路。

基地内部权属较为混乱，权属边界缺乏整合。

针对于场地内建筑高度进行分析，基地内的建筑为较质量差、高度较低的建筑。

基地内部建筑机理混乱，其中较多的建筑为院落式的低层建筑，少量的建筑为多层建筑。

条件分析结论

柳埠街道的**区位中心**
柳埠街道的**交通中心**
连接景区的**功能中心**
居住乡村的**联系中心**

基地定位

游客商业**服务片区**
游客集散**活动中心**
居民游客**交流节点**

文韵山水 乐活驿站 "生态·诗画"——济南市南部山区生态小城镇城市设计
URBAN DESIGN OF ECOLOGICAL TOWNS IN SOUTHERN MOUNTAINOUS AREAS OF JINAN

总平面图

技术经济指标：
容积率：0.20
绿地率：28.7%
建筑密度：10.2%
建筑面积：110135m²
用地面积：55.05ha
总建筑面积：56318m²

停车场
天齐庙公园
雕刻工艺展廊
纪念品工艺坊
天齐庙
游客服务中心
祈雨台
柳埠大集
风雨廊桥
曲山艺海戏楼
清泉巷
品酒巷
制酒工坊
南山印象剧场

方案结构

方案结构整体上以中期方案结构为主体，包括纵向的服务主轴与横向的景观主轴，细化了多个节点，构建了更丰富的景观视线通廊。

功能分区

整体方案由多个片区组成，包括滨水公园片区、天齐庙公园、柳埠大集文化体验区、戏台广场文化体验区、南山映像文化体验区、纪念品售卖区、游客服务区、泉文化街片区以及停车场片区。

道路交通

在保留整体设计框架中的车行路网的基础上，建立多级的慢行道路体系，包括河岸周边的生态慢行步道以及商业片区内部的慢行道路。

景观序列

整体上形成多级景观序列，由大量的主要景观节点排列构成主要景观轴线以及根据天齐庙中轴线构成的景观纵轴和商业片区内部景观轴线。

开敞空间

在整体上构建点、线、面等多级的开敞空间体系，面状空间除多个前区空间、节点开敞空间外，还包括用于大量人流活动的核心开敞空间。

视线通廊

依托山体与锦阳川的开敞空间，利用开敞空间将重要节点与自然空间和节点之间中构建多条视线通廊，保证展示片区内的山、水、城关系。

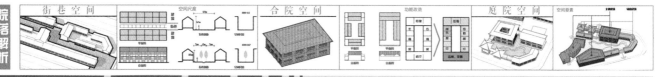

文韵山水 乐活驿站

"生态·诗画"——济南市南部山区生态小城镇城市设计
URBAN DESIGN OF ECOLOGICAL TOWNS IN SOUTHERN MOUNTAINOUS AREAS OF JINAN

详细方案设计一：南山映像剧场周边地段：

总平面图

技术经济指标：
容积率：0.42
绿地率：18.7%
建筑密度：26.7%
建筑面积：34370m²
用地面积：8.28ha
基底面积：22082m²

片区结构分析图

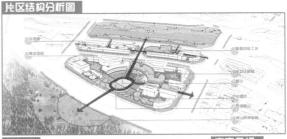

节点图

方案介绍

第一个详细设计地块为南山映像剧场周边片区，片区面积共8.28公顷，地块位置于乐驿片区的边界地区，同时紧邻居民居住活动的乐居片区。因此将片区功能设置为便于游客集散的南山映像剧场，同时剧场可以保证居民的相关休闲活动。同时，地块内以低层仿古建筑组成的院落为主要空间形式，且保证不同院落空间的尺度。

详细方案设计一：南山映像剧场周边地段：

总平面图

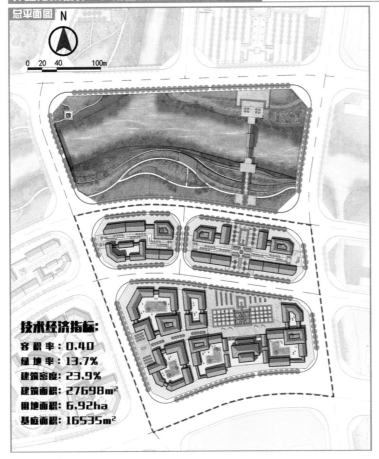

技术经济指标：
容积率：0.40
绿地率：13.7%
建筑密度：23.9%
建筑面积：27698m²
用地面积：6.92ha
基底面积：16535m²

片区结构分析图

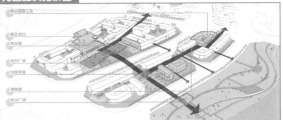

节点图

方案介绍

第二个详细设计地块为南山映像剧场周边片区，片区面积共6.92公顷，地块位置位于以游客服务为主要活动的乐驿片区之中。同时，地块位于串联柳埠游客活动的文化体验轴的纵向重要节点之中。因此，我们提取了济南具有吸引力，同时也具有代表性的文化活动——戏曲，形成了戏曲广场。

文韵山水 乐活驿站

“生态·诗画”——济南市南部山区生态小城镇城市设计

Urban Design of Ecological Towns in Jinan City

个人地块分析

个人片区平面图

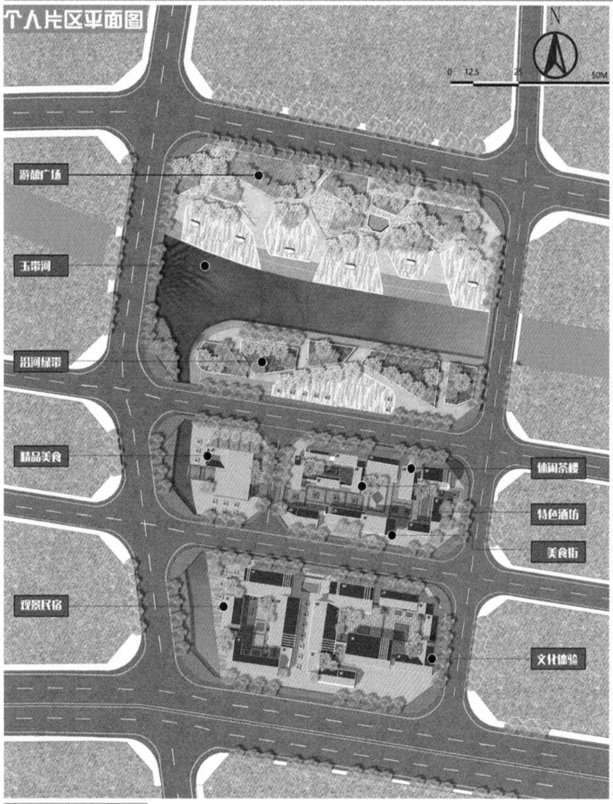

N
0 12.5 25 50M
游憩广场
玉带河
沿河绿带
精品美食
观景民宿
休闲茶楼
特色酒坊
美食街
文化体验

方案概念生成

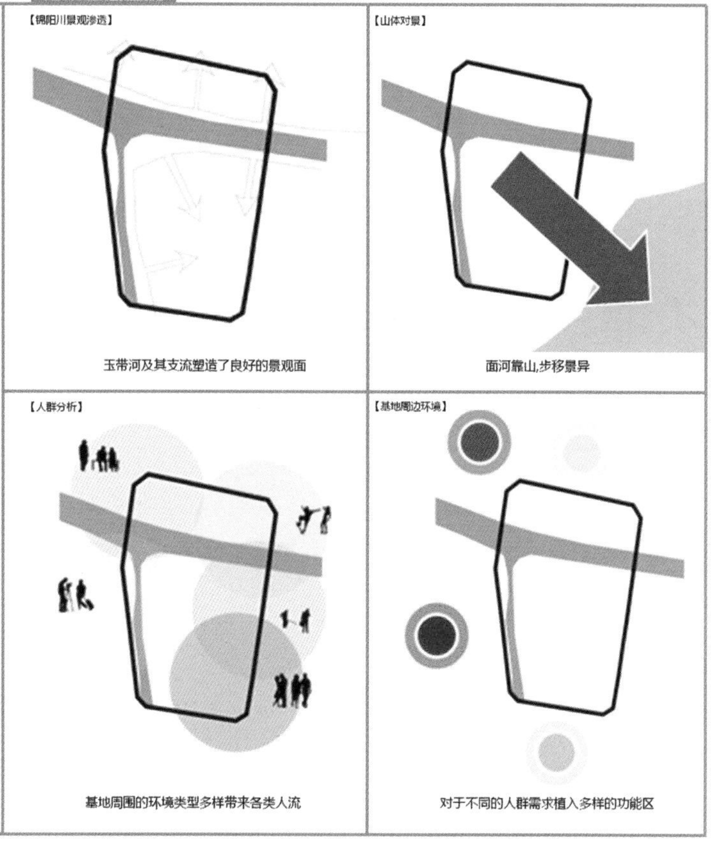

【锦阳川景观渗透】
玉带河及其支流塑造了良好的景观面
【山体对景】
面河靠山,步移景异
【人群分析】
基地周围的环境类型多样带来各类人流
【基地周边环境】
对于不同的人群需求植入多样的功能区

规划策略

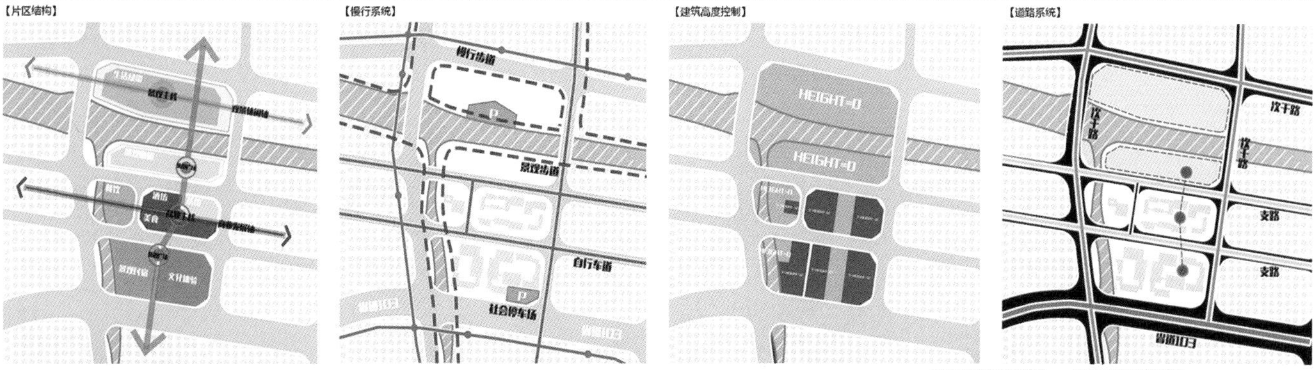

【片区结构】
【慢行系统】
慢行步道
景观步道
自行车道
社会停车场
【建筑高度控制】
HEIGHT=0
HEIGHT=0
【道路系统】
次干路
次干路
支路
支路
省道103

个人片区鸟瞰图

美食广场
观景民宿区
酒坊茶楼
小吃街
休闲广场
生活绿带

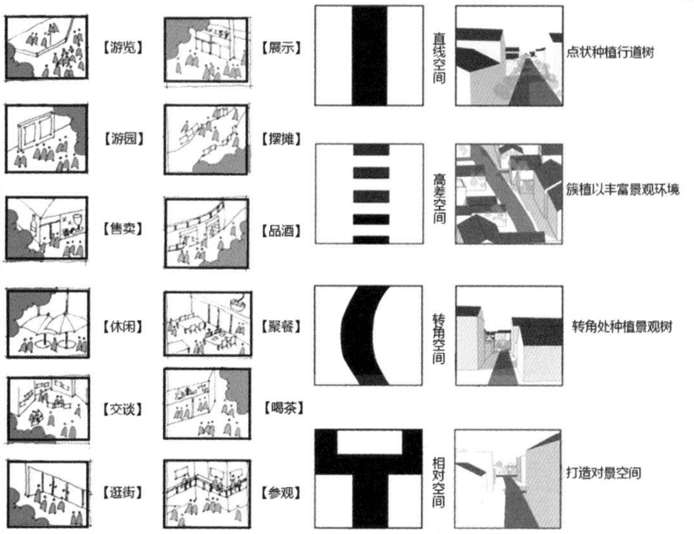

【游览】
【展示】
【游园】
【摆摊】
【售卖】
【品酒】
【休闲】
【聚餐】
【交谈】
【喝茶】
【逛街】
【参观】
直线空间
点状种植行道树
高差空间
簇植以丰富景观环境
转角空间
转角处种植景观树
相对空间
打造对景空间

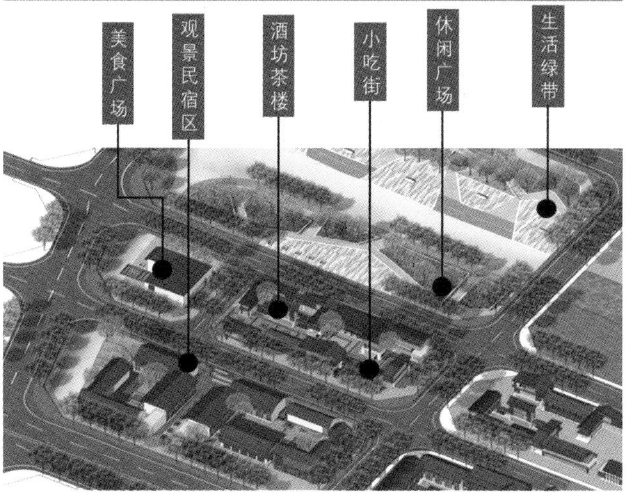

文韵山水 乐活驿站

"生态·诗画"——济南市南部山区生态小城镇城市设计
Urban Design of Ecological Towns in Jinan City

小组基地平面图

N
1:2500
经济技术指标

用地总面积　59.6ha
总建筑面积　268200㎡
容积率　0.45
建筑密度　21.7%
绿地率　43.8%

| 策略一：边界转换 | 策略二：立体复合 | 策略三：多元共生 |

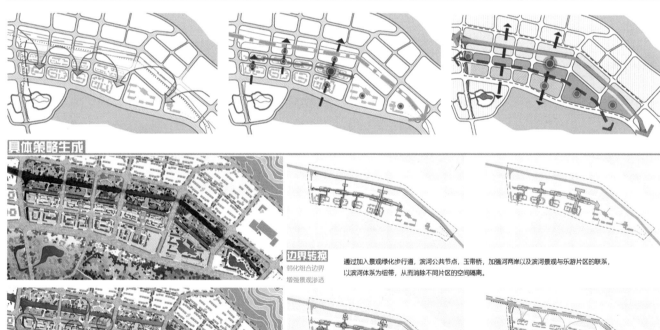

具体策略生成

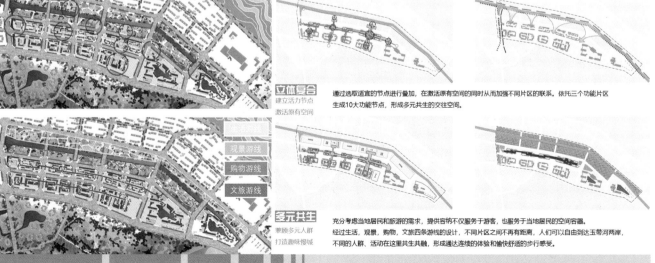

边界转换
弱化组合边界
增强景观渗透

通过加入景观绿化步行道，滨河公共节点，玉带桥，加强河两岸以及滨河景观与乐游片区的联系，以滨河体系为纽带，从而消除不同片区的空间隔离。

立体复合
建立活力节点
激活原有空间

通过选取适宜的节点进行叠加，在激活原有空间的同时从而加强不同片区的联系。依托三个功能片区生成10大功能节点，形成多元共生的交往空间。

生态回廊
观景游线
购物游线
文旅游线

多元共生
兼顾多元人群
打造趣味慢城

充分考虑当地居民和旅游的需求，提供容纳不仅服务于游客，也服务于当地居民的空间容器。
经过生活，观景，购物，文旅四条游线的设计，不同片区之间不再有距离，人们可以自由到达玉带河两岸，
不同的人群，活动在这里共生共融，形成通达连续的体验和愉快舒适的步行感受。

文韵山水 乐活驿站

"生态·诗画"——济南市南部山区生态小城镇城市设计

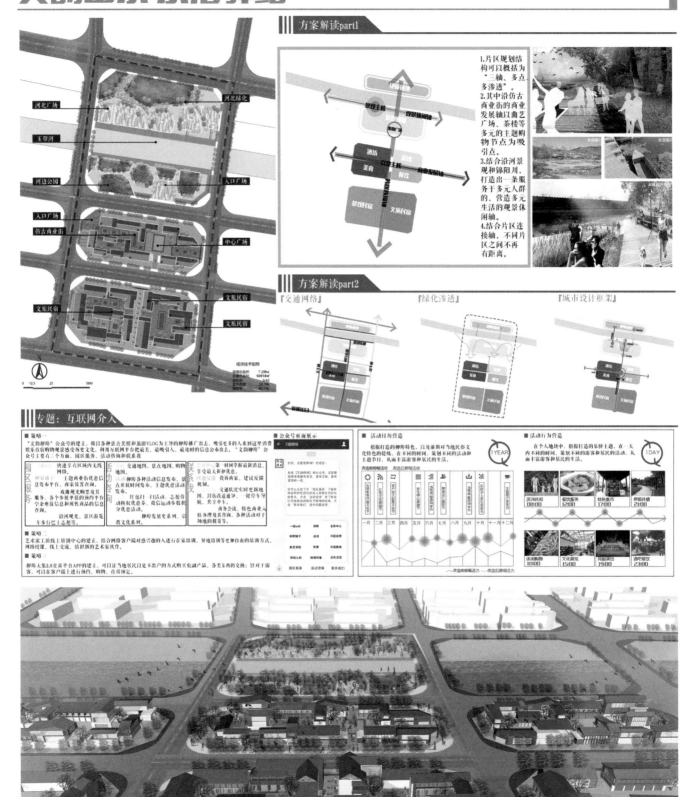

方案解读part1

1.片区规划结构可以概括为"三轴、多点、多渗透"。
2.其中沿仿古商业街的商业发展轴以曲艺广场、茶楼等多元的主题购物节点为吸引点。
3.结合沿河景观和锦阳川，打造出一条服务于多元人群的、营造多元生活的观景休闲轴。
4.结合片区连接轴，不同片区之间不再有距离。

方案解读part2

『交通网络』　『绿化渗透』　『城市设计框架』

专题：互联网介入

公众号页面展示

活动日历营造

活动行为营造

文韵山水 乐活驿站 "生态·诗画"——济南市南部山区生态小城镇城市设计

▌▌▌ 方案解读part1

■ 济南传统建筑形制分析

王府池街传统民居a	王府池街传统民居b

济南地处华北，住宅采用的多是北方系的四合院布局形制，由于居住相比于北京四合院多为平民百姓，所以多以一进院的简单形制布局为主。济南的传统民居因受堪舆思想的影响，平面组织变化较少。

■ 济南传统建筑风格色彩分析

1.济南传统民居采用的史双坡屋顶，半圆拱形窗等局部构建建筑语汇；
2.材质上选择的史济南特产的虎皮石、灰砖与小青瓦；
3.色彩上以灰色墙面、白色线条、暗红色窗框以及青色屋顶为主要特征。

■ 概念提取

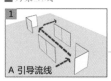

A 引导流线

B 形成空间

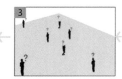 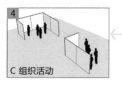

C 组织活动

D 视线引导

■ 方案生成

■ 街道景观及尺度

1.控制底层建筑、建筑裙房与街道间的尺度关系。
2.对街道设施在造型、材料、色彩上统一设计，以形成空间的连续感。

■ 设计意向

新增建筑形式以灰砖与格栅配以大面积的玻璃幕墙为主，形成既传统又现代的新中式风格街区。从建筑高度、色彩搭配、建筑风格细节与当地风貌相融合。

■ 研究框架

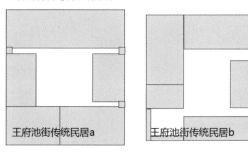

乐游片区 → 研究范围 → 现状分析 → 空间问题 → 开放空间 / 半开放空间 → 策略探讨 → 边界转换 / 立体复合 / 多元共生 → 空间设计 → 沿河景观 / 仿古商业街 / 主题民宿区

河岸景观要素叠加

人群需求 → 常住民 / ⋯⋯ / 游客

乐游南山

南山诗画长卷·世内桃园驿站

"生态·诗画"——济南市南部山区生态小城镇城市设计

URBAN DESIGN OF ECOLOGICAL SMALL TOWNS IN SOUTHERN MOUNTAINOUS AREAS OF

背景解读

区位分析

地理区位

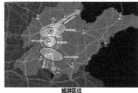

旅游区位

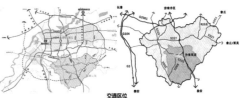

交通区位

柳埠街道办事处位于山东省济南市南部山区，东南邻泰安市，北邻西营镇，西邻仲宫街道办事处。柳埠街道办辖区172.6平方公里，87个行政村，总人口6.2万人。街道驻地由柳埠西、东、中村、南山村、东坡村等14个毗邻村庄组成，共计人口约1.2万人。受山区地形影响，镇区夹在群山之间，呈带状发展，内有锦阳川水系贯穿镇区。

从全域旅游来看，南部山区北接泉城旅游区，南临泰山旅游区，横向位于齐长城文化旅游长廊上，竖向位于"山水圣人"旅游线上，作为泰山生态文化核心北麓重要组成，将以泰山大生态带建设为契机，深度整合大泰山旅游资源，打造泰山北门户。

柳埠镇距市区约15公里，距市中心25公里，济南站28.5公里，济南遥墙国际机场47公里，处于济南一小时交通圈内，属于近郊镇。但现状仅有省道103和县道051通达市区，交通较为不便。济南外环高速公路的规划导向和济泰高速的建设落实，即将改变南部山区与市区的单一交通路线，将镇区与市区的时空距离缩短至15分钟，同时提升南部山区仲宫、西营、柳埠三大节点的沟通效率。

上位规划

《济南城市总体规划（2011-2020）》

生态格局　空间结构规划图　职能结构规划图　历史文化遗产保护规划图

济南市总体规划确定了"东拓、西进、南控、北跨、中优"的城市空间发展战略，严格控制南部山区向南拓区蔓延，对南部山区实行保护为主、生态优先的发展战略。确定南部山区为水源涵养区。通过生态农业、生态小城镇、生态工业和生态旅游业建设，提高可持续发展能力，将柳埠镇作为旅游开发型城镇进行发展。

《济南市南部山区"多规合一"规划草案》(2017-2035年)

空间结构规划图　交通结构规划图　综合旅游服务规划图　生态格局保护规划图

多规合一规划确定了打造生态南山、诗画南山、野趣南山的总体定位，提出南部山区是济南市生态功能保护区与绿色发展示范区。形成"三心、四轴、六片"的总体空间格局。柳埠成为南部山区人口聚集、经济发展、提供服务的三个核心之一。柳埠位于旅游服务发展轴、休闲养生服务轴和农副产品流通轴三条轴线交汇之处，柳埠担任旅游服务、休闲养生服务和农副产品转运的职能。

历史沿革

● 春秋战国 >>> ● 隋唐时期 >>> ● 明清时期 ● 1950 年-1985 年 ● 2001年 >>>

齐国的战略要地	山东商埠重地，宗教文化兴起，建立四门塔、九顶塔等	因柳姓氏最显要于此地从柳埠乡到柳埠镇的过程	经历从设置柳埠乡到柳埠镇，最终并为柳埠镇的过程	济南市人民政府：建设南部山区生态功能保护区

● 2002年 ● 2003年 ● 2009年 ● 2016 年 9 月 ● 2016 年 11 月

山东省政府：建设省级生态功能保护区	山东省委常委南控政策	重要生态保护区、绿色产业发展区、风景名胜和特色文化旅游区	济南市成立南部山区管理委员会，镇区包括柳埠镇	撤销镇制，成立柳埠街道办事处

自春秋至今，柳埠历史悠久，人杰地灵，文物荟萃，名胜众多。自2000年来，一直处于重要的生态保护区。但由于生态限制过多，建设发展也受到影响，9年间用地无明显扩张。小城镇的发展与生态环境的保护是现阶段柳埠建设面对的主要矛盾。

山水格局

基地周边概况　山形走势及岸线　山水格局

柳埠山水格局可以概括为群山环绕，一水贯城，基地位于两山中谷地，东部为村庄，西部连接镇区，周边公共服务设施较少，主要为居住用地，两侧山体未充分开发，自然环境对基地内交通限制较大。凤凰山、透明山、金牛山及锦阳川共同构成了基地"三山夹一川"的山水格局以及三山峡口的自然地理优势，打造丰富的山水景观环境。

现状研判

建筑空间评价

现状用地布局　现状建筑空间评价

现状基地内以村庄和农林用地为主，兼有行政办公、文化设施、商业服务业设施，宗教用地等，功能布局杂乱、用地边界不规整。现状建筑大多建于2009年之前，建筑多为低层民宅，以砖结构为主，零量几处多层建筑为政府办公楼及家属院，普遍建筑风貌传统，质量较差，拆除改造划定依据建筑年代、结构、质量等评定，结合后续片区功能划分，景观周边部分沿街商业进行改造，对质量较差的底层民宅予以拆除，将建筑质量较好的行政办公建筑和历史风貌建筑划定为保留建筑。

空间形态分析

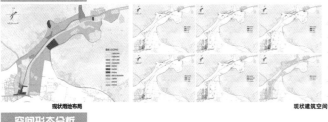

流线体验与空间感知（西）　流线体验与空间感知（东）　空间形态

重要历史文化要素

基础设施现状

道路交通现状

公服设施现状

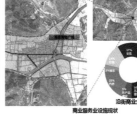

商业服务业设施现状

基地内现状基础设施基本完善。府前街、双拥路、锦阳街为镇区的主要道路，基地对外主要依托现有省道103，但内部道路杂乱，不成系统。公共服务设施尤其是教育设施集中在镇区中西部，教育资源分布不均。现状商业只有一个较大型商业综合体（嘉普购物广场），而沿街商业主要集中分布在府前街、锦阳川沿岸以及柳埠便民市场附近区域，以零售饮食为主，而中旅游服务设施较为匮乏，没有成规模的旅游服务中心。

乐游南山

"生态·诗画"——济南市南部山区生态小城镇城市设计
URBAN DESIGN OF ECOLOGICAL SMALL TOWNS IN SOUTHERN MOUNTAINOUS AREAS

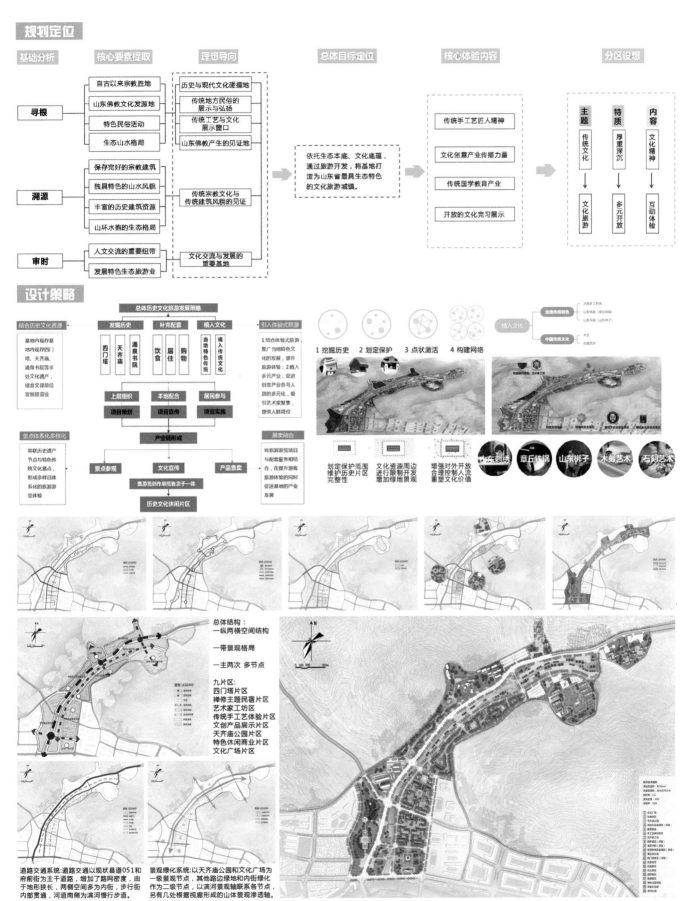

规划定位

| 基础分析 | 核心要素提取 | 理想导向 | 总体目标定位 | 核心体验内容 | 分区设想 |

寻根
- 自古以来宗教胜地
- 山东佛教文化发源地
- 特色民俗活动
- 生态山水格局

理想导向（寻根）：
- 历史与现代文化碰撞地
- 传统地方民俗的展示与弘扬
- 传统工艺与文化展示窗口
- 山东佛教产生的见证地

溯源
- 保存完好的宗教建筑
- 独具特色的山水风貌
- 丰富的历史建筑资源
- 山环水抱的生态格局

理想导向（溯源）：传统宗教文化与传统建筑风貌的见证

审时
- 人文交流的重要纽带
- 发展特色生态旅游业

理想导向（审时）：文化交流与发展的重要基地

总体目标定位：依托生态本底、文化底蕴，通过旅游开发，将基地打造为山东省最具生态特色的文化旅游城镇。

核心体验内容：
- 传统手工艺匠人精神
- 文化创意产业传播力量
- 传统国学教育产业
- 开放的文化完习展示

分区设想：

主题	特质	内容
传统文化	厚重深沉	文化精神
↓	↓	↓
文化旅游	多元开放	互动体验

设计策略

结合历史文化资源：基地内现存基地内现存四门塔、天齐庙、涌泉书院等多处文化遗产，结合文博单位发展前游业

总体历史史文化旅游发展策略
- 发掘历史：四门塔、天齐庙、涌泉书院
- 补充配套：饮食、居住、购物
- 植入文化：植入当地特色传院

引入体验式旅游：1.结合体验式旅游，推广当地特色文化的发展，提升旅游体验；2.植入多元产业，促进创意产业参与人群的多元化，吸引艺术家聚集，提供人群岗位

- 上层组织 / 本地配合 / 居民参与
- 项目策划 / 项目宣传 / 项目实施
- 产业链形成
- 景点参观 / 文化宣传 / 产品售卖
- 焦游宽创作展销售卖于一体
- 历史文化休闲片区

景点体系化多样化：串联历史遗产节点与特色传统文化景点，形成多样立体系化的旅游游览体验

展卖结合：将旅游游览项目与配套服务相结合，在提升游客旅游体验的同时促进基地的产业发展

1 挖掘历史　2 划定保护　3 点状激活　4 构建网络

植入文化：
- 当地传统特色：济南手工刺绣、山东铁锅（章丘铁锅）、山东采药（山东郁市）
- 中国传统文化：木艺、石刻艺术

- 划定保护范围维护历史片区完整性
- 文化资源周边进行限制开发增加绿地景观
- 增强对外开放合理控制人流重塑文化价值

山东刺绣　章丘铁锅　山东郁子　木刻艺术　石刻艺术

总体结构：
一纵两横空间结构
一带景观格局
一主两次 多节点

九片区：
四门塔片区
禅修主题民宿片区
艺术家工坊区
传统手工艺体验片区
文创产品展示片区
天齐庙公园片区
特色休闲商业片区
文化广场片区

道路交通系统：道路交通以现状县道051和府前街为主干道路，增加了路网密度，由于地形狭长，两侧空间多为内街，步行街内部贯通，河道南侧为滨河慢行步道。

景观绿化系统：以天齐庙公园和文化广场为一级景观节点，其他路边绿地和内街绿化作为二级节点，以滨河景观轴联系各节点，另有几处根据视廊形成的山体景观渗透轴。

乐游南山
南山诗画长卷·世内桃园驿站

"生态·诗画"——济南市南部山区生态小城镇城市设计
URBAN DESIGN OF ECOLOGICAL SMALL TOWNS IN SOUTHERN MOUNTAINOUS AREAS OF

总体鸟瞰

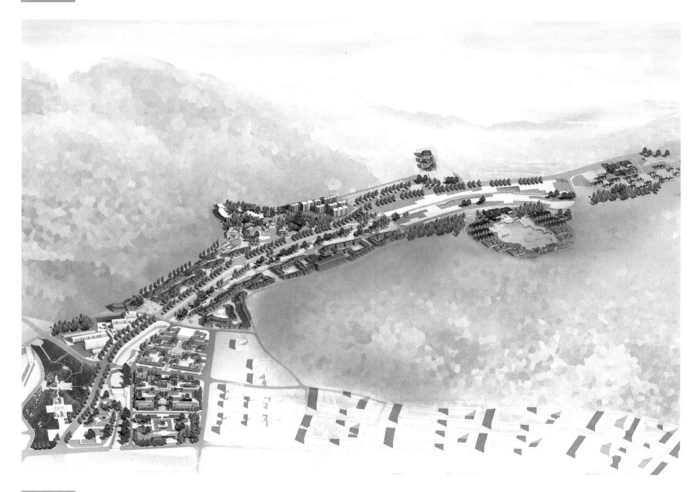

规划设计

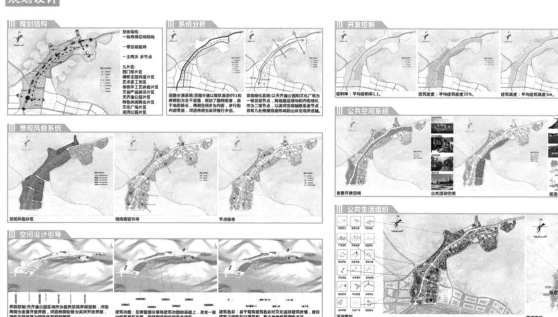

乐游南山
南山诗画长卷·世内桃园驿站

"生态·诗画"——济南市南部山区生态小城镇城市设计
URBAN DESIGN OF ECOLOGICAL SMALL TOWNS IN SOUTHERN MOUNTAINOUS AREAS OF

重点地块详细设计

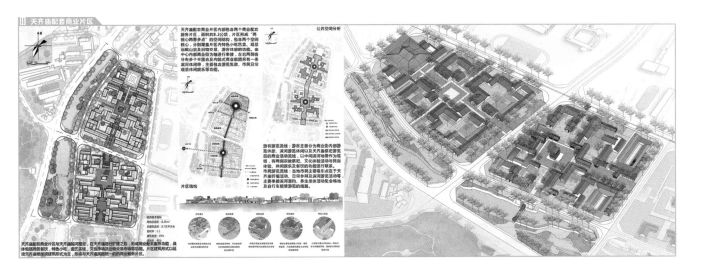

Hefei

安徽建筑大学

指导老师：吴　强　李伦亮　于晓淦

乐居怀山水，悠游远尘嚣

一 核心理念 & 规划背景

1.1 何为生态

传统观念 视觉上的"生态"

- 改善生态环境
- 改善生态环境
- 绿水青山 单点升级
  - 自然环境
  - 景观形象
  - 植树造林
  - 河道改善

新时代观念 多角度联动的"生态"

- 生态人文（文化资源）+ 生态产业（自然资源）+ 生态社区（人群资源）
- 多元联动升级
- 政策资金支持
  - 发展空间
  - 产业经济
  - 社会文化
  - 生态环境

1.2 何为诗画

诗词中

久在樊笼里，复得返自然。（归园田居·其一）
景随造隐藏往还，在疏阔纤尘风光。（游山西村）
格局老树昏鸦，小桥流水人家，古道西风瘦马。（天净沙·秋思）
山气日夕佳，飞鸟相与还。（饮酒·其五）

诗画，慢时光淡淡斑斓的生活记忆。
以人间的山河湖海为画卷，生活的了诗意的。

生活中

- 主体：本地居民、外地游客、他人风景你的风景
- 场所：日间尺度、有趣的空间 共同构成 生活的场景
- 时间：白天黑夜、四季轮回、时间变化 生态
  诗意的栖居

1.3 发展机遇

政策先行 生态管控+产业经济 并行发展

城乡融合 整合城乡资源 城乡差异化发展模式
- 城镇 集聚高效
- 乡村 色彩鲜明

设施完善 交通设施、市政设施
- 新能源利用
- 给水、污水、供电、通信

生态保护 "绿水青山就是金山银山"
促进生态旅游产业发展 完善生态产业链 实现全域保护
- 挑战 机遇

1.7 发展基础

生态基础 优美的自然环境，山之泉，泉之源

产业基础 生态旅游、特色休闲为核心产业

历史文化基础 四门塔、九顶塔、乡村民居

人口基础 至2035年，南部山区居住人口控制在29万人，城乡建设用地规模发展，总量为47.45平方公里。

交通基础 内外交通通达。

1.4 基地认知与概况

- 济南市 位于山东之源，泉城、山水生态之城。
- 南部山区 位于济南之南，南部山岭，北接泰城。
- 柳埠镇 总面积3.9km²，户籍人口1.61万。

1.5 上位规划指导

空间结构体系规划

- 生态保护格局
- 生态旅游发展布局
- 综合交通设施规划

1.9 城市愿景

- 济南市 全国科技产业中心 世界级山水文化名城
- 南部山区 区域生态屏障 泉城之源
- 柳埠镇 门户生态区 绿色画廊 济南绿色郊野公园

- 依托先天优势 抓住发展机遇 打造宜居，悠然小镇

核心地段——基地

1.8 核心理念——乐居山水间，悠然远尘嚣

- 悠然远尘嚣
  - 山水交融
  - 精神栖所
  - 现代诉求
- 乐居怀山水

诗意的栖居 参考如何对本地居民获得富有诗意的生活空间，享受山水之乐

- **以人为本** 关注人体尺度、畅行慢行系统、特色景观塑造、动态的道感知
- **诗意的游乐** 营造富有济南特色、柳埠特色的旅游空间与路径，使游客能够亲近

- **日常需求** 生活空间、舒适空间、多样空间、节点空间
- **运行规律** 生活轨迹、空间界用、转向街道

- **山川 & 闲旅** 生态永续、远山遥看、近水亲水、四季景观
- **节点 & 街道** 开敞空间、慢行体验、游憩街道、特色建筑
- **文化 & 产业** 体验式农业、文化体验区、形象展示区、文化交流区

二 综合现状 & 设计思路

2.1 多角度认知

- **济南市** 定位：山东省省会 全国科技创新中心 世界级山水文化名城
- **南部山区** 定位：济南的水源涵养区 重要的生态保护区
- **柳埠镇** 定位：国家级生态文化旅游名镇 南部山区旅游服务集散中心

2.2 柳埠镇现状

- 用地性质
- 建筑材料
- 外部交通
- 开发强度
- 建筑质量
- 内部交通

2.3 地域性调查

历史文化生态要素

- 生态要素
- 文化要素

- ① 红旗牌坊 ① 和尚峪山 诗书院区
- ② 天齐庙 ② 金牛山 民居建筑
- ③ 四濑 ③ 锦绣川 佛教文化

问卷访谈

- 居民需求设施意向
- 城镇主要特色认知
- 居民就业方向意向

负面影响

- **管理上** 以栖息性当地居民经济收入、生活品质为代价，保护柳埠镇生态。
- **交通上** 劳动力居于镇内，老年人、柳埠镇内公共汽车往返随意，慢行系统缺建设。公交等待时长不确定，日常出行困难。
- **产业上** 产业间相互孤立，缺乏凝聚力。缺乏柳埠镇特色产业品牌，名气不足。
- **生态上** 仅仅是"拥有生态资源"，景观环境品质差、数量少。亟需提升生态、种类少，缺乏吸引力。

2.4 核心问题总结

管理模式

政策执行——一刀切
南控政策 2008
- 有污染的企业
- 保护生态功能
- 不高质的资源
- 不发展企业
- 生态保护在线 经济发展未来 2019

管理主体——单一
政府主导 自上而下 对基层情况的了解存在盲区
- 企业 社区 社区
- 建议
- 实际情况
忽视"社会参与者"的作用

产业发展

- 商业各自为阵，缺乏品牌形象
  - 商业网点 - 分布杂乱
  - 同类网点多 缺乏发展
- 产业粗次化低、创新程度差
  - 核心低
  - 缺乏创新 传统商业为主，未能与文化产业相结合
- 产业与旅游服务缺乏联动
  - 提升质量 发展当地产业 开发创新产业

交通格局

- 对外路径少
- 省道103
- 县道051
- 公交67路
- 济泰高速 2020 6通车（预计）
- 核心对外交通 双向二车道 来往市区不便
- 来往市区不便
- 编短通行时间

济南市区
南部山区

现代便捷的公共交通工具均未能连接柳埠镇。

生活通勤便利程度低

- 公交 少
- 信号灯 无
- 慢行 弱
- 等待时长不确定 机动车来往随意

生态环境

水体、山体景观割裂

- 水体
  - 破败荒芜
  - 生机盎然
- 山体
  - 形象混乱
  - 山水交融

乐居怀山水，悠游远尘嚣

生态·诗画
济南市南部山区生态小镇城市设计
第九届"7+1"全国城乡规划专业联合毕业设计

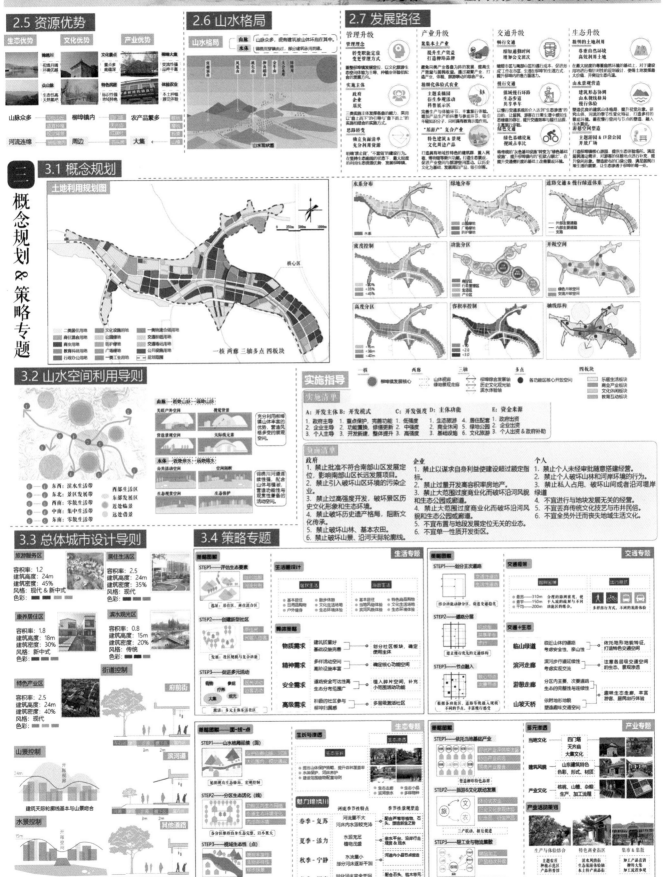

乐居怀山水，悠游远尘嚣

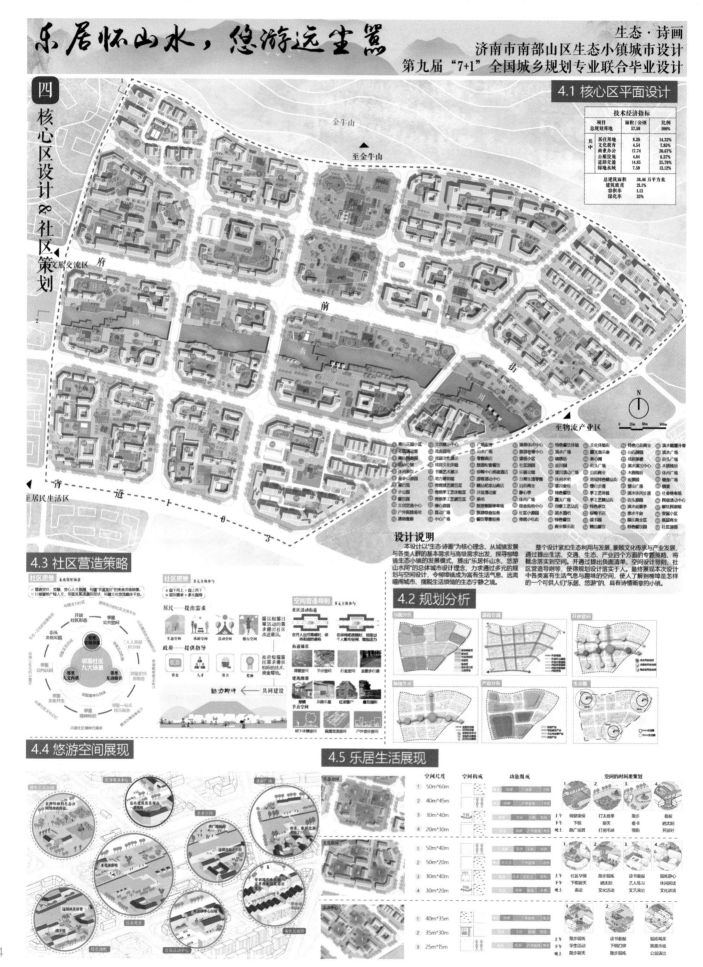

乐居怀山水，悠游远尘嚣

生态·诗画
济南市南部山区生态小镇城市设计
第九届"7+1"全国城乡规划专业联合毕业设计

五 空间设计 & 活动策划

5.1 核心区鸟瞰

5.2 空间设计导则

| 建筑空间 | 控制原则 | 街道空间 | 控制原则 | 开敞空间 | 控制原则 |

5.3 共享空间设计

慢行道 & 公共空间 & 景观配植
共享生态区 特色商业区 居民生活区

植物配植

5.4 生态游览路径

5.5 活动策划

活动策划原则
把握文脉 针对市场 面向大众
文化原则 系统性 可行性 可持续性 市场化 大众化
柳埠活动

完整系统 小心求证 兼顾未来

平面分布
公共空间 公共交通 基本路网

活动时令
日常活动 节日活动
早集 夜市 每周 每日
冬 春 夏 秋 每年

5.6 四季意象

5.7 建筑形态与生态空间

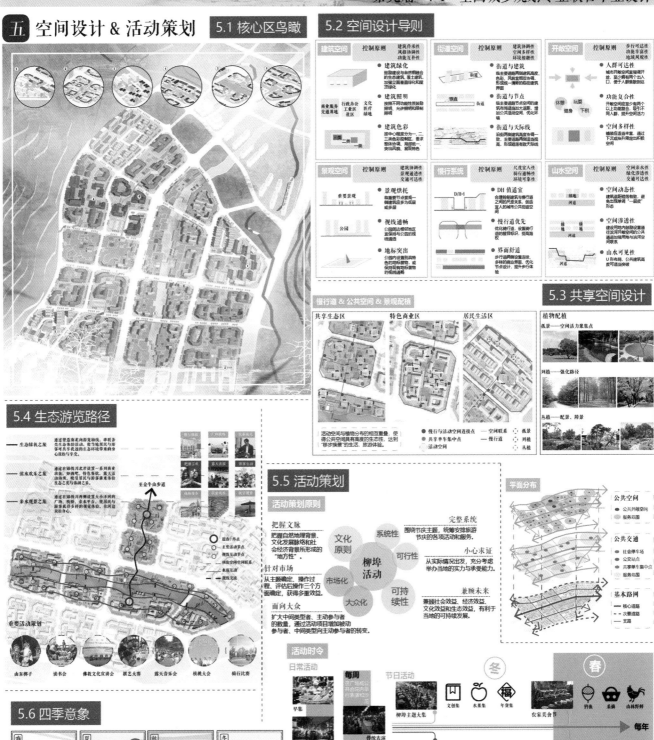

枕泉悠然渡，临川踏歌来

枕泉悠然渡，临川踏歌来

生态·诗画
济南市南部山区柳埠镇
生态小城镇城市设计 02

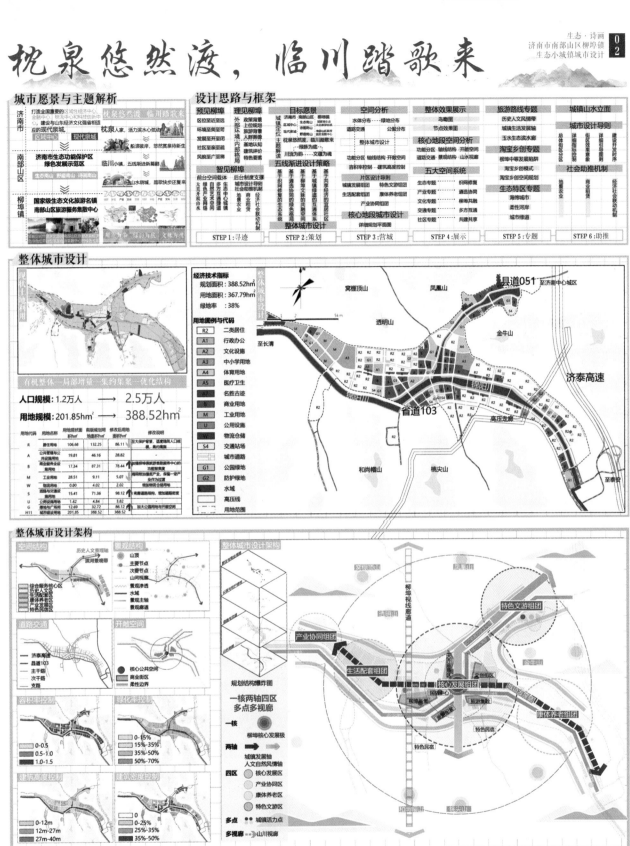

枕泉悠然渡，临川踏歌来

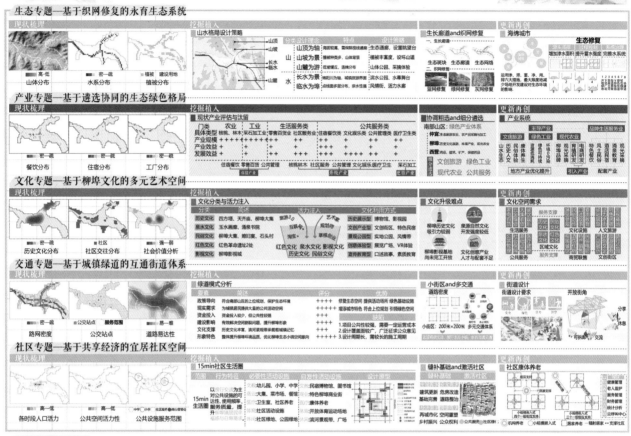

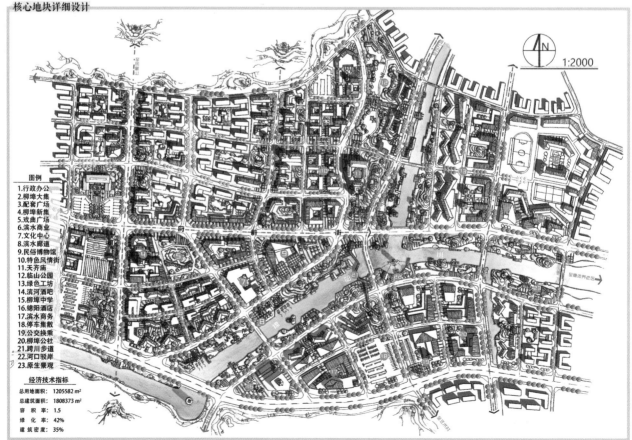

枕泉悠然渡，临川踏歌来

鸟瞰图

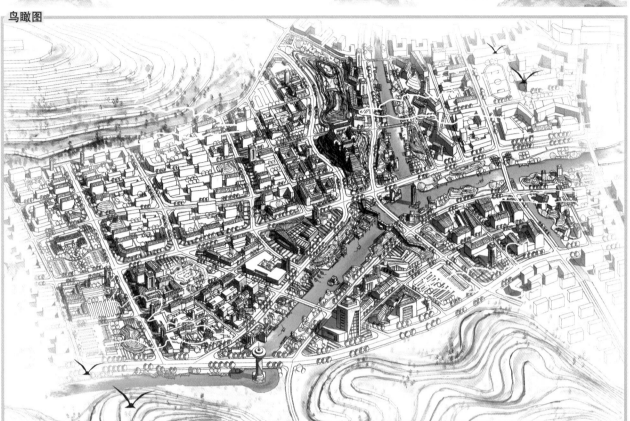

系统分析

规划结构

功能布局　　高度分层

道路交通　　景观系统

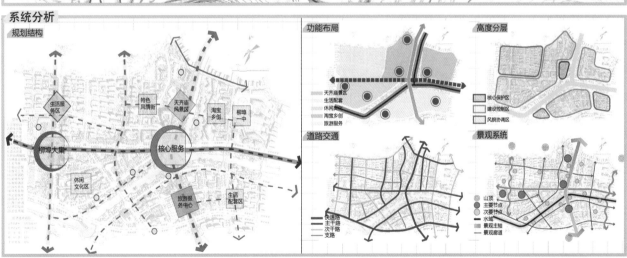

节点展示

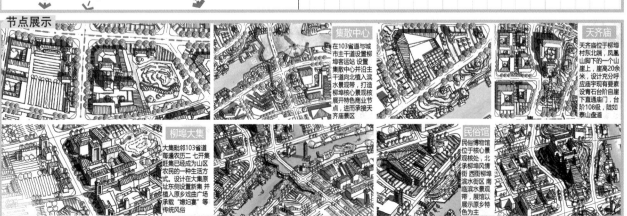

枕泉悠然渡，临川踏歌来

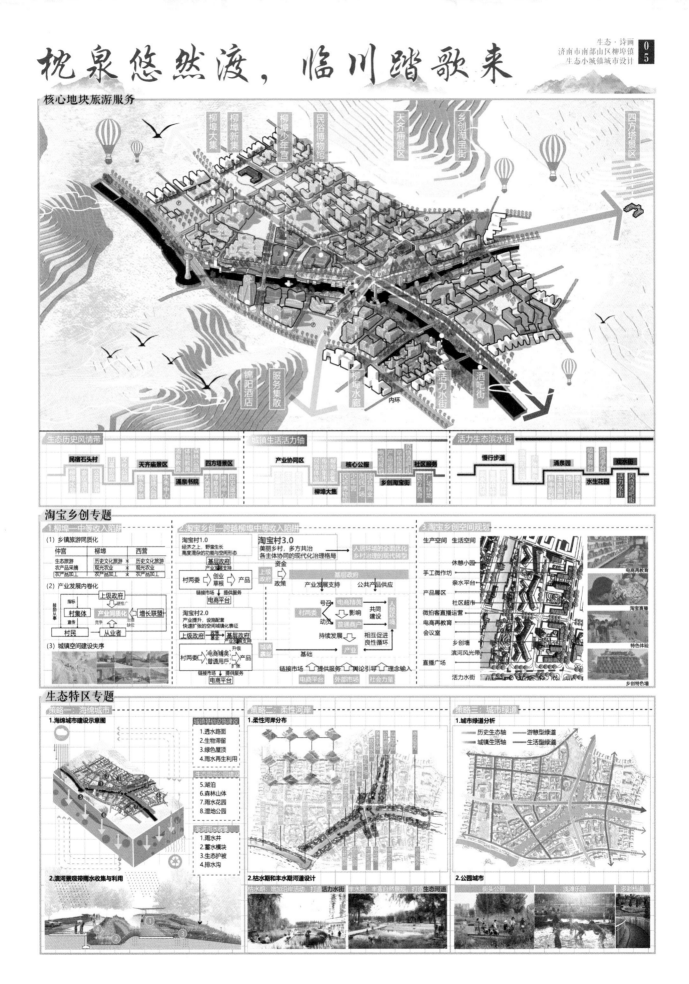

生态·诗画
济南市南部山区柳埠镇
生态小城镇城市设计 **06**

枕泉悠然渡，临川踏歌来

城市山水格局

用地控制指标

1.地块指标控制一览表

柳埠大街

锦阳川

用地编号	用地面积(hm²)	建筑密度(%)	容积率	绿地率	建筑限高	用地类别
A	21.68	25%(上)	1.5(上)	35%(下)	27m	R2、B、G1
B	15.28	30%(上)	1.2(上)	30%(下)	18m	A7、B、G1、S4
C	16.91	35%(上)	1.2(上)	30%(下)	18m	A2、B、G1
D	23.12	25%(上)	1.8(上)	30%(下)	60m	B、G1、R2、S4
E	17.31	20%(上)	1.0(上)	35%(下)	18m	B、A3
F	25.91	0%	0	90%(下)	0m	G1、G2

2.用地编号

A B E
C F
D

4.规划定位与功能

规划定位：核心发展组团
主导功能：特色商业
旅游集散
淘宝乡创
住宿餐饮

5.空间意向

6.规划用地构成表

序列		代码	用地性质	用地面积(hm²)	比例/%
1		A	公共管理与公共服务用地	11.22	9.3%
其中		A2	文化设施用地	4.23	3.5%
		A3	教育科研用地	5.73	4.8%
		A7	文物古迹用地	1.24	1.0%
2		B	商业服务业设施用地	30.42	25.2%
3		R2	居住用地	15.24	12.6%
4		S	道路与交通设施用地	26.10	21.7%
其中		S1	城市道路用地	24.45	20.3%
		S4	交通站场用地	1.65	1.4%
5		G	绿地与广场用地	26.91	22.3%
其中		G1	公园用地	18.34	15.2%
		G2	防护用地	6.15	5.1%
		G3	广场用地	2.41	2.0%
6		E1	湖泊	10.65	8.8%
合计			城市建设用地	120.55	100%

城市设计导则

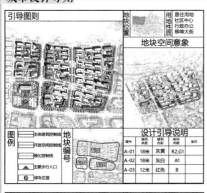

引导图则

地块位置

用地性质：居住用地 社区中心 行政办公 柳埠大街

地块空间意象

图例
主体建筑控制线
开放空间控制线
绿化控制线
主要步行入口
停车位置

地块编号

设计引导说明

编号	建筑高度	建筑色彩	用地功能	备注
A-01	18米	灰黄	R2,G1	
A-02	12米	灰白	A1	
A-03	12米	红色	B	

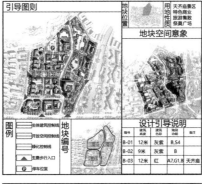

引导图则

地块位置

用地性质：天齐庙景区 特色商业 旅游集散 泰奥广场

地块空间意象

图例
主体建筑控制线
开放空间控制线
绿化控制线
主要步行入口
停车位置

地块编号

设计引导说明

编号	建筑高度	建筑色彩	用地功能	备注
B-01	12米	灰黄	B,S4	
B-02	9米	灰黄	B	
B-03	12米	红	A7,G1,B	天齐庙

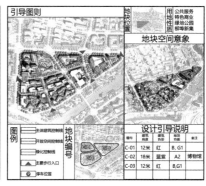

引导图则

地块位置

用地性质：公共服务 特色商业 绿地公园 柳埠集

地块空间意象

图例
主体建筑控制线
开放空间控制线
绿化控制线
主要步行入口
停车位置

地块编号

设计引导说明

编号	建筑高度	建筑色彩	用地功能	备注
C-01	12米	灰	B,G1	
C-02	18米	蓝紫	B	博物馆
C-03	12米	灰白	B,G1	

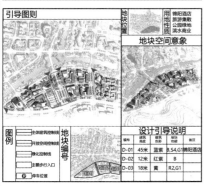

引导图则

地块位置

用地性质：锦阳酒店 旅游集散 公园绿地 滨水商业

地块空间意象

图例
主体建筑控制线
开放空间控制线
绿化控制线
主要步行入口
停车位置

地块编号

设计引导说明

编号	建筑高度	建筑色彩	用地功能	备注
D-01	45米	蓝紫	B,S4,G1	锦阳酒店
D-02	12米	红褐	B	
D-03	18米	黄	R2,G1	

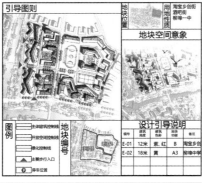

引导图则

地块位置

用地性质：淘宝乡创街区 酒吧街 柳埠一中

地块空间意象

图例
主体建筑控制线
开放空间控制线
绿化控制线
主要步行入口
停车位置

地块编号

设计引导说明

编号	建筑高度	建筑色彩	用地功能	备注
E-01	12米	紫、红	B	淘宝乡创
E-02	18米	灰白	A3	柳埠中学

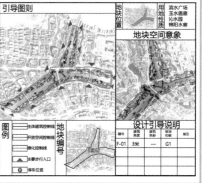

引导图则

地块位置

用地性质：滨水广场 玉水画廊 沁水园 锦阳水廊

地块空间意象

图例
主体建筑控制线
开放空间控制线
绿化控制线
主要步行入口
停车位置

地块编号

设计引导说明

编号	建筑高度	建筑色彩	用地功能	备注
F-01	3米	—	G1	

乐活真里·山水之间 ——济南市南部山区生态小城镇城市设计

第一章

山水泉城

何谓泉城？

泉城由来？——南部山区与济南市区关系

济南市，简称"济"，别称"泉城"，山东省省会，全国十五个副省级城市之一。

济南是山东省的政治、文化、教育、经济、交通和科技中心，新一线城市。

济南北连首都经济圈，南接长三角经济圈，环渤海经济区和京沪经济轴的重要交汇点，环渤海地区黄河中下游中心城市之一。

济南实施"东拓、西进、南控、北跨、中优"的城市空间发展战略，严格控制城市向南部山区蔓延。

南部山区作为济南的泉源，自然生态屏障，山清水秀，风景秀丽，是省会居民的"后花园"。

南部山区旅游资源丰富，众多自然风景区和历史文化遗迹，旅游资源总数达317个。区位优势明显。

区位分析

济南在山东的位置 | 南部山区在济南的位置 | 研究范围柳埠街道在南部山区的位置 | 柳埠街道交通区位

上位规划

济南市城市总体规划城市景观风貌规划图 | 济南市南部山区总体规划--规划结构：片区+网络型 | 济南市城市总体规划--中心城用地规划图 | 南部山区柳埠街道办事处驻地用地规划

柳埠历史沿革

柳埠由来

柳埠位于锦阳川上游北岸。据出土文物记载，春秋战国时期柳埠就有人居住。俗称柳埠街、柳埠庄。后因住户增多，遂形成为商贸集散地。以后统称为柳埠。

柳埠历史悠久、人杰地灵、文物荟萃，名胜众多。这里群山环绕，峰峦叠嶂，山水相依，风光旖旎，被誉为绿色明珠。被专家公认为山东省生态旅游第一镇。

基地现状分析

现状土地利用图 | 现状路网系统图

·现状用地以居住为主；商业用地呈线状，缺少集中型大型商业。
·市政配套设施不足；
·缺乏公共绿地与广场，居住区缺少公共空间。

·103省道、仲临路、四环道路，左右各有单侧机动车道，无其他级对外交通。内部不成网络。
·公共生态主要依托景区支撑作用不明显
·规划范围整体道路密度不足。

现状园庭关系图 | 现状公服分布图

·地块内建筑密度很高缺少公共开放空间；
·私搭乱建现象导致地块内肌理不清晰；
·历史肌理在更新改造过程中，注意原有肌理不被破坏。

·基地内商业主要集中在府前街两侧、玉带河沿岸以及天齐庙周边。
·基地内业态大部分服务本地居民，少部分为游客提供配套服务。服务水平较低。

现状建筑结构图 | 现状建筑层数图

建筑质量一般的占大多数，质量较好与较差的分布于研究范围各个部分，东北质量破败的较多。
·传统老街巷格局基本保存完整，尺度合适。
·历史保护单位周建筑未良好修缮。

·规划范围土地利用率低，房屋多为1-3层建筑
·内部主要道路街天际线参差不齐，缺乏美感韵律。
·主要景点周边，重要地段建筑高度不足以承载城镇形象。

地域特色分析

旅游资源特色

镇域旅游资源丰富，且有三处国家级文保单位，三处自然生态保护区，以及属于济南七十二名泉中六处泉水资源。如四门塔、涌泉，柳埠国家森林公园等。

利用策略

1.在旅游资源地块周边提炼提炼其内涵，以传统建筑为核心，通过新建的方式扩大特色范围。
2.旅游策略设定时注重点线面结合，针对规划区域全盘进行策划。
3.针对不同类型景点归类，设置趣味线路重点景点，增添地块活力。

传统街巷特色

传统街巷构成了地块内特色的步行系统，街巷尺度差别较大，分布不均匀，没有统一规划，两边建筑高度大多两到三层。

利用策略

1.在地块内延续传统街巷，通过新建等街巷串联其地块内本无联系的历史建筑，形成慢行步行体系。
2.确定不同地块的街巷商业定位，并植入不同业态，吸引不同人流进入。

生态景观特色

土地资源类型多样，植被（覆盖率63%）和水资源丰富，泉水分布广泛。镇域境内有锦阳川、跑马岭等重要生态资源，环境良好。

利用策略

1.通过对小流域水土保持综合治理、水资源调控等方式，改善生态环境质量，提高水资源涵养能力。2.以山水自然本底为基础积极建设风景名胜区，打造济南休闲旅游典范。

民俗文化特色

镇域具有特色的历史文化、泉水文化、民俗文化、红色文化、影视文化、街办驻地有远近闻名的民俗商业文化代表的柳埠大集，泉水文化之涌泉等。

利用策略

1.注重各类文化在当地居民生活和对外商业方面的交融。
2.扩建重点地块，可在涌泉地块拆除部分围墙，换为木栅栏，实行透绿工程。
3.文化特色展示区附近引入开敞空间。

产业人群

柳埠地区生产总值逐年上涨，2016年实现地区生产总值11.48亿元，第三产业增长对生产总值增长的贡献率近60%。第一产业中以林果业为主，基本以家庭为单位。

连续十一年举办"王家裕大樱桃采摘文化节"已具有一定的知名度，樱桃一般在五月中旬成熟，一直到六月初都是采摘的好时机，采摘期间接待游客20万人次，销售收入可达2000万元。

基地人群分析

居民大多希望居住环境改变，以翻新和增加绿化及活动空间为主。居民区内老年人则希望希望地块内设置老年公寓。

山水格局

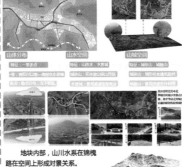

地块内部，山川水系在锦槐路在空间上形成对景关系。水体与城镇空间上没有形成相互渗透的关系。

案例借鉴

成都宽窄巷子

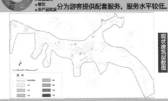

案例概况：
宽巷子以成都味道、成都旅游体验及成都悠闲体验为主题，突出其对游客的商业性及文化体验；窄巷子则以成都安逸生活态度、婚庆等时尚为主题，突出其目标客户的需求和体验；井巷子以夜色成都为主题，突出展示成都的夜生活，针对年轻市民定制。

借鉴点：
·交通组织策略：交通组织为外环车行环道，形成慢行系统；
·功能分区策略：宽巷子，对游客的商业性及文化体验；窄巷子，对目标客户的需求和体验；井巷子，针对年轻市民定制。
·消费文化结合文化体验及文化景观。

南山柳埠

乐活真里·山水之间

——济南市南部山区生态小城镇城市设计

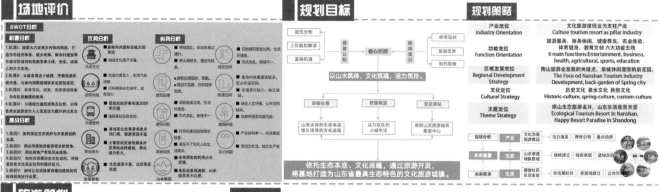

场地评价

SWOT分析

机遇分析
1. 机遇I: 国家大力发展乡村休闲旅游，打造生态经济体系，新农村建设等方面可给城镇的发展带来土地、安全、政策上的大方向。
2. 机遇II: 大城市周边小城镇，济南高速即将升通，交通的便利将加速发展。
3. 机遇III: 自身文化、历史、生态资源丰富，为有针对性的开发。
4. 机遇IV: 与城镇大量资源要点比较，以与各类业资源引入人流是活力提升的出发点。

挑战分析
1. 挑战I: 如何保证生态价值与开发建设的双重。
2. 挑战II: 周边周类旅游资源发展的竞争。
3. 挑战III: 周边周类市场当地。
4. 挑战IV: 如何在保障历史文化底蕴，塑造某历史文化底蕴更新的价值的同时时保持其生态。
5. 挑战V: 如何让在当地保有建设用地的同时时保持其生态。

旅游策划

乐活柳埠旅游策划概念
乐活柳埠将以六大主题旅游项目为引擎带动文化游、商务游和生态游三大旅游线路; 形成多层次复合化城镇文化旅游目的地。
·八千年天下名州，山水济南为郡县，以体验式旅游项目向大众传颂古今文化，使得济南再次成为融汇复兴之地。
多面向的城市文化旅游

规划目标

依托生态本底、文化底蕴，通过旅游开发，将基地打造为山东省最具生态特色的文化旅游城镇。

规划策略

产业定位 Industry Orientation
功能定位 Function Orientation
区域发展定位 Regional Development Strategy
文化定位 Cultural Strategy
主题定位 Theme Strategy

文化旅游度假业为支柱产业
Culture tourism resort as pillar industry
旅游服务、商务休闲、健康养生、农业体验、体育健身、教育文创六大功能主线
6 main functions:Entertainment, business, health, agricultural, sports, education

南山旅游业发展的关键点，泉城休闲度假的后花园。
The Fous od Nanshan Tourism Industry Development, back-garden of Spring city
历史文化 泉水文化 民俗文化
Historic-culture, spring-culture, custom-culture

南山生态旅游名片，山东乐活度假天堂
Ecological Tourism Resort In Nanshan, Happy Resort Paradise In Shandong

活动策划

文化游策划

商务游策划

生态游策划

规划范围分析

土地利用

规划范围土地利用规划图

图例
- (R2) 二类居住用地
- (A2) 文化设施用地
- (A5) 医疗卫生用地
- (A9) 宗教用地
- (B) 商务用地
- (A1) 行政办公用地
- (A3) 教育科研用地
- (A7) 文物古迹用地
- (B1) 商业用地
- (B3) 娱乐康体用地
- (W2) 二类物流仓储用地
- (W1) 一类物流仓储用地
- (S4) 交通场站用地
- (G2) 环境设施用地
- (G3) 防护绿地
- (E1) 水域
- (M2) 二类工业用地
- (M1) 一类工业用地
- (U1) 供应设施用地
- (G1) 公园绿地
- (G3) 广场用地

规划结构

聚核 公共引擎
四个触动经济脉搏的发展引擎

筑游 城市公园
聚集人气和活力的主题旅游

乐居 多元社区
五种享受人生的居住体验

动线 交通网络
高效低碳的出行体验

活水 生态湖链
重现与水为邻的泉城风貌

汇绿 绿地系统
被自然环抱的山中传奇

策略分析

筑游

根据规划范围特色资源，因势利导，设置三种面对不同人群的旅游路线，有意识对基地人流做疏散引导，因地制宜开展各类活动吸引人气。

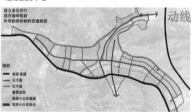
动线

·完善区域交通，提升路网效能·引入多元公交，塑造低碳开发
·打造道路景观，升华旅游体验·建立慢行网络，拓展山水游线
提升区域交通联系: 沟通103省道和济泰高速，周边城市动游经济泰高速可直达基地。
旅游小火车: 在入口处从城市公交换乘再生能源动力的小火车，带你经过每一处旅游体验地。

聚核

打造城镇文化旅游次核心，会议度假次核心，城镇商业次核心，休闲养生次核心，挑选最具代表性项目，定制场所氛围，提升城镇魅力，吸聚人气，辐射整个规划范围。

乐居

推崇健康幸福的生活方式，通过与文化娱乐设施的紧密为邻体验主题式有表趣的居住体验。为商务人士定制会所服务，定制商务软硬件，把事业当作另一种生活去经营。智者乐水，用泉水发生活的灵感和火花，用泉水洗去心灵的尘埃和疲倦。

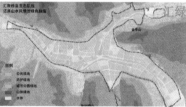
汇绿

娱乐公园: 定期举行不同主题的娱乐庆典活动，鼓励人与人通过文化活动相互交往和结识。
体育公园: 为热爱运动和健康的人们提供完善的健身场地和场馆，在夕阳下慢跑，在水溪间骑车。
艺术公园: 热爱艺术的人们漫步在雕塑旁，艺术家和摄影师在这里捕捉生活的艺术和艺术的生活。

活水

中水回用: 基地内发生的污水经过中水处理和净化，达到三类景观水标准后回用于景观湖。形成水资源循环使用。
景观蓄水池: 在河水汇聚处都有景观蓄水池，有效收集留雨水，并利用雨水补充地下水。

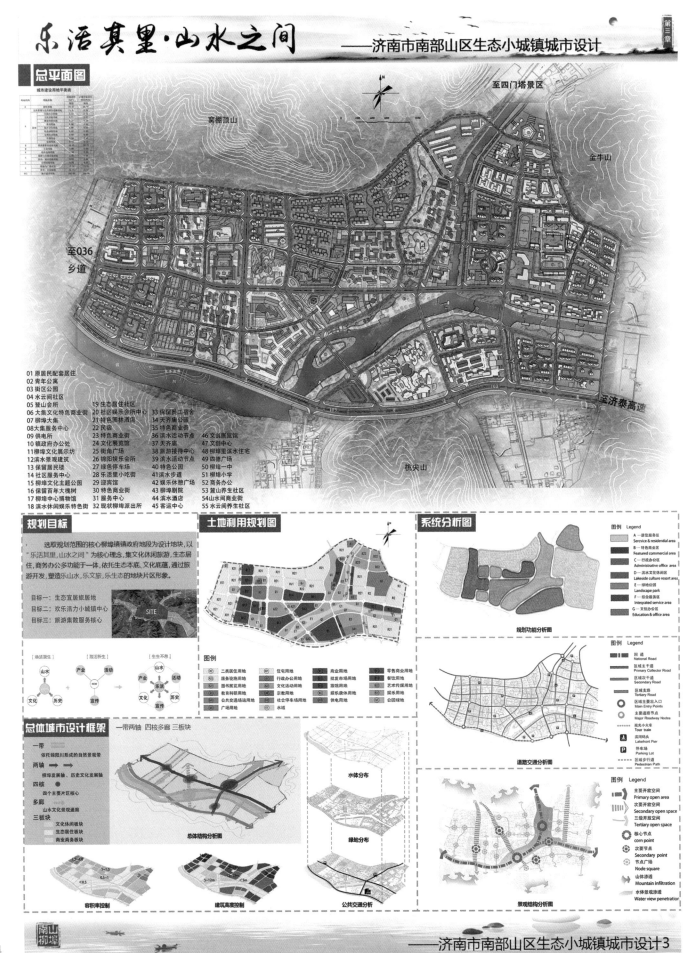

乐活其里·山水之间 ——济南市南部山区生态小城镇城市设计

总平面图

城市建设用地平衡表

至四门塔景区

窝棚顶山

金牛山

至036乡道

至济泰高速

桃尖山

01 原居民配套居住
02 青年公寓
03 街区公园
04 水云间社区
05 登山会所　　　　　19 生态居住社区　　　　33 保留职工宿舍
06 大集文化特色商业街　20 社区娱乐会所用地　　34 天齐庙公园
07 柳埠大集　　　　　　21 特色园林酒店　　　　35 特色老街
08 大集服务中心　　　　22 民宿　　　　　　　　36 滨水活动节点
09 供电所　　　　　　　23 特色商业街　　　　　37 天齐庙
10 镇政府办公处　　　　24 文化展览馆　　　　　38 旅游接待中心
11 柳埠文化展示坊　　　25 街角广场　　　　　　39 滨水活动节点
12 滨水景观建筑　　　　26 锦阳娱乐会所　　　　40 特色公园
13 保留居民楼　　　　　27 绿色停车场　　　　　41 滨水步道
14 社区服务中心　　　　28 乐活其里小吃街　　　42 娱乐体育广场
15 柳埠文化公社超公园　29 迎宾馆　　　　　　　43 柳埠剧院
16 保留百年大槐树　　　30 特色商业街　　　　　44 滨水酒店
17 柳埠中心博物馆　　　31 服务中心　　　　　　45 客运中心
18 滨水休闲娱乐乐特色街 32 现状柳埠派出所

46 文创展览馆
47 文创中心
48 柳埠里滨水住宅
49 四德广场
50 柳埠一中
51 柳埠小学
52 商务办公
53 麓山养生社区
54 山水间商业街
55 水云间养生社区

规划目标

选取规划范围的核心柳埠镇政府地段为设计地块,以"乐活其里,山水之间"为核心理念,集文化休闲旅游,生态居住,商务办公多功能于一体,依托生态本底,文化底蕴,通过旅游开发,塑造乐山水,乐文旅,乐生态的地块片区形象。

目标一:生态宜居旅居地
目标二:欢乐活力小城镇中心
目标三:旅游集散服务核心

SITE

土地利用规划图

图例
二类居住用地　　住宅用地　　商业用地　　零售商业用地
服务设施用地　　行政办公用地　批发市场用地　餐饮用地
图书展览用地　　文化活动用地　旅馆用地　　艺术传媒用地
教育科研用地　　宗教用地　　娱乐康体用地　娱乐用地
公共交通场站用地 社会停车场用地 供电用地　　公园绿地
广场用地　　　　水域

系统分析图

图例 Legend
A 一站生活服务区 Service & residential area
B 一特色商业区 Featured commercial area
C 一行政办公区 Administrative office area
D 一滨水文化度假区 Lakeside culture resort area
E 一绿地公园 Landscape park
F 一综合服务区 Integrated service area
G 一文创办公区 Education & office area

规划功能分析图

图例 Legend
国 道 National Road
区域主干道 Primary Collector Road
区域次干道 Secondary Road
区域支路 Tertiary Road
主要出入口 Main Entry Points
主要道路节点 Major Roadway Nodes
观光小火车 Tour train
滨湖码头 Lakefront Pier
停车场 Parking Lot
区域步行道 Pedestrian Path

道路交通分析图

总体城市设计框架
一带两轴 四核多廊 三板块

一带
依托锦阳川形成的自然景观带

两轴
柳埠发展轴、历史文化发展轴

四核
四个主要片区核心

多廊
山水文化景观通廊

三板块
文化休闲板块
生态旅居板块
商业商务板块

总体结构分析图

水体分布

绿地分布

公共交通分析

容积率控制

建筑高度控制

景观结构分析图

图例 Legend
主要开放空间 Primary open area
次要开放空间 Secondary open space
三级开放空间 Tertiary open space
核心节点 corn point
次要节点 Secondary point
节点广场 Node square
山体渗透 Mountain infiltration
水体景观渗透 Water view penetration

南山柳埠

——济南市南部山区生态小城镇城市设计3

乐活其里·山水之间
——济南市南部山区生态小城镇城市设计

第四章

八十年天下名州
泉城南山为郡乐
山水之间乐其里
仁智贤士活其中

鸟瞰展示

节点效果

天齐庙历史旅游片区
天齐庙是重要的历史文化宗教节点。设计中重点策划公园绿地，寻求与东南滨水的关系，配套商业并利用地域特色景点打造聚力与良好生态环境打造养生民居。

柳埠大集特色商业片区
柳埠大集是本区域的最具特色的民俗商业街区。设计中扩大用地，同时设置服务和电商平台等新型项目。并拓展商业辐射区，引水入集，打造特色商业街区，吸聚更多人气。

入口旅游综合服务片区
邻近最佳自然景观资源，规划选择紧邻103国道和南部入口交界的位置作为生态文化游小城镇的中心服务区。

特色文化展览核心片区
地块内部重要的主干道府前街与入口旅游服务中心之间为文化旅游片区。文化展览馆林立，也是镇核心开放空间节点。

专题分析

生态专题——蓝绿织补
绿色空间廊道，以"绿道先行"的原则，创造生态绿色的水循环系统，打造"可持续"的城市绿色生活。

文化专题——多元复合
从文化空间的角度，梳理出文化空间中有历史价值的文脉，增强文化体验，打造"生生不息"的文化生活。

交通专题——多方互通
从生活空间的角度，提出公共生活的不同层级的廊道系统，为市民注入新的活力，打造"活力慢城"。

地块指标控制一览表

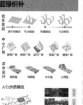

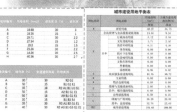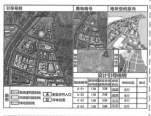

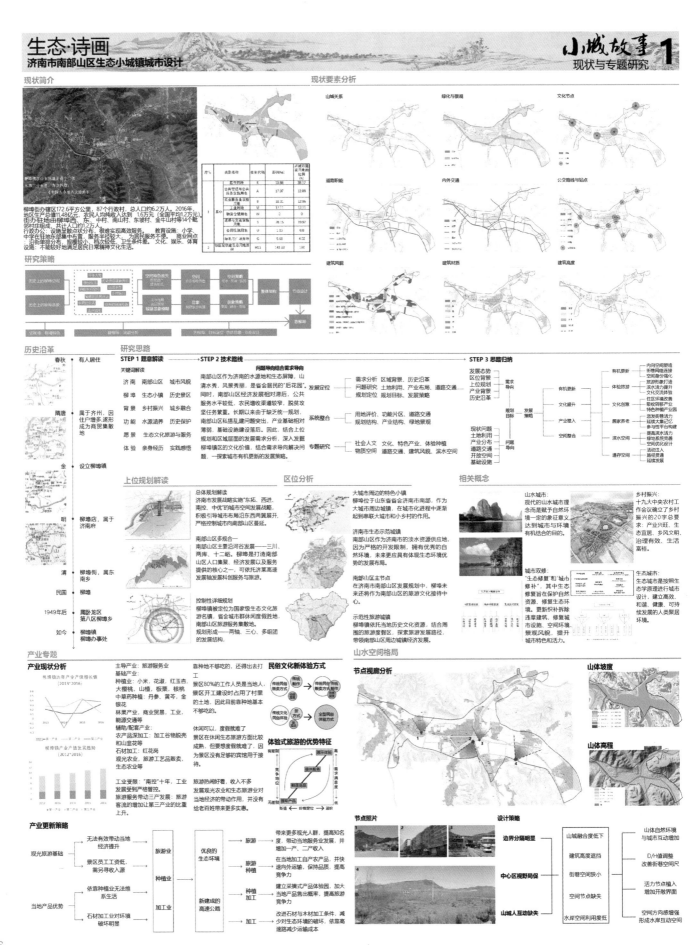

生态·诗画
济南市南部山区生态小城镇城市设计

小城故事 1
现状与专题研究

生态·诗画
济南市南部山区生态小城镇城市设计

小城故事 2
专题研究

建筑肌理研究

现状肌理类型

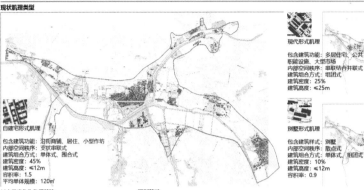

自建宅形式肌理

包含建筑功能：沿街商铺、居住、小型作坊
内部空间秩序：支状串联式
建筑组合方式：单体式、围合式
建筑密度：45%
建筑高度：≤12m
容积率：1.5
平均单体规模：120m²

城市尺度作为物质基础
尊重现状与历史
避免公共空间倾向于标准化和定量化

公共空间作为潜在触媒
公共空间塑造——地块更新，以平衡预算
公共空间塑造——事件活动，以激发活力

寻找个性、多样与统一
寻找适合柳埠镇城市身份
体现总体空间身份同时展现现地区多样性

更新策略

内向空间改善
前期公共空间改造投入
鼓励自发半公共空间塑造

街巷网络连接
街道环境改善
弥补城市割裂
街巷空间对话

空间身份塑造
外围肌理补充
居住空间更新
活动触媒点设置

现代形式肌理
包含建筑功能：多层住宅、公共服务设施、大型市场
内部空间秩序：串联结合并联式
建筑组合方式：组团式
建筑密度：25%
建筑高度：≤25m

别墅形式肌理
包含建筑样式：别墅
内部空间秩序：散点式
建筑组合方式：单体式、组团式
建筑密度：10%
建筑高度：≤12m
容积率：0.9

建筑特色延伸

传统院落形式
济南山区传统民居为典型的合院式布局，略成井形...

石屋民居
民居建筑的立面通常由屋顶、屋身和墙基三部组成...

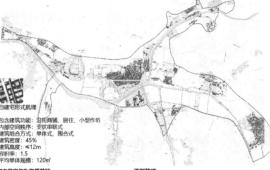

海草房
根据自然条件，胶东沿海地区的民居多呈现依坡就势的特征...

建筑形式

柳埠镇域内建筑风格大体上分为三种，形式较少但各形式之间缺乏统一管理，出现了混杂随意的空间状况。

自建庄台
柳埠镇域内为主要的居住建筑形式...

现代建筑风格
在镇区域内占有较多比重...

传统建筑风格
在镇区内多集中于历史文化建筑的建筑形式...

特色文化

柳埠镇域内包含多处自然历史节点，镇区范围内主要是四门塔景区，文化习俗则全都集中于镇区范围内。

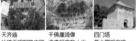

天齐庙
始建于明朝庆历年...

千佛崖造像
造像区高数十米...

四门塔
是中国现存唯一...

柳埠媳妇宴

五月十三泉习俗

柳埠大集

意向生成

文化要素提取
在当地现有文化资源之外，继续挖掘济南山区和周边的关联文化要素，为整体的意向生成提供要素。

现状形态 → 凤凰意向 → 形态 → 表

城镇四面环山，镇区主体大致建设在差别较小的平缓地带，顺应城镇自然走势。

从城镇自然地理空间格局来看，平面形态犹如展翅飞翔的凤...

以城镇建设用地为主体，以城镇开发边界为中心体验发展农业为主...

城市意象与发展形态 +

龙山文化 → 龙山黑陶 → 碎片化 → 里

泛指中国黄河中、下游地区约新石器时代晚期的一类文化遗存...

蛋壳黑陶是山东龙山文化最具代表性的陶器...

出土的黑陶制品大多是黑桃式的碎片...

碎片化功能分区 =

案例分析

愿景：
一座融合城市自然的生态之城
一座引领健康生活的宜居之城
一座追求经济永续的活力之城
一座展示现代文明的未来之城

思考一：
如何塑造柳埠当地的特色空间？如何利用柳埠当地的历史文化资源？应该从哪些方面关注？

思考2：
如何利用柳埠当地自然山水资源和历史文化资源带动当地旅游产业发展。

思考3：
柳埠作为山东省旅游特色示范性城镇乃至全国范围内的旅游示范镇，城镇特色和旅游城镇氛围塑造是势在必行的，也是有待解决的最重要的问题。方案应对与柳埠镇是否出现现代化高层建筑进行研究。

方案生成

主要思想：和规划经行对比，完善规划，提出自己的发展路径。
问题：并未结合当地山水空间格局，忽视当地环境。

主要思想：结合周边自己周边自然宜居之城，细化用地布局，寻找城市发展路径。
问题：并未把城市设水空间格局...

主要思想：以鸿韵作为平面形态意象，碎片化的平面布局模式，创造旅游城镇意象。
问题：鸿鹄意象不能很好地反应当地...

总规用地平衡表

用地汇总表

用地代码	项目名称	用地面积(hm²) 现状 规划	占总用地比例(%) 现状 规划

建设用地平衡表

总体规划

设计说明：
通过意向形态的导入确定整座城镇的空间发展框架，从而对建筑高度和开敞空间的开发控制，另外通过当地种植产业和意向形态的结合，在尊重原有地理环境生态要素的前提下，对形态的严格要求又确保种植、农林业以及体验式旅游能必须得到长期的扶持和发展。最终形成生态环境与诗画意境的融合。

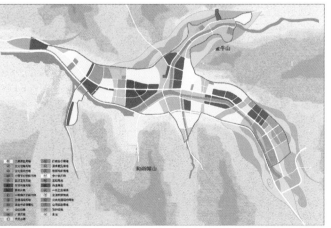

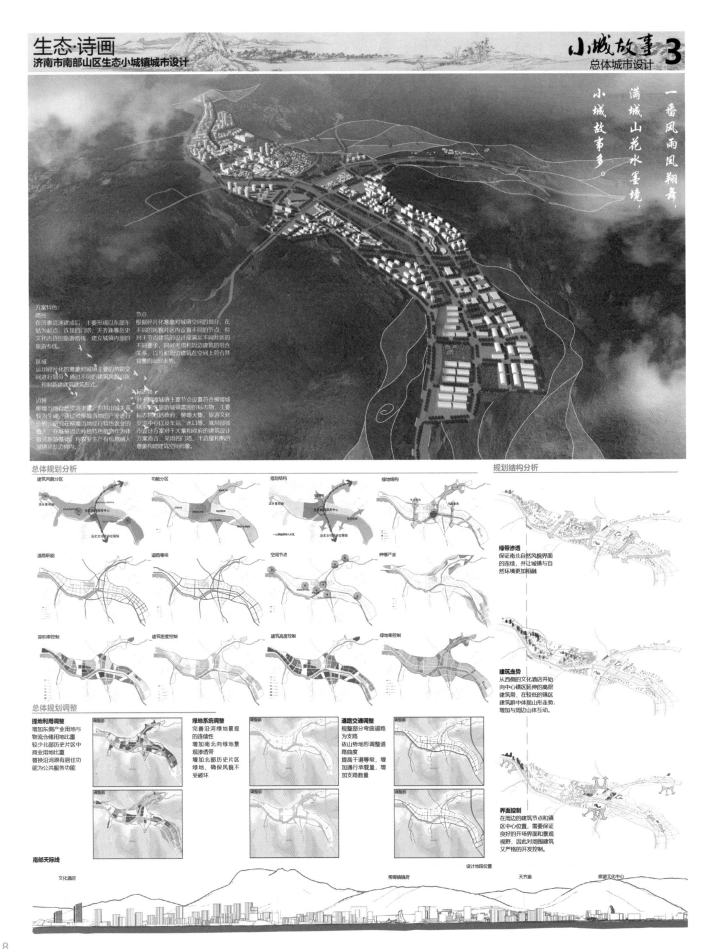

生态·诗画
济南市南部山区生态小城镇城市设计

小城故事 4
地段详细设计

地块方案生成

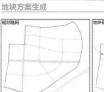
规划路网

地块现状

公交线路　功能分区

规划结构　保留建筑

建筑职能

地块方案生成

设计说明：
本地块地处柳埠中心位置，主要承担着旅游服务职能。在整体空间生以山形走势为主要形态，在建筑风貌上主要以鲁中山区石屋民居意象为主，通过传统建筑的改造，加上新建商业街和办公建筑，凸显地块的中心位置。地块内沿街的前市为主要道路，通过增加地块内停车场地，改善地块内凌乱停放的现象。在政府和大集的地址上改建中，通过对鲁中山区石屋建筑意象的提取，加上作为示范性旅游城镇无损风貌，扬帆远航的美好愿景，提出建筑设计的初步构想。

地块平面

地块位置

N

1. 柳埠街道办事处
2. 中心商业
3. 民居组团
4. 隋唐风貌商业街
5. 柳埠大集
6. 现代风貌商业街
7. 广场

节点效果

镇政府建筑设计

取用了当地隋唐文化中的石塔以及鲁中山区半边屋的造型特征，为打造全国示范性旅游城镇，带动周边乃至全国的乡村振兴，结合"扬帆起航"的设计意向，建造的柳埠街道办事处

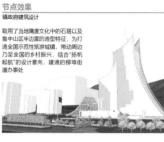

顶层平面

标准层平面

首层平面

出入口

镇政府东剖面

民居组团空间

节点建筑设计

柳埠大集

民居社区改造

社区鸟瞰

建筑形态提取

建筑类型研究

现状建筑类型
现状中的自建宅平面形式主要是C形、L形以及O形三种围合形式，但因为建筑体量大小以及进深的差异形成较多种类的形式。

新旧样式比较
就平面形式和空间串联形式而言，现状中的自建宅与山东传统的院落建筑形式大致相同，并且多数自建宅中还保留着传统的影子。建筑高度、开敞度以及装饰风格则有所改变。

石屋样式
济南山区传统民居为典型的合院式布局，略成方形，是北方合院布局型制，色彩上多采用灰砖、小青砖等。

建筑形态研究

河厅
进深一般为1.5-5m，面宽一般为9-15m，单层坡屋顶

侧厅
进深一般为2.4-6.0m，面宽一般为3.6-6.0m，坡屋顶与平顶3均有，一般为一层

正厅
进深一般为3.6-9.0m，面宽一般为9.0-15.0m，双坡屋顶，1-2层

平面
房屋平面没有固定的模数，眼房屋功能和高度相关。

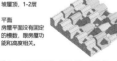

尺寸：一般用横向院落，宽2.4-15m，深3-6m。

类型：有普通院落，南北两侧为建筑，另一侧为墙壁，也有三合院、四合院类型。

布局：主要用以多组院落纵向组织房屋，差3-6未1-6进，也有少数横向并列组织房屋。

建筑尺度研究

根据传统风格分析和传统尺度分析的结果，可总体上将建筑类型分为传统风格传统尺度、现代风格传统尺度、传统风格现代尺度、现代风格现代尺度、混合风格传统尺度和混合风格现代尺度六大类型。其中，传统风格现代尺度和混合风格现代尺度利用小体量的建筑单体组成大空间，而外观上保留了传统的建筑要素和外观体量。

传统风格传统尺度　现代风格传统尺度

传统风格传统尺度　现代风格现代尺度

混合风格传统尺度　混合风格现代尺度

肌理问题研究

空间秩序单一
建筑依地势进行单一形式的摆列，街巷空间缺少趣味。

中心场所缺失
建筑呈组团式布置，但其中缺少较为特殊的场所或建筑，导致组团缺少归属感。

公共空间缺失
因为大多数院落是住户的自有空间，组团内缺少可供交流沟通的集聚场地，社区感薄弱。

街巷空间狭小
组团内依靠街巷空间串联各家客户，但其尺度狭小，满足住民人行尺度的通行需求，但无法通行车辆，并且不满足防火规范。

院落采光困难
组团分布过于密集，并且建筑高度在4~15m不等，存在被较高建筑包围而无法满足采光的院落空间。

生态·诗画

林扉·凤起——基于多元共生的济南市南部山区生态小城镇城市设计

第九届 "7+1" 全国城乡规划专业联合毕业设计

区位分析

济南市是山东省的省会，别称"泉城"，是国家历史文化名城、首批中国优秀旅游城市。

济南南部山区，地处泰山余脉，境内群山环抱，环境优美，被誉为省城后花园。

柳埠镇位于济南市南部，是济南市重点生态功能保护区、省城后花园的重要组成部分。

柳埠镇现状照片

柳埠镇卫星图及规划范围　柳埠镇滨水区现状　柳埠镇中心区现状

道路交通现状

对外交通主要包括省道S103、县道X056、县道X051和济泰连高速（建成将连接柳埠、济南市区和泰安市）。

基地内部道路系统为道路省道S103、县道X056、县道X051、府前街，其余为未命名支路。

柳埠镇停车位主要以斜列式与直列式布置，镇区中心政府前街中心设置了大量的直列式停车位。镇区设置了大量的停车位，但是明显不成系统，仍有部分车辆乱停放，加之大量的非机动车，使得镇区静态交通系统较为混乱。

镇区建筑现状

基地内部建筑高度以低层为主，多层建筑和砖混为主，主要为安置房和家属院，整体天际线较为平缓，缺乏标志性建筑，分布混杂。

建筑高度分析图　　建筑结构分析图

建筑风貌现状　　历史建筑风貌　　现代建筑风貌
建筑质量现状

基地内部存在大量村民自建房，大部分造成时间较短，质量较好；有部分土地夯实建筑质量较差。还存在着一些现代化的住宅楼，建筑质量较高。

历史风貌建筑主要位于四门塔景区内，基地内建筑多为村民的自建民居，大多数为现代风貌，部分沿街商业为欧式风格。

村民自建土坯房　　翻建现代住宅　　新建居民区

历史文化现状

柳埠镇的历史文化遗存目前主要集中在镇中心和镇区北部，重要的几处有：四门塔、千佛崖、龙虎塔、天齐庙等。

四门塔位于柳埠镇东北部，是中国现存唯一的隋代石塔，也是中国现存最早的单层庭阁式石塔，千佛崖造像是中国佛教雕刻，也是山东省的唐代佛教石刻雕造主要遗存，天齐庙建于明朝嘉庆四年，为砖木石结构，硬山屋顶，筒瓦、小灰瓦顶面，庙宇院落前石结构。庙内供奉道教神灵。

柳埠大集

每逢农历二、七聚数的日子是柳埠的集日，柳埠大集已有1000多年的历史。在柳埠街道驻地南侧有一个3万平米的集贸市场，可以容纳800余铺位，各类商品应有尽有，每逢起集日，不仅周边居民，济外群众也会来参与，热闹非常。在柳埠镇一带，农历的"五月十三"是街牛风俗集日了。每逢于首朝年间，表示人们对于风调雨顺的期望，村民会穿着特色盛饰于天齐庙祈祷。

柳埠镇产业现状

柳埠镇产业结构图

柳埠镇地区产业生产值逐年上涨，16年地区生产总值达到11.48亿元，历域区生产总值达868.9亿元。

从2012年到2016的产业构成果来看，三产发展平均，总体呈现第三产业比重＞第二产业比重＞第一产业比重，区域产业结构处于发展的第三阶段。

根据2016年统计，一、二、三产增量分别为0.13亿元、0.13亿元、0.37亿元，第三产业具备发展潜力。

但是柳埠镇以乡村旅游为主导的产业，缺少旅游相关的配套产业。

红玉杏　　大樱桃　　板栗
山楂　　糖酥煎饼　　源家豆腐

柳埠镇拥有山楂、核桃、板栗和大樱桃五大林果基地，树立了一系列农产品文化的农业文化。

柳埠镇还有着丰富多样的特色小吃，包括糖醋鲤鱼、糖醋白菜、源家豆腐、西山小米等，形成了地方特色的美食文化。

山水空间格局

山体高度分析图　　镇区山体高差图

柳埠镇镇域大部分处在山谷平缓地区，镇区依据山体大走势而展，呈带型发展。镇域镇发展局限于省道周边，与周边环境较少对话，与周边景点处少有机联系，发展空间受到了限制。

整体柳埠镇以打通了山脉、核桃、坂栗和大樱桃四大林果基地，树立了一系列农产品文化的品牌，形成了地方特色的农业文化。

镇区现状分析图　　2号视点实景照片

上位规划分析

济南市总体规划：
济南的城市发展目标是打造全国重要的区域性经济中心、金融中心、物流中心和科技创新中心，建设与山东经济文化强省相适应的现代化城市。

实施"东拓、西进、南控、北跨、中优"的城市空间发展战略，严格控制城市向南部山区蔓延。

柳埠镇将被列为为旅游开发的城镇职能组结构进行发展。将柳埠镇划入六大景群之的的涌泉群。将四门塔、千佛塔造像划入全国重点文物保护单位，进行历史文化遗产保护。

南部山区规划：
规划将南部山区打造成集体闲、度假、观光、游憩、体验功能为一体的生态旅游发展集地，带动经济发展与乡村振兴。柳埠镇将被打造成济南部山区综合服务及集散服务中心。

柳埠镇规划范围内为一、二级生态控制线，均为需要保护的山体。部分河道两侧被划为三级生态控制线。总体来说生态控制严格。

城镇发展定位成总结

	国家级的历史文化名镇
总体规划要求	国家级风景旅游名镇
南部山区规划要求	国家级生态示范名镇

交通及建筑问题分析

乱停车现状照片　　乱停车现状照片　　镇区重要节点分布图

停车位不足，现状的整体空间形象不景，且缺乏考虑与超空间关系。对现状柳埠里的密集、街道的弹整比失调。祥山水与乡镇的融合公共闲不完基础配。空间布局：现状建筑脱离山环境，山地很大的建筑空间形式无平缓起伏的标识性建筑。再者，整体空间序列较乱，使得建筑空间退近、高低不一，造成整个乡土建筑间缺乏层系。功能结构：现状建筑缺少集住、商业、行政为主，另有配套设施。建筑基本上是当地村民的自发建，内部相互影响，基地内存在建筑老旧、风貌不统一等普通性问题。

各节点间距离过近，缺少旅游客流。镇区人口起非从业众过近，还不到旅游型城镇的需求。

旅游及产业问题分析

红玉杏现状照片　天齐庙　　四门塔　　千佛崖

旅游资源对柳埠镇有着丰富的旅游资源，但是却未能很好的利用。镇上缺少旅游型城镇相适应的商业服务设施，缺少开发其相应文化型城镇的定位要求。现状企业类型混乱，且多为小作坊型式，散布于镇各处无法形成规模效应。相关的旅游服务型商业也是远远不够的。

地段山水视廊问题分析

视点选择示意图　　视线A照实景图　　视线B照现实照

结合模型及实地调研发现，镇中心地段的滨水地区房屋高度较高，阻挡了整体视线，山城是显出分割的现状，整体景观较差。该地段山水和建筑的关系密切切，周边有天齐庙等景观资源，适合乡土生态性现的建设。

现状问题总结：镇区现有的道路交通、功能分区、产业构成、及旅游配套存施均为无法满足上位规划对于柳埠镇的定位。在规划设计时要重点解决这三个方面的问题。

什么是大城市周边的小城镇？

所的是大城市周边的小城镇（往往靠近有的建制镇），其地城多具有一定规模的集镇以及大城市周边城市之处，截至2016年来，我国现有建制镇约20881个，其中分布在大城市周边地区建制镇约为3000多个，他们相互促进产生城镇城镇发展形成的部分。

乌镇　　古北水镇　　大阳古镇

大城市周边的小城镇的特质：

小城镇体系的发展规律	处于大城市城市化和空间结构和产业结构的新置和实的动态的加速转变之中
小城镇发展与城市的关联性	有利于推动地带城市化过程的加快 / 有利于调整中心城市的产业结构 / 有利于提高大城市的综合实力
小城镇体系职能定位	人口与人力资源地 / 经济产业城产 / 生产地 / 产业的多元流动性
小城镇发展的内在动力	经济和区域优势明显 / 人口乡城向流动 / 城市转型的
小城镇发展的定位	功能定位 / 性质定位 / 发展模式定位
小城镇的不同规律类型	

著名的小城镇案例对比：

小城镇名称	密云古北水镇	湖州南浔	姑苏同里古镇	黄龙溪古镇
整体风貌				
临近大城市	北京市	上海市	南京市	成都
小镇区位	北京市密云区	浙江省湖州市南浔区	江苏省苏州市吴江区	四川省成都市双流区
小镇规模	9平方公里	34.27平方公里	131.54平方公里	50.4平方公里
建成时间	明朝	明朝元年	宋朝	汉朝
特色建筑	司马台长城、鼓楼塔	小莲庄、嘉业堂藏书楼、张石铭旧宅等	古街坊、古民居、古园林、古建筑	古寺庙、古民居
旅游项目	"人文名城"、"古北让真年"	黄古城、夜游河、园林	游园观景、夜游同里	漂流、爬山、游乐场
出行时长	距北京市1.5小时左右车程	距南京市1.5小时左右车程	距上海市2小时左右车程	距成都市1小时左右车程
人均消费	500~600元	300~400元	400~500元	200~300元

1. 城乡二元结构

我国长期以来的城乡二元结构，一直制约着小城镇的发展，主要是二元经济结构和二元社会结构。加之小城镇第三产业的不发达又降低了小城镇的生活质量和吸引力，使得农民迁居动力更加不足，进一步阻碍了小城镇的发展。

城乡居民比例　　城乡居民可支配收入对比（全国二元经济结构）

城乡二元户籍制度的变迁（城乡二元社会结构）

1951年7月《城市户口管理暂行条例》颁布，明确说明了"维护社会治安，保障人民安全及居住"的自由。

1953年，中国开始执行第一批城市的人口自由迁移，户籍管理制度成为了诗歌多问题，中央也制定了新的户籍制度的有关方针。

1954年至1956年的农村迁入城市的人数不断增加，暴露了诸多问题，中央也制定了新的户籍制度的有关方针。

1964年，国务院提出对农村往城市、集镇的要户加限制，对从集镇迁往城市的要户加限制。

1958年全国人大常委会签署《中华人民共和国户口登记条例》颁布实施，使传统政策出现脱二元基本型，新型的城乡户口管理制度基本框架形成。

1955年8月，国务院正式颁布文件，使我国传统政策出现脱二元基本型，新型的城乡户口管理制度基本框架形成。

1993年我国家拟出户籍制度改革方案，提出取消农业、非农业二元户口性质，统一城乡户口登记制度。

2012年1月北京市政府公报指出，二元户籍改革试点，二元户籍制度将向统一城乡户口登记制度过渡。

2014年7月，国务院公布的《关于进一步推进户籍制度改革的意见》，标志着二元户籍管理模式走出历史舞台。

城乡二元户籍管理模式虽然摆脱了传统统计学的束缚，具有其他地区的城乡所不具备的特殊区位优势，但客观存在的巨大的城乡差异，真正实现公民的迁居和居住的自由权，需要经济市场化、真正实现公民的迁徙和居住的自由权，还需要经济市场化、城镇化和政治民主化的长足发展。

2. 小城镇聚集功能不强，乡镇企业落后

大城市周边地区的乡镇企业虽然凭籍了传统计统的束缚，具有其他地区的乡镇企业所不具备的特殊的区位优势，以其高度的自主性和市场适应力获得了高速的发展。但由于市场调节带有自发性、后发性、盲目性的特点，加上行政地界和小农经营方式的限制，难以避免分散发展的弊病。

小城镇不同规模企业分布　　小城镇企业的突出特征（小型、民营、多样）

由于小城镇企业缺乏有效统一的管理，大多是自然发展状态，国家缺乏政策上给予了的引导，导致小城镇聚集性过弱了，乡镇劳动力人口流失的现象。

3. 城镇化水平不均

2014年中国城镇化率　　中国城镇化率及未来预测

中国的城镇化发展非常迅速，城镇的数量是递增的增加。增量规划推动了中国高速城镇化发展，而增长相应的新型城镇化率。很多城市从1952年到2011年建城区的倍数都是20多倍，40多倍的变展，我国于城镇化率不均的分布，空间上体现在沿海高度城市化，内陆城镇化率变慢。

中国城镇化进程必定会不断推进，实行以城镇统筹、城乡一体、产业互动、节约集约、生态宜居、和谐发展为基本特征的新型城镇化，是大中小城市、小城镇、新型农村社区协调发展，互促共进的科学有效手段。

4. 地域分布不均衡，职能分工不明确

大城市周边地区小城镇地城空间分布呈现不均衡特点。初步成以大城市为核心，主要靠重要交通干线镇串布局的单中心环形布局形式。

小城镇经济水平和产业结构明显较低，大多以初级资源为主要产业，缺乏深层次的产业开发，并且资本密集，有没有找到适合自己并能作为未来发展方向的"产业生态链"。低层次重现叠产量，缺乏互补协城合能，职能分工不明确，尚没有找到适合自己并能作为未来发展方向的"产业生态链"。

中国特色小镇分布图（包含第二批）　　2015年中国小城镇按非农产业占比划分的城镇数量及占比

以特色小镇为例：从全国各地区特色小镇的分布来看，目前华东地区特色小镇数量居多，有117个，其中浙江省最多，共23个。小镇数量并列第二的是江苏和山东，拥有特色小镇22个。其分布体现出往大城市周边聚发展。

5. 大城市的"扩散效应"和"极化效应"的副作用

大城市的"扩散效应"在给周边地区带来经济带来正常的同时，也造成周边地区对中国高速城镇化的不良影响，例如工业、生态的污染，节约集约性、生态宜居的等问题。随着污染型产业由城市迁出至郊区，城乡环境的污染层层影响城乡相互污染的状况在大城市周边地区尤为突出。

2014年外出农民工流向地区分布及构成

污染性的企业向城乡乡的班迁造成了乡镇地区的环境污染现象。

大城市"极化效应"对周边地区的社会、经济发展往往是一种趋力。大城市对待强大的吸引力优势动力、资金、高层次人才等涌入城市，从而牵制了周边地区的经济发展速度。

林扉·凤起——基于多元共生的济南市南部
山区生态小城镇城市设计
生态·诗画
济南四合院

第九届"7+1"全国城乡规划专业联合毕业设计

四合院模型图　四合院实景图
海草房村落俯视图　旧式海草房　新建海草房

海草房多依山面海而建,院落大多都依坡就势。建筑材料就取之院落后面的大山和大海。当地的海边出产一种柔韧细长的海草,用它建成的屋顶冬暖夏凉、浑厚朴实,别有渔村的风味。这些海草房的墙体由当地出产的暗红色的花岗石砌成,墙体厚实,整个民居给人粗犷、朴实的感觉。

海草房古村落遗址　旧形制海草房村镇　新建海草房院落

中部山区的的石屋

济南旧城的民居为典型的北方四合院,在布局、结构、风格上与北京四合院有着许多相似之处,大多为二进院落,但在门楼、瓦脊等局部的装饰、灰墙、黑瓦的淡雅色彩上,济南的四合院却有着不同于北方民居厚重、严谨的特征,体现出了一种江南民居建筑的轻巧与明快。

石屋古村落遗址　石屋墙体　石屋院落

山东中部的山区地势起伏、平地狭小,那儿的民居村落多分布在山坡陇地,整个村落远远望去,民居院落高低起伏有变化,与脚下的青山融为一体,景色优美。

房屋多以石头垒成,整个院落从门楼到围墙,从台阶到墙身,都用大大小小的石板石块垒成。这种石头民居加上原木的木门窗构件给人质朴粗犷的感觉,与山东其他地区的民居风格截然不同。

墙体嵌缝　耳朵眼　猫洞　茅草屋顶　石质围屋顶

第一层用规整的石块叠砌,再用泥和碎石将石之间参差的空隙填满。山墙山尖的正下方留一方形孔洞,称为"耳朵眼"。

隋唐单体院落示意图

隋唐建筑群示意图

建筑群体布局的特征:
组合原则,以院子为中心,四面布置建筑物,每个建筑物的正面都向院子,在这一面设门窗。规模较大的建筑由若干个院子组成。有显著的中轴线,线上布置主要的建筑物,两侧的次要建筑多作对称的布置。

石屋开窗　规整石墙　毛石墙

石屋的前窗比后窗大,山墙前和后檐墙面一般都不开立窗洞口,开窗洞也都比较小,这样可能充分保温。窗槛多为木质窗棂,少有石格棂,门窗的式样简洁,无繁杂的装饰,反映出当地自然淳朴的审美观。

色彩是隋唐建筑中最显著的特征之一。宫殿庙宇中黄色琉璃顶,朱红色屋身,檐下阴影里用蓝绿色略为点金,在村以白色石台基、轮廓鲜明富丽堂皇。一般住宅中用青灰色的砖墙瓦顶,或用粉墙瓦顶、木柱、梁枋门窗等多用黑色、褐色或本色木面。

屋顶
屋身
台基
唐朝大明宫　隋唐建筑示意图
彩画是隋唐建筑装饰中的重要部分。做在檐下及室内的梁、枋、斗拱、天花及柱头上。构图密切结合构件本身的形式,色彩丰富。

隋唐建筑特征
建筑外形上的特征:
具有屋顶、屋身和台基三部分。富丽堂皇,气魄宏伟,严整开朗。

建筑结构的特征:
隋唐建筑主要为木构架结构。基本做法为用立柱和横梁组成构架,四根柱子组成一间,一栋房子有几个间组成。

隋唐木结构建筑实景图　隋唐木结构建筑屋顶
唐氏碾玉装彩画　唐式斗拱彩画

历史沿革

金置柳埠镇 → 明代又置崇恢年间属崇阳川路 → 清乾隆三十六年属东南乡 → 民国十三年属仲宫乡
1985年撤县并乡设立柳埠镇至今 → 1956年调整为柳埠乡
1984年实行政社分开改称镇 → 1965年又改称公社 → 1961年调整为柳埠公社 → 1958年撤乡建立柳埠公社

柳埠镇俗称柳埠街、柳埠庄。后因住户增多,逐形成为商贸集散地。以后沿称为柳埠。此地位于春秋战国时期齐、鲁两国的交界处,是齐国的战略要地。隋唐时期是山东的商埠重地。

镇区今昔对比
繁荣的柳埠商业旧景　现今的柳埠城镇景象

现状原因及未来构想
南部山区在2001年就被批为重要生态功能保护区,2016年在《济南市十三五规划纲要》中定位为生态保护和绿色发展示范区,政府十分重视南部山区的生态保护。但是多年来的生态保护也导致城镇发展停滞,规划建设相对落后,城镇的活力逐渐低下,发展较为缓慢。

规划的目标以突出生态保护,同时生态保护的层面也不仅是在绿化自然方面。同时还要考虑到山、水、城三者的融合,在保护生态的前提下将镇区历史文化资源开发出来,建设新型城镇。

1. 外在因素
由于历史发展的影响和地理上的直接原因,大城市的社会经济结构对其周边地区的小城镇发展需来具有巨大而深远的影响。

产业集聚与结构调整 ← 大城市用地扩展和蔓延
市场与竞争 ← 区域交通条件 → 促进小城镇的发展 ← 生产、技术和人才流动
行政边界与建制 ← 就业机会与劳动力转移 → 都市文化与消费模式

2. 内在因素
这主要表现在 乡镇企业的发展,城镇化与农村城市化的推进、农业经济的发展、市场发育程度,经济集聚与扩散。

乡镇企业主要经济指标对比
(四川省为例)

3. 控制因素
相关政策制度的影响。国家相关的政策制度对小城镇的发展有着深远的影响作用。在一定程度上左右着小城镇的发展。这是大城市周边地区的小城镇。主要包括户籍管理制度、社会保障制度、土地使用制度、地方政府的职能干预、城市规划及政策催化。

小城镇如何发展???
新型户籍管理制度
完善社会保障制度
社会主义土地公有
地方政府职能干预　城市规划　出台相关政策

热点①:产城融合
怎样实现产城融合?　如何在产城融合中塑造城镇定位?

热点②:乡镇人口流失与人口老龄化
留住城镇化中的乡镇人口?　乡镇老年人群的需求?

热点③:海绵城市与绿色建筑
海绵城市系统?　绿色建筑系统?　旧建筑的绿色化改造?

热点④:新型城镇化
新型城镇化下的小城镇?　城镇滨水区城市设计?

人群分类

宜人的居住环境 → 提升居民居住环境水平,建立生态文明旅游小镇
本地居民
舒适的城市空间 → 打造城市特色风貌与空间,对旧建筑进行改造,营造适宜的生活空间
完善的基础设施 → 建立配套的旅游服务设施,完善工业区周边的商业服务配套设施,完善商区内部设施的种类和数量,合理布置和配比
便利的交通条件 → 完善镇区内部道路条件,建立立体慢行交通系统,建设旅游集散中心,开设旅游专线
外来游客
购物、美食、住宿 → 对居民进行改造,开设社区超市民宿、特色商品、特色美食工业区周边的餐饮
开放空间与娱乐场所 → 建设开放空间和娱乐空间,建设临建活动空间,居民健身场所
历史文化旅游景点 → 打造文化旅游项目,完善景点周边设施,当地民俗,对历史遗存的记忆
丰富的就业岗位 → 发展多样化的城镇产业,提供更多工作岗位,创造更多就业岗位
劳动人口

特色街道　商业街
滨水广场
步行街
旅游交通枢纽
商业建筑
天际线设置
旅游服务设施　旅游文化中心
绿色社区
民宿文化体验
民宿建筑
特色产业
集市

以四川省平昌县黄滩坝组团控制性详细规划为例
模型照片
宏观定位:
城市功能完善,生态环境优美,现代都市与自然山水和谐映的生态新城,礼仪空间与山野林地绿地变奏的人文和谐城市。

规划重点:
1. 功能布局区别于周边其他组团。
2. 解决山地城市设计难点。
3. 形成特色黄滩坝新区。

集约高效的用地布局。"一核两片区,一心一轴"的空间结构。思考:地段空间的核心,轴线设计?

合理的城市功能分区,核心区域与地块主轴布局。思考:功能片区的划分,主轴的凸显?

因地制宜的交通组织。根据不同高程,依山就势灵活布局。

显山透绿的绿地景观。结合道路、河网、林地等构建"两轴、三带、多点"的绿色景观系统结构。

121

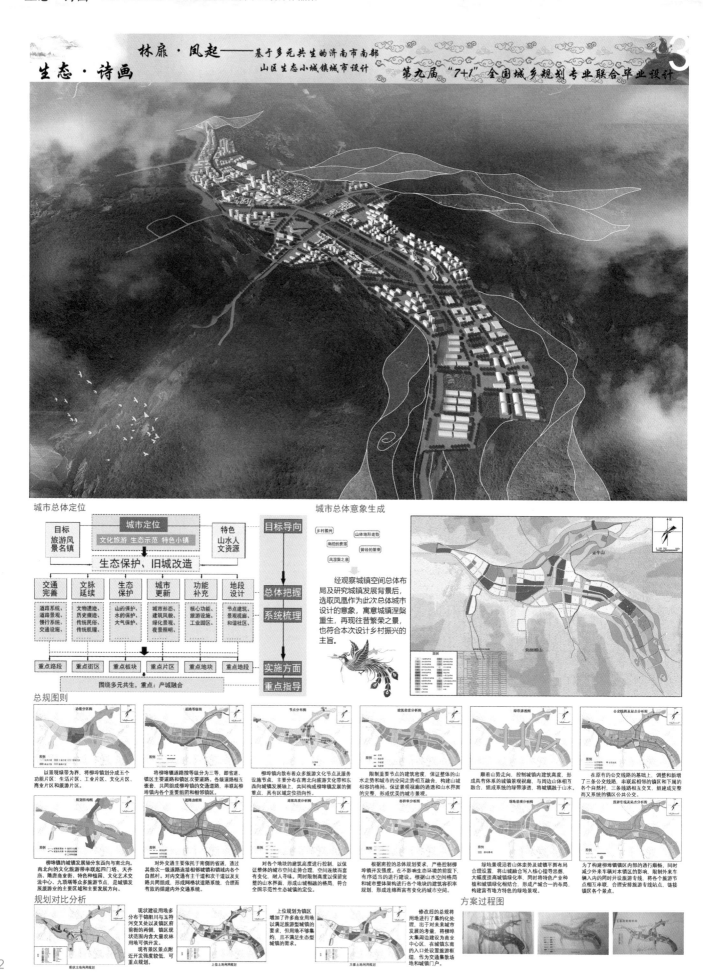

林扉·凤起——基于多元共生的济南市南部山区生态小城镇城市设计

生态·诗画

第九届"7+1"全国城乡规划专业联合毕业设计

项目 总规划用地	面积（公顷） 56	比率 100%
居住用地	6.68	11.9
文化娱乐	6.44	11.5
商服用地	9.23	16.5
教育用地	8.24	14.7
道路交通	7.65	13.7
水域及绿地	17.76	31.7
总建筑面积	128.8公顷	
建筑密度	35%	
容积率	2.3	
绿化率	32.3%	

节点建筑设计
旅游文化交流中心

旅游文化中心北立面图　　旅游文化中心南立面图

旅游文化中心标准层平　　旅游文化中心剖面图

建筑的设计采用了城市总体意象象的凤的部分，整个建筑形似凤凰腾飞，附属建筑则代表凤羽部分，主体与其东侧的现代商业街形成呼应，形成一种造型上的流畅感。

地段选择
选取的是镇区滨水的中心地段，约56公顷。地块目标打造核心旅游景观带，依托齐庙宗教文化旅游，向东开发隋唐风貌的商业街，向南开发以文化展览为核心的旅游文化中心。在城市空间上严格控制滨水开发强度和景观设置，保证城市景观视廊。

节点效果图
旅游文化交流中心　　隋唐风格商业街

沿河公园绿地　　柳埠中学

城市天际线

河南侧地段建筑立面图

河北侧地段建筑立面图

地段整体城市立面图（河面视角）

建筑类型学引入　　多元的产业结构
种植业　花椒　山楂　蜂蜜
采矿业　樱桃　红杏　核桃
餐饮业　建筑业　豆腐　核桃仁
零售业　石雕　酥饼　水果　蔬菜
加工业　纪念品　民服　金银花　花生
丹参　黄芪　虫草

现状建筑的多元风貌

建筑传承的多元

产业、城镇、旅游的关系
产业
城镇
旅游

建筑风貌多元的构建

多元的文化构成
佛文化　道教文化　集文化
神通寺　天齐庙　柳埠大集
四门塔　庙内神灵　赶集围观
千佛崖　黎民祈祷　交易现场图

以文化体验为主的旅游
柳埠镇有着丰富的旅游文化资源，包括佛家文化的四门塔风景区，道家文化的天齐庙和镇民长久以来的祭祀活动，充满了世俗气息的柳埠大集等，这些都是吸引外来游客，发展城镇的一些优秀资源。

镇区重要节点、种镇采集体验园区、城市景观界面

旅游专线

游客集散中心

步行出游

系统的游览流线，旅游区的主要景点，观赏大鉴山水、城、景色

自由的行走于城镇的慢行系统，享受镇区的服务

在景区的入口处设计了游客服务中心，一是为了满足旅游型城镇的交通需求，二是旅游服务中心可作为城镇东南入口的城市门户。

镇区内部控制外来车辆的通行，在各个入口设置停车场，维持旅游城市的良好城市界面，开设旅游专线方便游客游览也是镇各个重要节点。

多元的人居构成
现人居构成 = 单身青年 + 年青夫妻 + 家庭（孩子12岁以下）+ 家庭（孩子12岁以上）+ 空巢老人 + 独居老人

小城镇的劳动力往往选择外出务工，很少会留在家乡。 劳动力外出务工

越来越多年人会留在城镇上，身边没有人陪伴，成为空巢老人。

旧民居改造后的建筑　新建的高层住宅建筑　规划的公园景观绿地　规划的老年人服务中心

1.提供了多种不同的住宅，满足不同人群的生活需要。
2.规划了良好的绿地景观，给居民和游客优美的城市景观。
3.规划了足够的开放空间，符合山水城市的视线要求。
4.规划了养老建筑，符合小城镇的养老需求。

Hangzhou

浙江工业大学

指导老师：徐 鑫 周 骏 龚 强

四时山城 康养柳埠
Seasons of Eco-town   Healthcare in LiuBu

"生态·诗画"济南市南部山区生态小城镇城市设计

01

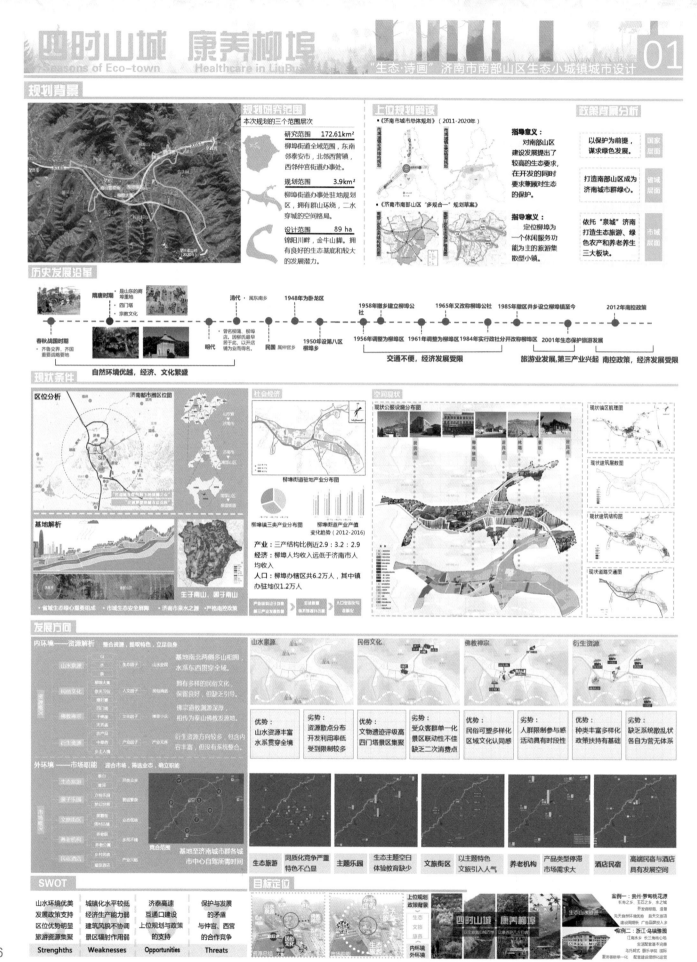

四时山城 康养柳埠
Seasons of Eco-town　Healthcare in LiuBu

"生态·诗画"济南市南部山区生态小城镇城市设计

02

目标策略

STEP1	STEP2	STEP3	STEP4	STEP5	STEP6	STEP7	STEP8	STEP9
原则底线	目标定位	背景认知	现状解析	基地概况	发展愿景	策略目标	提出策略	规划设计

保护式发展
生态型
小城镇

济南城市群
的中心花园

区位条件
上位规划
政策背景

土地利用 道路交通
社会经济 公服配套
建筑评价

内环境：
资源禀赋
外环境：
周期研判

四时山城
康养柳埠

生活——乐活安居 城容百态
生态——融山蕴水 城显自然
生产——文旅互促 城得发展

支撑体系　空间布局　基础整合
交往空间　底线控制　触发培育
宜居社区　专项工作　重点培养

规划范围：街道新风貌
设计范围：康养新片区

策略演化

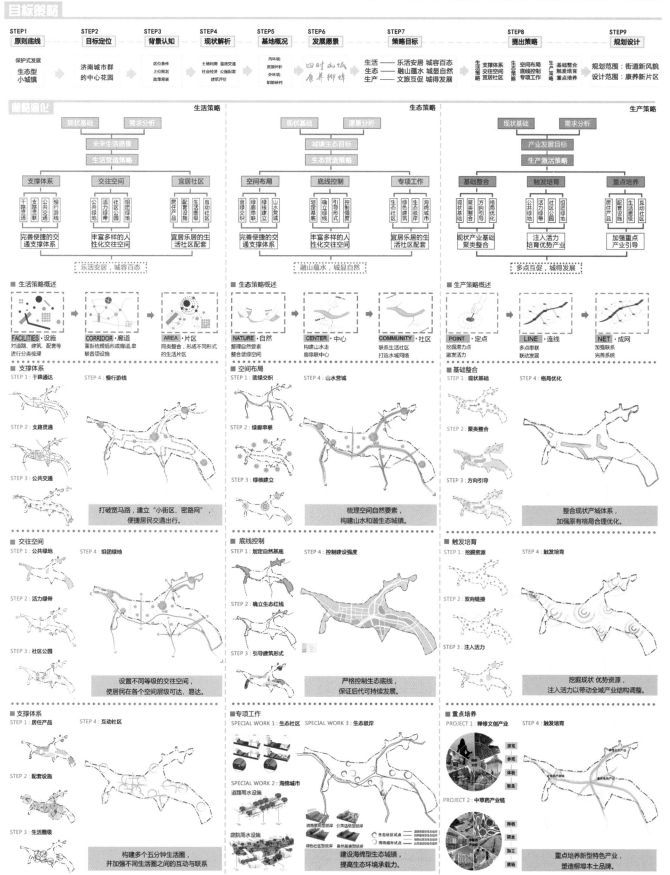

生活策略　　　　　　生态策略　　　　　　生产策略

乐活安居，城容百态　　融山蕴水，城显自然　　多点互促，城得发展

■ 生活策略概述
FACILITIES·设施　CORRIDOR·廊道　AREA·片区

■ 生态策略概述
NATURE·自然　CENTER·中心　COMMUNITY·社区

■ 生产策略概述
POINT·定点　LINE·连线　NET·成网

■ 支撑体系
STEP 1：干路通达　STEP 4：慢行游线
STEP 2：支路贯通
STEP 3：公共交通
打破宽马路，建立"小街区、密路网"，便捷居民交通出行。

■ 交往空间
STEP 1：公共绿地　STEP 4：组团绿地
STEP 2：活力绿带
STEP 3：社区公园
设置不同等级的交往空间，使居民在各个空间层级可达、易达。

■ 支撑体系
STEP 1：居住产品　STEP 4：互动社区
STEP 2：配套设施
STEP 3：生活圈级
构建多个五分钟生活圈，并加强不同生活圈之间的互动与联系

■ 空间布局
STEP 1：蓝绿交织　STEP 4：山水营城
STEP 2：绿廊串联
STEP 3：绿核建立
梳理空间自然要素，构建山水和谐生态城镇。

■ 底线控制
STEP 1：划定自然基底　STEP 2：控制建设强度
STEP 2：确立生态红线
STEP 3：引导建筑形式
严格控制生态底线，保证后代可持续发展。

■ 专项工作
SPECIAL WORK 1：生态社区　SPECIAL WORK 3：生态驳岸
SPECIAL WORK 2：海绵城市
道路雨水设施
庭院雨水设施
建设海绵生态城镇，提高生态环境承载力。

■ 基础整合
STEP 1：现状基础　STEP 4：格局优化
STEP 2：聚类整合
STEP 3：方向引导
整合现状产业体系，加强原有格局合理优化。

■ 触发培育
STEP 1：挖掘资源　STEP 4：触发培育
STEP 2：双向链接
STEP 3：注入活力
挖掘现状优势资源，注入活力以带动全域产业结构调整。

■ 重点培养
PROJECT 1：禅修文创产业　STEP 4：触发培育
PROJECT 2：中草药产业链
重点培养新型特色产业，塑造柳埠本土品牌。

127

四时山城　康养柳埠
Seasons of Eco-town　Healthcare in LiuBu

"生态·诗画" 济南市南部山区生态小城镇城市设计　**03**

城市总体设计

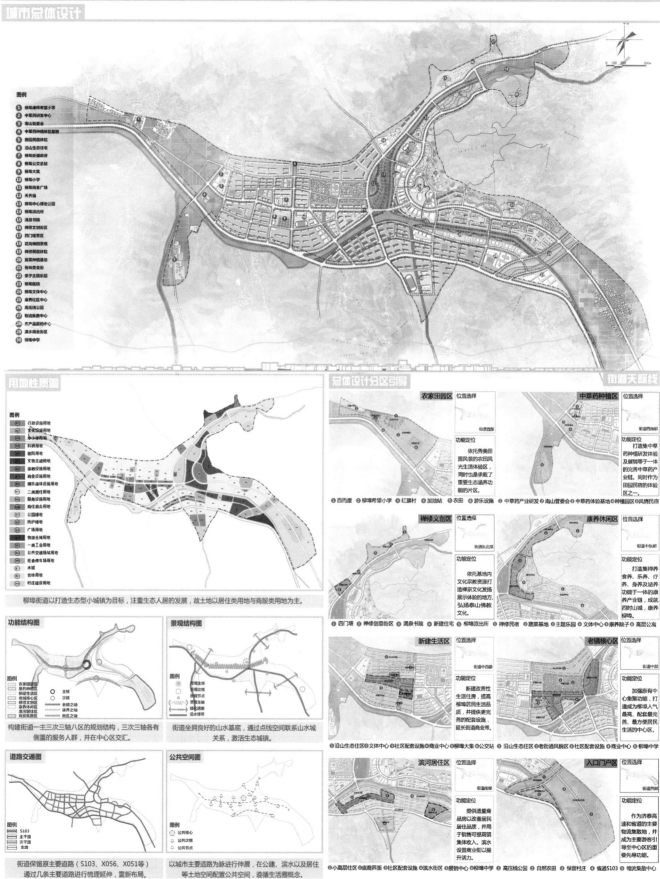

图例
1. 柳埠律师希望小学
2. 中医药研发中心
3. 南山管委会
4. 中医药种植体验基地
5. 田园民宿体检
6. 沿山生态住宅
7. 柳街道酒店府
8. 柳埠公交站
9. 柳埠大集
10. 柳埠小学
11. 柳埠商业广场
12. 天齐庙
13. 柳埠中心绿地公园
14. 柳埠派出所
15. 涌泉书院
16. 禅修文创社区
17. 四门景区
18. 花卉蔬菜景观
19. 禅修民宿体验
20. 蔬菜种植基地
21. 鲁味美食街
22. 亲子主题乐园
23. 柳埠医院
24. 柳埠文体中心
25. 康养社区中心
26. 高压线公园
27. 物流集散中心
28. 农产品配套中心
29. 滨水商业社区
30. 柳埠中学

用地性质图

图例
- 行政设施用地
- 文化设施用地
- 中小学用地
- 科研用地
- 医院用地
- 文物古迹用地
- 宗教设施用地
- 商业设施用地
- 娱乐康体设施用地
- 二类居住用地
- 三类居住用地
- 服务设施用地
- 商住混合用地
- 公园绿地
- 防护绿地
- 广场用地
- 物流仓储用地
- 一类工业用地
- 公共交通场站用地
- 社会停车场用地
- 水域
- 农林用地
- 村庄建设用地

柳埠街道以打造生态型小城镇为目标，注重生态人居的发展，故土地以居住类用地与商服用地为主。

功能结构图

图例
- 农家田园区
- 草药种植区
- 新建生活区
- 禅修义创区
- 康养休闲区
- 老镇核心区
- 商居混合区

- 主核
- 次核
- 农家主轴
- 禅修次轴
- 康养次轴
- 商居主轴

构建街道一主三次三轴八区的规划结构，三次三轴各有侧重的服务人群，并在中心区交汇。

景观结构图

图例
- 景观生态
- 景观节点
- 景观次节点
- 景观主轴
- 景观次轴
- 绿化渗透

街道坐拥良好的山水基底，通过点线空间联系山水城关系，激活生态城镇。

道路交通图

图例
- S103
- 主干路
- 次干路
- 支路

街道保留原主要道路（S103、X056、X051等）通过几条主要道路进行梳理延伸，重新布局。

公共空间图

图例
- 公共核心
- 公共次核
- 公共节点

以城市主要道路为脉进行伸展，在公建、滨水以及居住等土地空间配置公共空间，遵循生活圈概念。

总体设计分区引导　街道天际线

农家田园区　位置选择
位置：街道西部

功能定位
依托养美田园风光的农田风光生活体验区，同时也是承载了重要生态涵养功能的片区。

① 百西崖 ② 柳埠希望小学 ③ 红旗村 ④ 加油站 ⑤ 农田 ⑥ 游乐设施

中草药种植区　位置选择
位置：街道西部

功能定位
打造集中草药种植研发体验及展销等于一体的完善中草药产业链。同时也作为田园民宿的体验区之一。

① 中草药产业研发 ② 南山管委会 ③ 中草药体验基地 ④ 种植园区 ⑤ 风情民宿

禅修义创区　位置选择
位置：街道东北部

功能定位
依托基地内文化宗教资源打造禅宗文化发扬展示体验的地方，弘扬泰山佛教文化。

① 四门塔 ② 禅修创意街区 ③ 涌泉书院 ④ 新建住宅 ⑤ 柳埠派出所

康养休闲区　位置选择
位置：街道中东部

功能定位
打造集禅养、食养、乐养、疗养、身养及涵养功能的康养产业链，成就四时山城、康养柳埠。

① 禅修民宿 ② 蔬菜基地 ③ 主题乐园 ④ 文体中心 ⑤ 康养院子 ⑥ 高层公寓

新建生活区　位置选择
位置：街道中西部

功能定位
新建改善性生活住房，提高柳埠居民生活品质，并提供更完善的配套设施，延长街道商业带。

① 沿山生态住区 ② 文体中心 ③ 社区配套设施 ④ 商业中心 ⑤ 柳埠大集 ⑥ 公交站

老镇核心区　位置选择
位置：街道中部

功能定位
加强原有中心集聚功能，打造成为柳埠人气最高、配套最完善、最贴居民民生活的中心区。

① 沿山生态住区 ② 老街道风貌区 ③ 社区配套设施 ④ 商业中心 ⑤ 柳埠中学

滨河居住区　位置选择
位置：街道中东部

功能定位
提供优质高品质住房以改善居民居住品质，并用于销售可提高城镇收入。滨水设置商业街以提升活力。

① 小高层住区 ② 底商界面 ③ 社区配套设施 ④ 滨水街区 ⑤ 展销中心 ⑥ 柳埠中学

入口门户区　位置选择
位置：街道西部

功能定位
作为济泰高速和省道的主要物流集散地，又成为主要游客引导至中心区的重要先导通道。

① 高压线公园 ② 自然农田 ③ 保留村庄 ④ 省道S103 ⑤ 物流集散中心

四时山城 康养柳埠

Seasons of Eco-town　　Healthcare in LiuBu

"生态·诗画" 济南市南部山区生态小城镇城市设计

04

片区城市设计

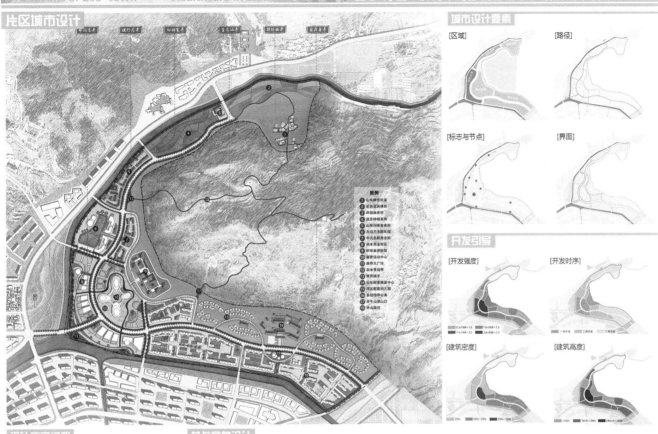

城市设计要素

[区域]　　[路径]

[标志与节点]　　[界面]

开发引导

[开发强度]　　[开发时序]

[建筑密度]　　[建筑高度]

设计方案过程

基地分析

1.【基地区位】　　2.【基地交通】

3.【上位引导】　　4.【基地要素】

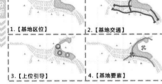

方案生成

1.【基地现状】(括弧内为能规划设计中实行方法)　　2.【现状产权】

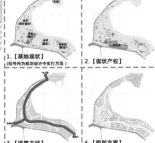

3.【道路主线】　　4.【规划方案】

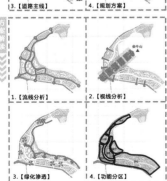

方案解读

1.【流线分析】　　2.【视线分析】

3.【绿化渗透】　　4.【功能分区】

节点意象设计

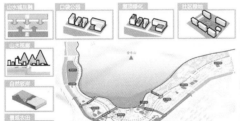

片区地块天际线

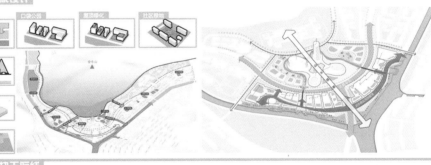

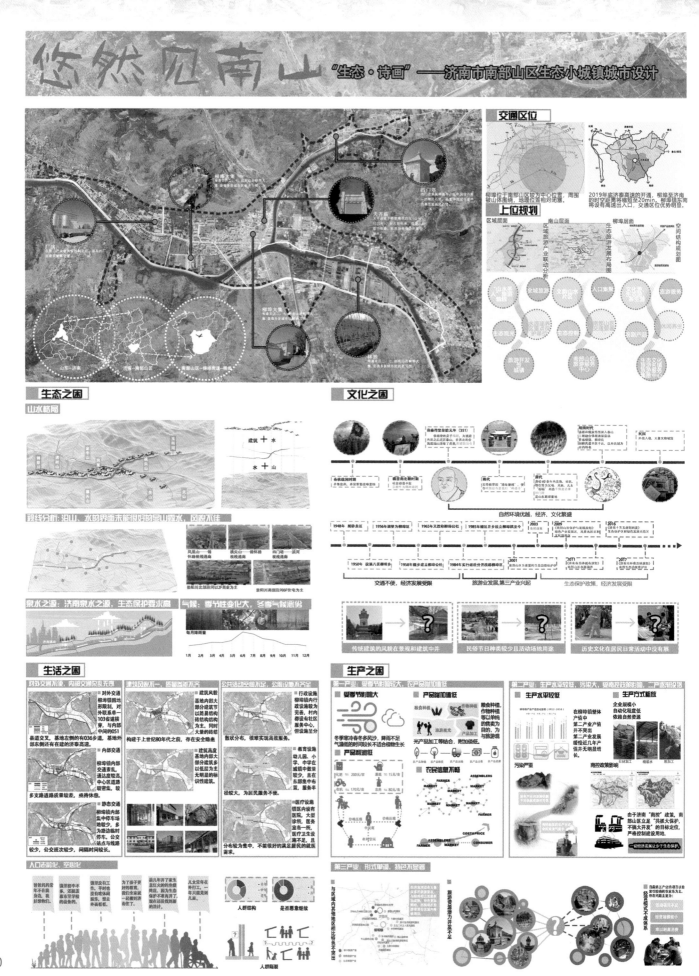

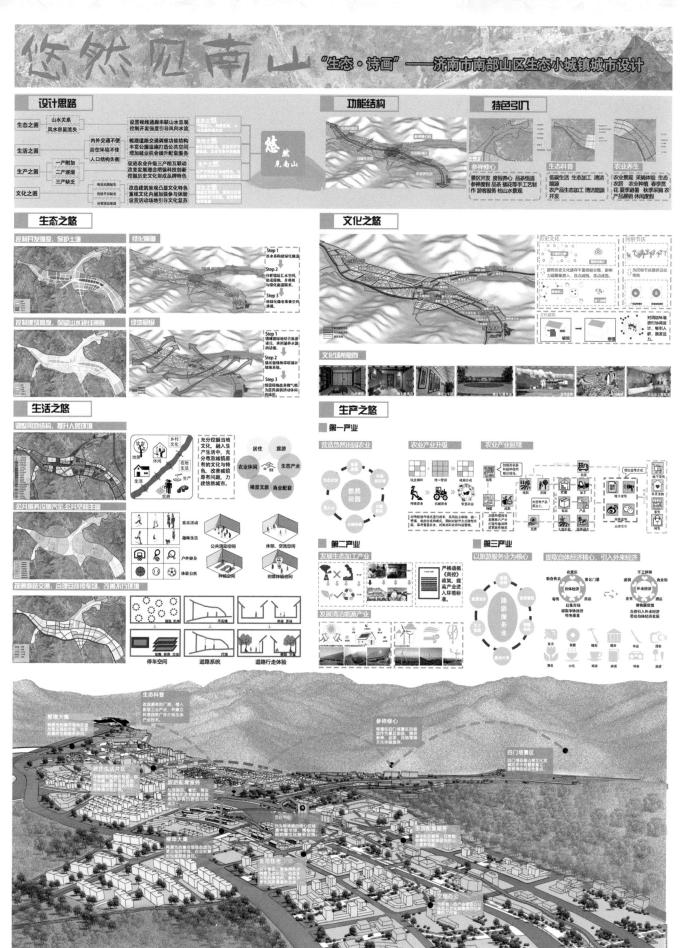

悠然见南山

"生态·诗画"——济南市南部山区生态小城镇城市设计

总平面图

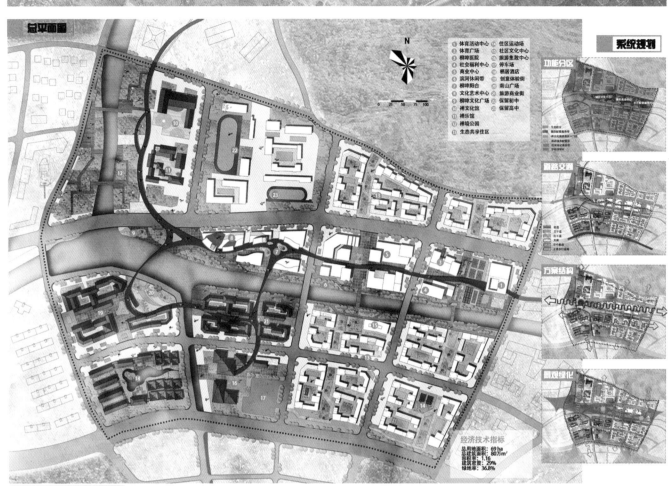

N

① 体育活动中心
② 体育广场
③ 柳埠医院
④ 社会福利中心
⑤ 商业中心
⑥ 滨河休闲带
⑦ 柳埠阳台
⑧ 文化艺术中心
⑨ 柳埠文化广场
⑩ 禅文化馆
⑪ 禅乐馆
⑫ 禅境公园
⑬ 生态共享住区

⑭ 住区运动场
⑮ 社区文化中心
⑯ 旅游集散中心
⑰ 停车场
⑱ 栖居酒店
⑲ 创意体验街
⑳ 南山广场
㉑ 旅游商业街
㉒ 保留初中
㉓ 保留高中

0 25 50 75 100

系统规划

功能分区

道路交通

方案结构

景观绿化

经济技术指标
总用地面积：69 ha
总建筑面积：80万m²
容积率：1.16
建筑密度：29%
绿地率：36.8%

核心区域与镇区关系

商业及公共服务用房

由于柳埠是东西向条带状发展的城镇，主要的公共服务设施和商业建筑聚集于中心条带状地块。核心区域将延续旧城和新城的商业及公共服务功能，并形成核心风貌。

镇区服务功能聚合

依据引入的参禅修心、生态科普和农业养生这三个特色，形成了三个主要的旅游观光体验区域。核心区域将集中旅游集散所需的基础服务，与三个区域在空间上串联同时提供游客需要的基础服务。

职住平衡

目前，柳埠的青年工作地点大多在济南市区内，这导致游客人员、潮汐交通、生活不便利等多种问题。随着特色产业的引入，此类问题应当会有所缓解，因此核心区域设计时考虑了住区与新增岗位和生活居点。

镇区展望与景观中心及地

柳埠被山体围绕，现状中，城镇内的建筑低矮平缓，缺少视觉中心。在核心区的设计中，综合考虑了山体和建筑高度的控制，形成镇有效的城镇立面和山峦关系，并形成了中心地块的视觉中心。

镇区风貌设计

依据不同功能、特色和服务对象，镇区形成了多种不同风貌。核心区域的设计注重融合多种不同风貌，使各地块的功能和风貌都能互相协调，形成美观、和谐的活动界面和活动空间。

核心区形体生成策略

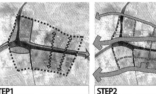

STEP1
衔接镇区滨河绿道，确定重点生态绿地公园位置及区域，预留组团间绿廊的延伸方向，形成绿化景观结构。

STEP2
接通镇区的省道、主干道和沿山公路，设定核心区旅游集散场地，最后设置次干路，使区块内交通通达，形成道路网结构。

STEP3
依据地块周边和内部的山体、四门塔景区及生态绿地的位置关系，预留视线廊，并将中心地块作为视觉中心，聚合视线关系。

STEP4
确定对外服务地块建筑肌理，以游客为主要服务对象，形成以传统风貌为主的接待中心和景区前庭。并将中心地块建筑定位为标志建筑。

STEP5
延续对外服务地块的建筑肌理和尺度对生态住区建筑肌理进行设计，确认住区和社区服务设施的规模。

STEP6
设置飘带，将旅游服务、文化商业、生态新城、社区服务、旅游景点等功能在物质空间上形成更紧密的联系。

飘带设计策略

飘带-绿地广场
形成游客的游憩节点，使活动空间更加立体化，丰富活动可能性。

飘带-生态公园
形成公园中的构筑物，使景观具足动性，生态层级更加各样化。

飘带-传统商业街
突破现代元素与现代元素，形成别致的步行体验，并增加建筑空间设计的可能性。

飘带-滨河绿道
与滨河绿道相接，丰富滨河景观的同时形成不同高差的线性空间。

飘带-文化商业建筑
构成文化商业建筑的二层平台可联系山体也可为游更丰富的商业空间。

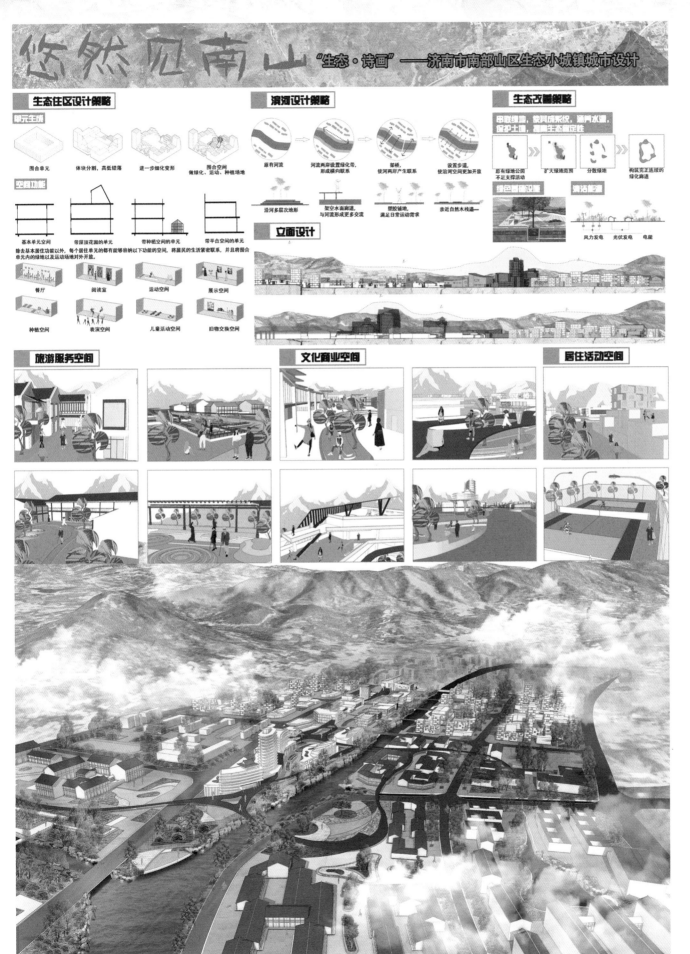

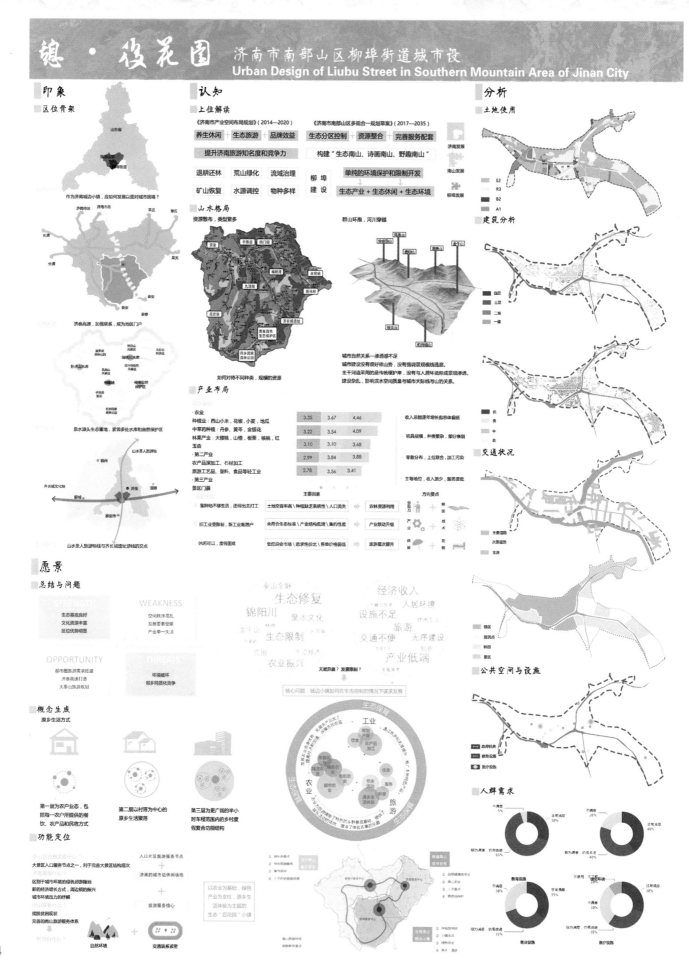

憩 · 后花园　济南市南部山区柳埠街道城市设
Urban Design of Liubu Street in Southern Mountain Area of Jinan City

憩·役花圃 济南市南部山区柳埠街道城市设

Urban Design of Liubu Street in Southern Mountain Area of Jinan City

策略

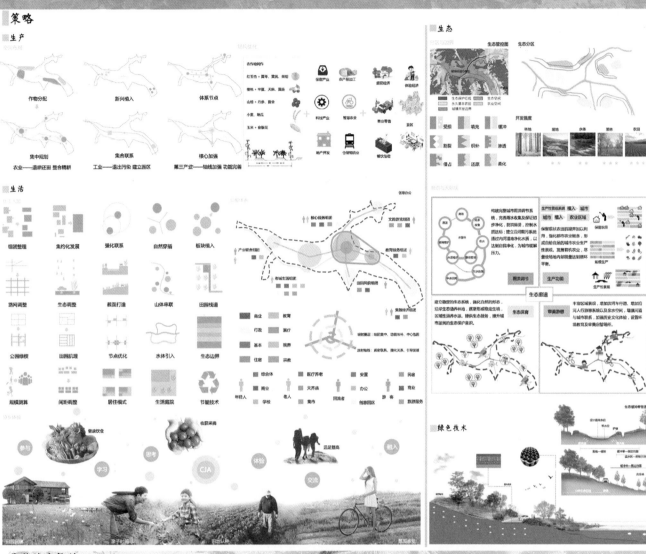

生产

作物分配　新兴植入　体系节点
集中规划　集合联系　核心加强
农业——退耕还田 整合精耕　工业——退出污染 建立园区　第三产业——轴线加强 功能完善

生活

组团整理　集约化发展　强化联系　自然穿插　板块植入
路网调整　生态调整　截面打造　山体串联　田园栈道
公园绿楔　田园肌理　节点优化　水体引入　生态边界
规模测算　间距调整　居住模式　生活庭院　节能技术

商业　教育
行政　旅游
基本　医疗
住建　宗教

综合体　医疗养老
年轻人　商业　天齐庙　办公　民宿
学校　老人　集市　回乡者　商业
住建　回乡居民　游客　旅游服务

生态

生产性景观系统
雨洪调节　生产功能
生态保育　审美游憩

绿色技术

总体城市设计

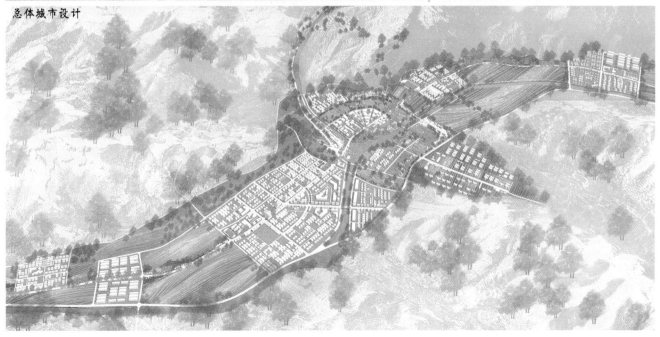

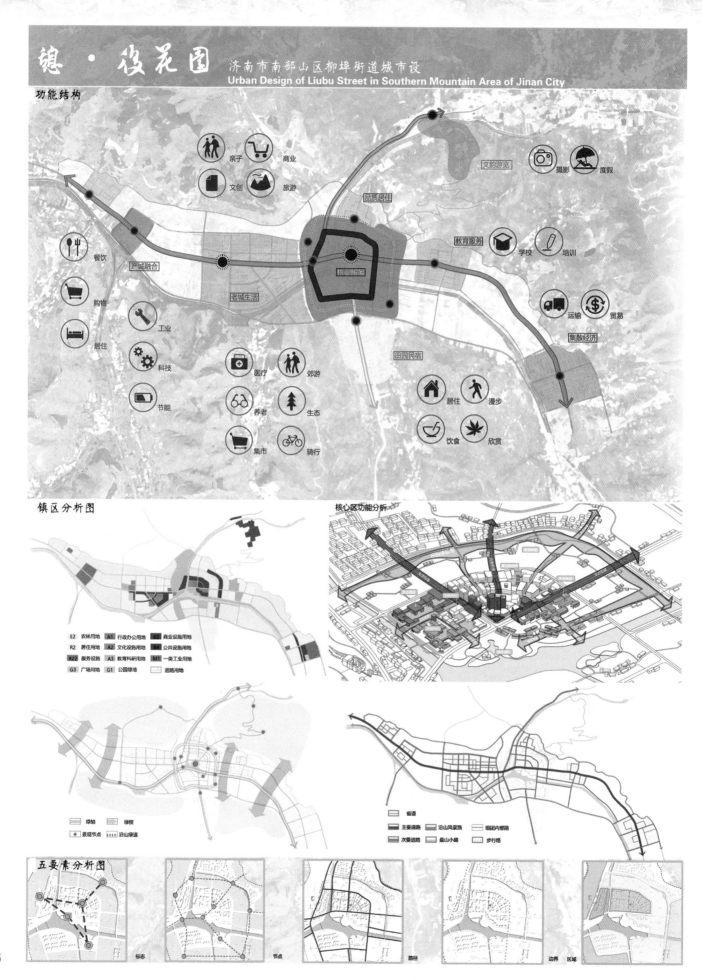

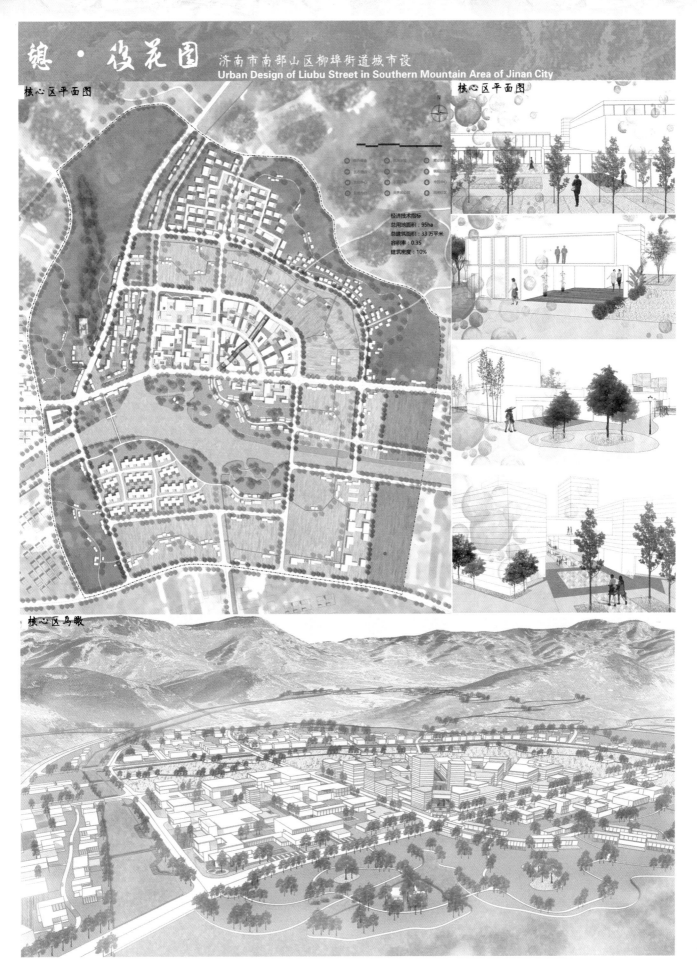

憩·役花园 济南市南部山区柳埠街道城市设
Urban Design of Liubu Street in Southern Mountain Area of Jinan City

核心区平面图

核心区平面图

经济技术指标
总用地面积：95ha
总建筑面积：33万平米
容积率：0.35
建筑密度：10%

核心区鸟瞰

山水营城 小城镇的生态再生

问题导向

核心问题一：城镇职能 优：南山区域核心 VS 劣：功能承担不力 >>> **对策：功能完善** >>> **空间策略：观山萦水、轴线汇聚活力**

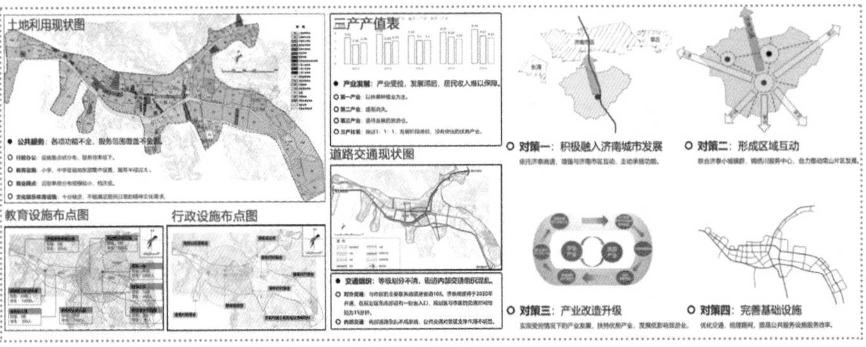

土地利用现状图

三产产值表

道路交通现状图

教育设施布点图 行政设施布点图

- 对策一：积极融入济南城市发展
- 对策二：形成区域互动
- 对策三：产业改造升级
- 对策四：完善基础设施

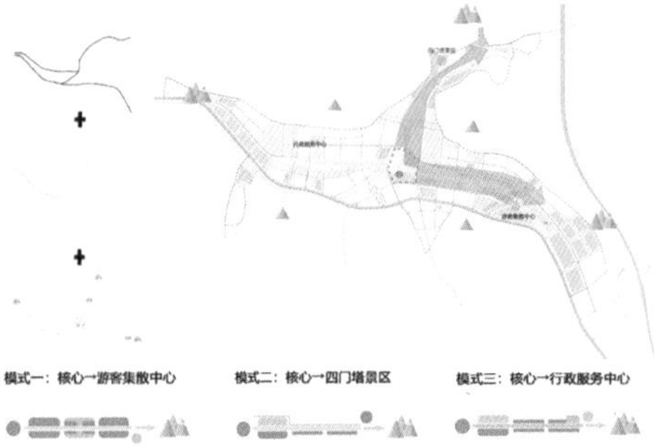

模式一：核心—游客集散中心 模式二：核心—四门塔景区 模式三：核心—行政服务中心

核心问题二：资源利用 优：资源类型丰富 VS 劣：资源盘活不力 >>> **对策：资源激活** >>> **空间策略：链接节点、路径激活资源**

南部山区-柳埠街道资源布点图

- 对策一：创建成体系的游线
- 对策二：实现资源优化集聚
- 对策三：推动资源向产业转化
- 对策四：加强柳埠旅游品牌建设

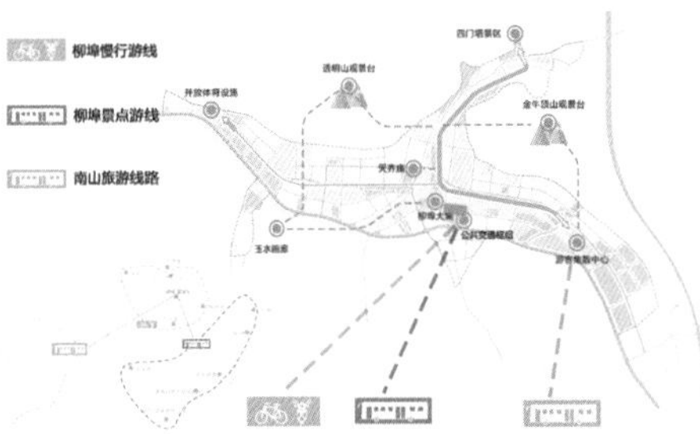

柳埠慢行游线
柳埠景点游线
南山旅游线路

核心问题三：生态环境 优：山水格局优良 VS 劣：地域问题众多，山水城互动不足 >>> **对策：生态重塑** >>> **空间策略：尊重自然、生态融入生活**

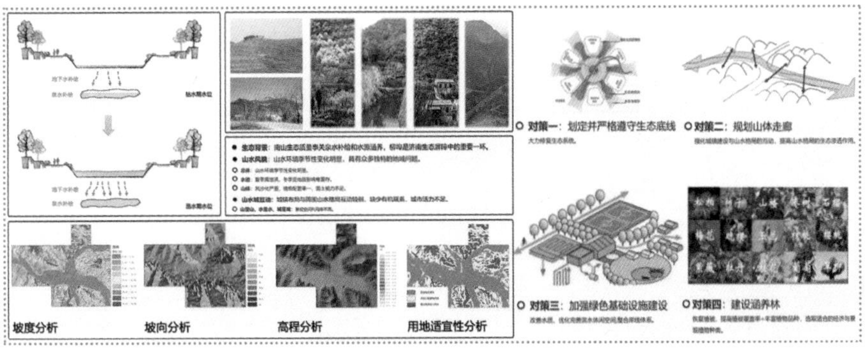

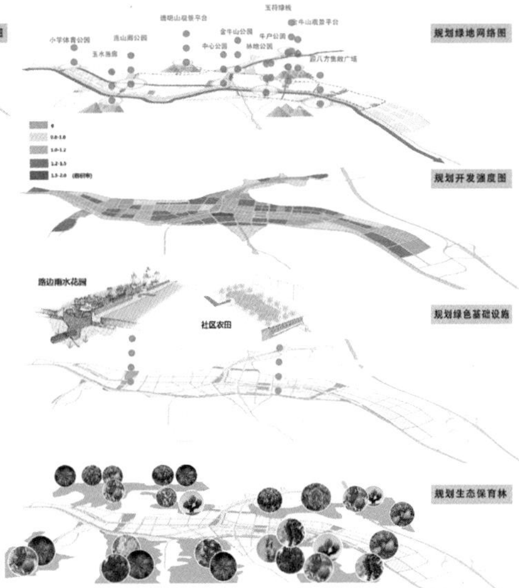

坡度分析 坡向分析 高程分析 用地适宜性分析

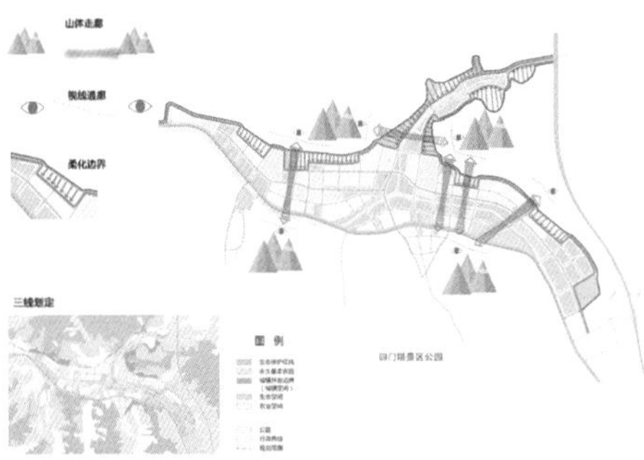

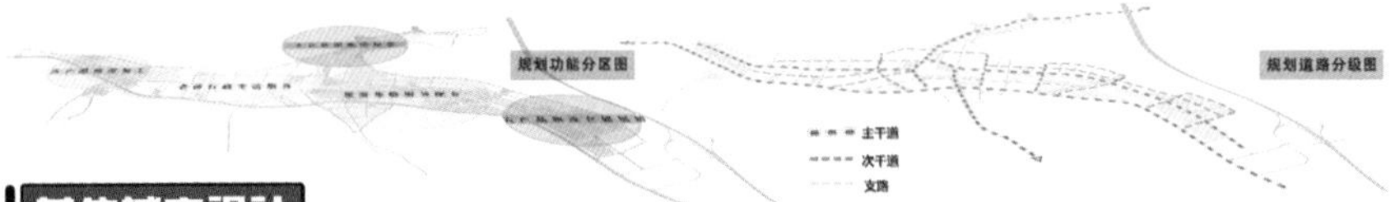

- 对策一：划定并严格遵守生态底线
- 对策二：规划山体走廊
- 对策三：加强绿色基础设施建设
- 对策四：建设涵养林

山洪走廊
防灾通道
柔化边界

三级防御

总体城市设计

规划功能分区图

规划道路分级图
— 主干道
--- 次干道
— 支路

规划绿地网络图

规划开发强度图

规划绿色基础设施

规划生态保育林

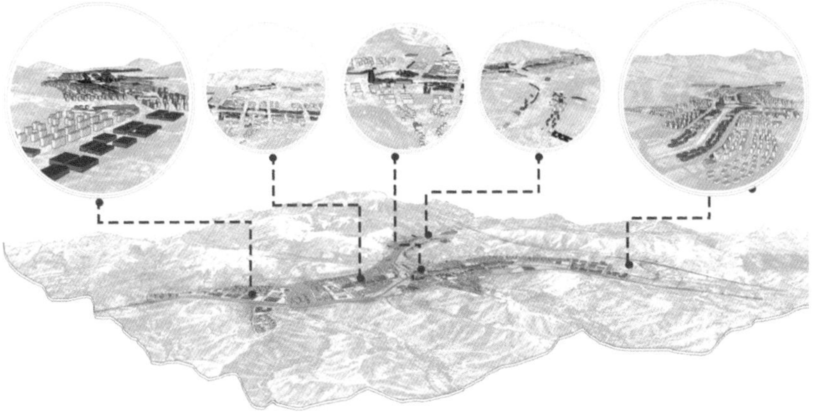

山水营城 小城镇的生态再生

三

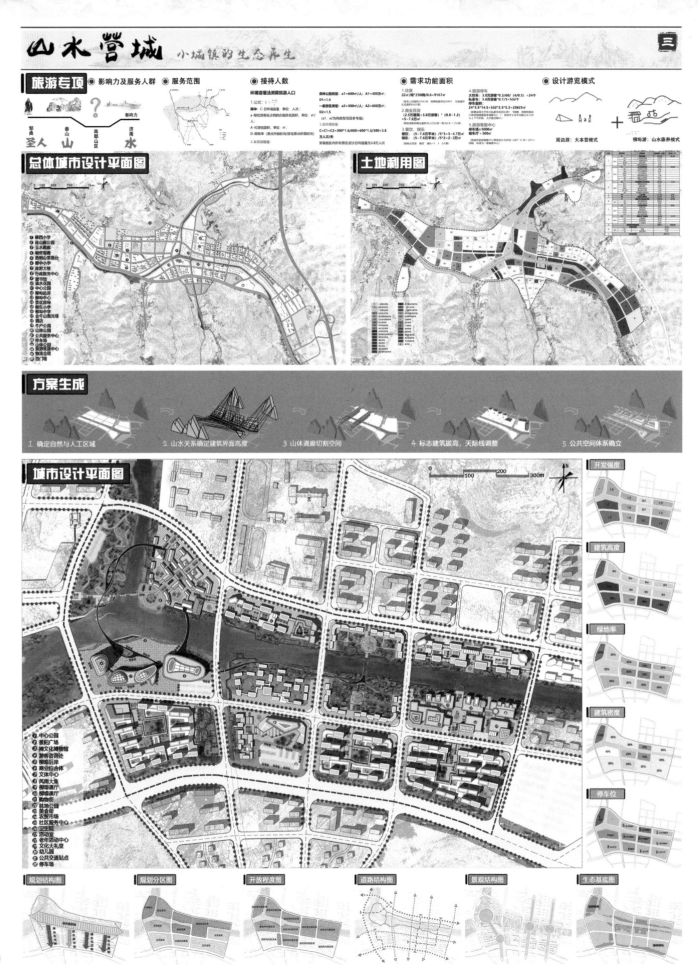

旅游专项 ● 影响力及服务人群 ● 服务范围 ● 接待人数 ● 需求功能面积 ● 设计游览模式

总体城市设计平面图

土地利用图

方案生成

1. 确定自然与人工区域　　2. 山水关系确定建筑界面高度　　3. 山体通廊切割空间　　4. 标志建筑拔高，天际线调整　　5. 公共空间体系确立

城市设计平面图

开发强度

建筑高度

绿地率

建筑密度

停车位

规划结构图　　规划分区图　　开放程度图　　道路结构图　　景观结构图　　生态基底图

山水营城 小城镇的生态再生

四

城市设计要素

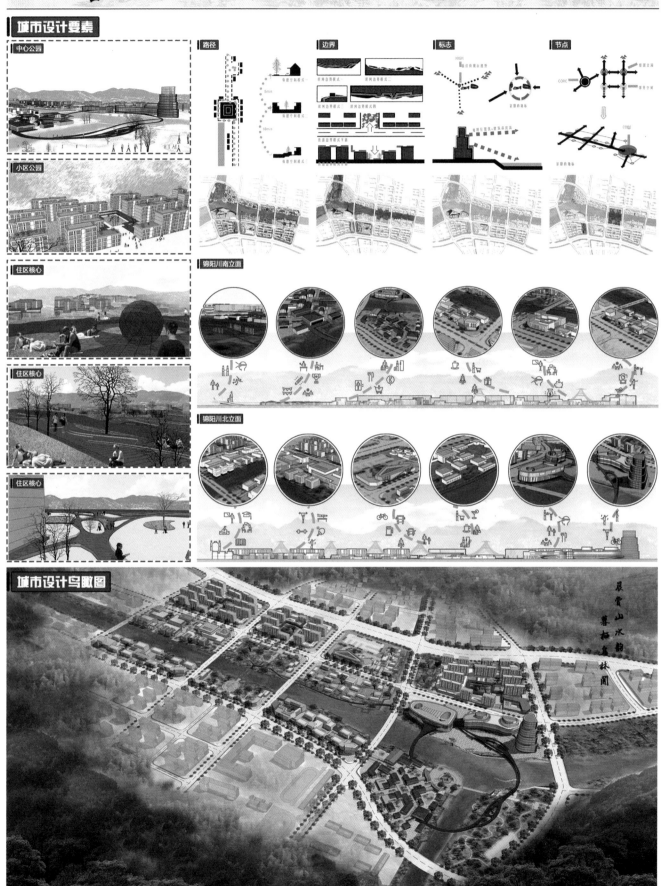

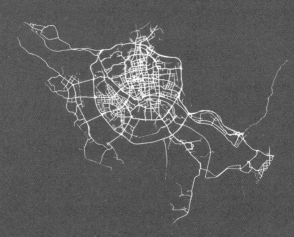

Fuzhou

福建工程学院

指导老师：杨昌新　卓德雄　杨芙蓉　张　虹

留闹市寻禅 布山水溯昔

生态诗画——济南市南部山区生态小城镇城市设计

区位概况

■ 南部山区之于济南都市圈　■ 柳埠街道之于南部山区　■ 规划区之于柳埠街道

柳埠街道办事处位于济南市南部山区中部，是济南南部山区管委会驻地。东南与泰安市黄前镇相接，北部与济南市西营镇相连，西部与济南市仲宫街道相邻。随着济南与周边城市的同城化发展及大泰山旅游区的建立，南部山区逐渐成为济南都市圈的绿色核心。

历史沿革

先民居于此，齐鲁文化交界地 / 东晋时期 / 隋文帝赐名，鲁佛教中心，四门塔建起，摩崖造像兴，始得名柳埠，鲁商埠重地 / 20世纪80年代

源起 → 发展 → 繁荣 → 衰败

春秋战国 / 僧人移居此，始建阴公寺 / 隋唐—明清时期 / 丘陵地貌，交通不便，生态保育，限制采石，小农经济，人口贫困

上位规划解读

《济南市城市总体规划》《南部山区多规合一》《柳埠镇控制性详细规划》

"东扩、西进、南控、北育、中优"的空间发展战略，柳埠为南部山区中心镇，定性为旅游开发型城镇。

以"生态保育"为先，以文化养生、旅游服务为发展主导。

以旅游服务、文旅体验、中草药植研发、农副产品精深加工及展销、生活居住为主导功能。

资源要素分析

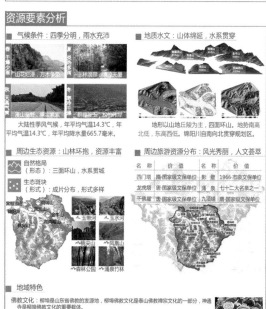

■ 气候条件：四季分明，雨水充沛　■ 地质水文：山体绵延，水系贯穿

大陆性季风气候，年平均气温14.3℃，年平均降水量665.7毫米。

地形以山地丘陵为主，四面环山，地势南高北低，东高西低。锦阳川自南向北贯穿规划区。

■ 周边生态资源：山林环抱，资源丰富　■ 周边旅游资源分布：风光秀丽，人文荟萃

自然格局（形态）：三面环山，水系贯城
生态区块（形式）：成片分布，形式多样

名称 价值 名称 价值
四门塔 唐·国家级文保单位 影壁 1966市级文保单位
龙虎塔 唐·国家级文保单位 涌泉 七十二名泉之一
千佛山 唐·国家级文保单位 九顶塔 唐·国家级文保单位

地域特色

佛教文化：柳埠是山东省佛教的发源地，柳埠佛教文化是泰山佛教禅宗文化的一部分，神通寺是柳埠佛教文化的重要载体。

祭天习俗：五月十三祭天是济南市第一批非物质文化遗产。五月十三人们穿着特色服饰前往天齐庙祈雨过得十分隆重。

① 文化民俗特色

饮食文化：柳埠的嫂妇豆食是济南市第四批非物质文化遗产名录，是典型的乡土风味。

② 建筑特色
建筑形式：规划区传统民居典型形式为北方一进四合院。
建筑色彩：砖红色瓦顶、暖黄色墙体

③ 生产生活特色
林果种植：柳埠林果种植面积大，品种多样。形成以优质大樱桃、板栗、核桃、山楂为主的十大果品基地。

柳埠大集：柳埠大集历经一千多年，历史悠久，规模较大，表现形式为阴历阴历数每逢二、七赶集。

柳埠印象

■ 济南印象　■ 南山印象　■ 柳埠印象

济南都市圈 千佛山 康养名泉城 夏雨荷泉城 黄河 大麦 鲁菜 芙蓉街 趵突泉 大明湖 煎饼 龙山文化

泰山余脉 旅游 自然风光 省城后花园 生态保育 泉水之源 亲子游 土特产 石料厂

森林 南山区管委会 九顶塔 大樱桃 神通寺 涌泉 四门塔 玉水河 板栗 农家乐 贫困 核桃 锦阳川

现状建设概况

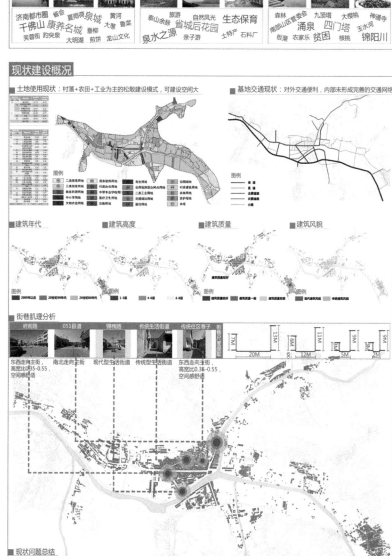

■ 土地使用现状：村落+农田+工业为主的松散建设模式，可建设空间大　■ 基地交通现状：对外交通便利，内部未形成完善的交通网络

建筑年代 建筑高度 建筑质量 建筑风貌

街巷肌理分析

府前路 051县道 锦槐路 传统生活街道 传统住区巷子

东西走向主街 高宽比0.35-0.55 空间感舒适 / 南北走向主街 / 现代型生活街道 / 传统型生活街道 / 东西走向主街 高宽比0.3-0.55 空间感舒适

现状问题总结

山水缺乏联系 山与城隔离 矿山裸露 水体景观未利用 部分河段水质较差 道路等级杂乱 村庄建设质量差 停车场不足 交通组织混乱 房屋空置率高 部分建筑质量待改造 废弃厂房闲置 房屋功能单一 特色文化展示不足 无文化馆等公共空间

发展研判

柳埠的优势是什么？

区位优势：济南城市群核核 / 大泰山旅游区中心 | 生态优势：一川贯城，群山环抱 / 泉乡药谷，空气清新 | 文化优势：佛学源头，石刻众多 / 千年商埠，横亘古今 | 产业优势：草药种植，出具规模 / 农副产品，品类丰富

体现柳埠生态绿核特质 打造都市圈旅游胜地 / 保持柳埠清晰的山水格局 突出柳埠宜人的生态特色 / 依托文化开展文化养生旅游 打造文化展示体验空间载体 / 转变产业模式增加附加值 利用现资源发展第六产业

柳埠应该实现什么？
旅游服务 文化传承 生态保育 脱贫振兴 产业升级

仲宫 西营 锦绣川 柳埠
商业集贸+森林康养+休闲旅游+？ =南部山区

柳埠可以成为什么？
依托其自身优势，建设健康小镇！

留闹市寻禅 布山水溯昔

生态诗画——济南市南部山区生态小城镇城市设计

设计主题

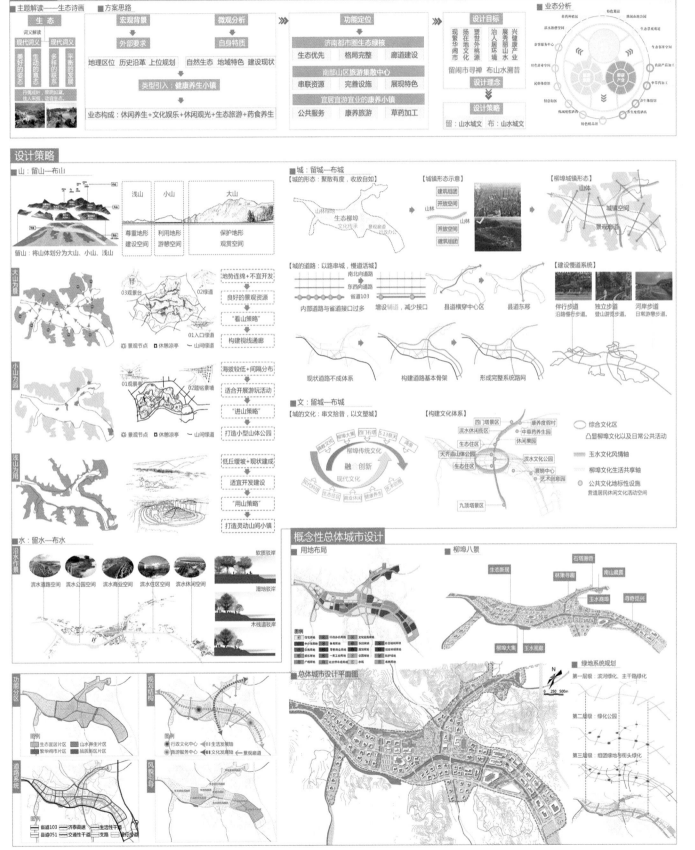

■ 主题解读——生态诗画 **■ 方案思路**

■ 业态分析

设计策略

留闹市寻禅 布山水溯昔

生态诗画——济南市南部山区生态小城镇城市设计

城市设计地块选择

▲ 地块在规划区中的位置

▲ 用地性质

主要功能：
文旅休闲、养生度假
用地布局：
居住+商业+绿地
风貌：
养生度假风貌区
面积：
69公顷

▲ 地块在风貌区中的类型

方案推导

■ 设计构思来源—《富春山居图》

◎《富春山居图》要素解读

远山隐约
连绵起伏

群峰争奇
茫茫江水

丛林茂密
村舍茅亭

◎ 启示与设计愿景

总体布局
疏密得当，层次分明。山水交融，人地和谐。
有起有落，有满有松，有浓有淡，有干有枯。

构成元素
山水林田为主元素，石屋、庙、亭点缀其中。

设计愿景
环眼四望，群山连绵，商埠林立；商贾云集，接踵摩肩；
玉水河畔。

设计思路

◎ STEP 1（留）:现状要素整理：山水 林 寺 塔 村

拥有六大元素，以这六大元素作为设计的出发点。
结合《富春山居图》表达意境，构建山水文旅养生空间。

◎ STEP 2（布）:开合空间构建：空间开合 连山成扇

开
合
开
合

为减少对原环境的破坏，根据现状山体视点情况、
现状空间利用情况及四门塔视点情况，创造大开大合，疏
密有致的居、旅空间。

◎ STEP 3（布）:业态功能植入：文以养生 商贾云集

根据片区休闲养生的定位及养生风貌塑造的设定，植
入四大功能业态，民俗商业、旅居民宿、养生酒店、生态
神植。提升片区活力。

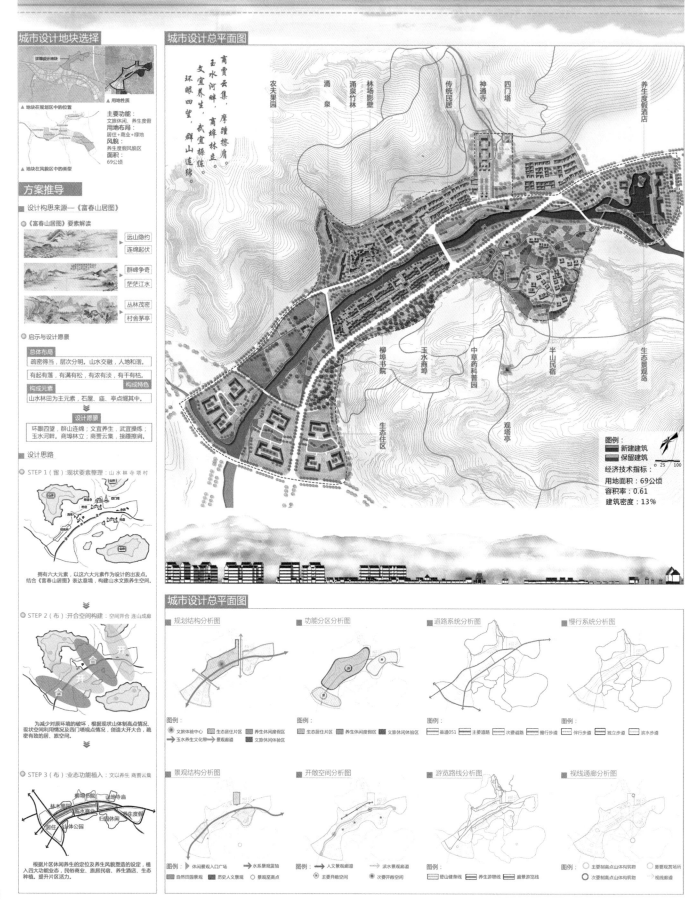

城市设计总平面图

商贾云集，摩踵擦肩。
玉水河畔，商埠林立。
文宜养生，武宜操练。
环眼四望，
群山连绵。

图例：
■ 新建建筑
■ 保留建筑

经济技术指标：
用地面积：69公顷
容积率：0.61
建筑密度：13%

城市设计总平面图

■ 规划结构分析图

图例：
文旅体验中心 生态居住片区
玉水养生文化带 景观廊道
养生休闲度假区
文旅休闲体验区

■ 功能分区分析图

图例：
生态居住片区 养生休闲度假区
生态居住片区 文旅休闲体验区

■ 道路系统分析图

图例：
县道051 主要道路 次要道路 慢行步道

■ 慢行系统分析图

图例：
伴行步道 独立步道 滨水步道

■ 景观结构分析图

图例：
休闲景观入口广场 水系景观蓝带
自然田园景观 历史人文景观 景观至高点

■ 开敞空间分析图

图例：
人文景观廊道 滨水景观廊道
主要开敞空间 次要开敞空间

■ 游览路线分析图

图例：
登山健身线 养生游憩线 盛景游览线

■ 视线通廊分析图

图例：
主要制高点山体构筑物 重要观景场地
次要制高点山体构筑物 视线廊道

留闹市寻禅 布山水溯昔

生态诗山——济南市南部山区生态小城镇城市设计

养生度假风貌区的生活画卷

古韵今现，生活之乐——新民居

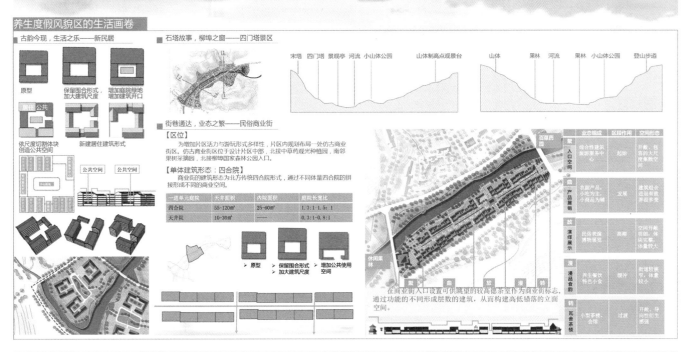

原型

保留围合形式，加大建筑尺度

增加庭院绿地增加建筑开口

居住 公共

依尺度切割体块创造公共空间

新建居住建筑形式

公共空间　公共空间

石塔故事，柳埠之窗——四门塔景区

宋塔　四门塔　景观亭　河流　小山体公园　山体制高点观景台

山体　果林　河流　果林　小山体公园　登山步道

街巷通达，业态之繁——民俗商业街

【区位】
为增加片区活力与游玩形式多样性，片区内规划布局一处仿古商业街区，仿古商业街位于设计片区中部，北接中草药观光种植园，南邻果树采摘园，北接柳埠国家森林公园入口。

【单体建筑形态：四合院】
商业街的建筑形态为北方传统四合院形式，通过不同体量四合院的拼接形成不同的商业空间。

一进单元庭院	天井面积	内院面积	庭院长宽比
四合院	55-120㎡	25-60㎡	1.3:1-1.5:1
天井院	10-30㎡		0.3:1-0.8:1

原型
保留围合形式
加大建筑尺度
增加公共使用空间

百草药园

休闲果林

	业态组成	区段作用	空间形态
聚 入口空间	综合性建筑旅游服务中心	起始	开敞、包容的大尺度人流密集空间
曲 产品展销	农副产品、小吃为主，小饰品为辅	发展	建筑组合进出自由，界面多姿
放 演绎展示	民俗表演博物展览	高潮	空间开敞前卸、体块完整，体量较大
漫 道路食韵	养生餐饮特色小食	缓冲	街道较狭窄，体量较小
转	小型茶楼、会馆	过渡	开敞、导向性衍生感强
转 瓦舍茶楼			

聚　曲　放　漫　转

在商业街入口设置可供眺望的较高德茶室作为商业街标志，通过功能的不同形成层数的建筑，从而构建高低错落的立面空间。

鸟瞰效果图

城市设计引导

怅 城
然 田
忆 忆
居 景
生态·诗画

I 区位分析

■ 地理区位

- 济南市之于山东省
- 南部山区之于济南市
- 柳埠镇之于南部山区
- 柳埠街道办之于柳埠镇

■ 交通区位

柳埠距离济南市区20km，是济南的一个近郊镇。济泰高速落地后，与市区通行时间缩短至20分钟，交通区位成为小镇发展的机遇。

■ 现状综合分析

- 阴历尾数每逢二、七在柳埠举办大集
- 每年五月十三在天齐庙举办荼天活动
- 蓝天碧水孤山相映成趣，享诗画柳埠
- 四门塔是中国现存最早的单层庭阁式石塔

- 建筑类型
- 建筑层数
- 建筑年代
- 建筑质量

II 现状分析

■ 现状天际线分析

天齐庙 → 横尖山视线
7.4度

博物馆 → 亭棚顶视线
6.7度

■ 现状用地分析

用地代码		用地名称	用地面积(hm²)	占城乡用地比例(%)
大类	中类			
H		建设用地	177.12	45.23
	H1	城乡居民点建设用地	177.12	45.23
		城镇建设用地	114.94	29.29
		村庄建设用地	62.18	15.85
E		非建设用地	214.88	54.77
	E1	水域	31.46	8.02
	E2	农林用地	183.42	46.76
		城乡用地	392.3	100.00

现状：农林用地分布广泛，居住用地呈簇群式发展

用地代码		用地名称	用地面积(hm²)	占城市建设用地比例(%)
大类	中类			
R		居住用地	57.00	45.62
	R1	一类居住用地	0.00	0.00
	R2	二类居住用地	9.65	7.73
	R3	三类居住用地	47.34	37.89
A		公共管理与公共服务设施用地	18.20	14.57
	A1	行政办公用地	3.00	2.40
	A3	教育科研用地	10.36	8.29
	A5	医疗卫生用地	0.18	0.14
	A6	社会福利用地	0.00	0.00
	A7	文物古迹用地	4.27	3.42
	A9	宗教用地	0.38	0.30
B		商业服务业设施用地	17.08	13.67
	B1	商业用地	14.75	11.81
	B3	娱乐康体用地	1.55	1.24
	B4	公用设施营业网点用地	0.78	0.62
M		工业用地	19.50	15.61
	M1	一类工业用地	2.89	2.31
	M2	二类工业用地	16.61	13.30
	M3	三类工业用地	0.00	0.00
S		道路与交通设施用地	2.31	1.85
	S4	交通站场用地	2.31	1.85
U		公用设施用地	1.13	0.90
	U1	供应设施用地	0.58	0.47
	U2	环境设施用地	0.54	0.44
G		绿地与广场用地	9.72	7.78
	G1	公园绿地	7.67	6.14
	G2	防护绿地	2.05	1.64
H11		城市建设用地	114.95	100.00

IV 镇区概念性城市设计

■ 镇区总平面图

■ 用地布局图

图例

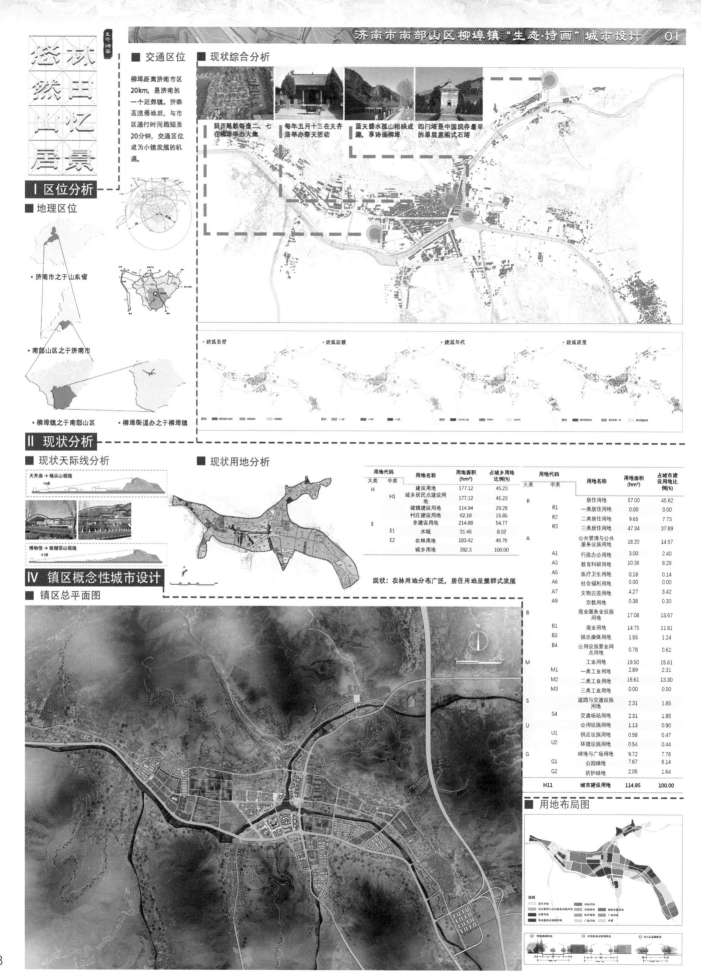

III 规划定位与策略

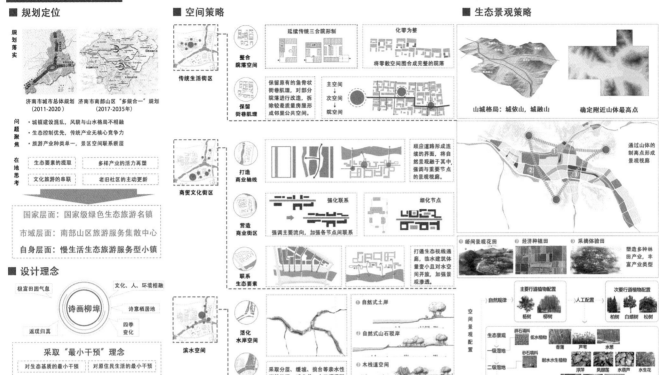

IV 镇区概念性城市设计

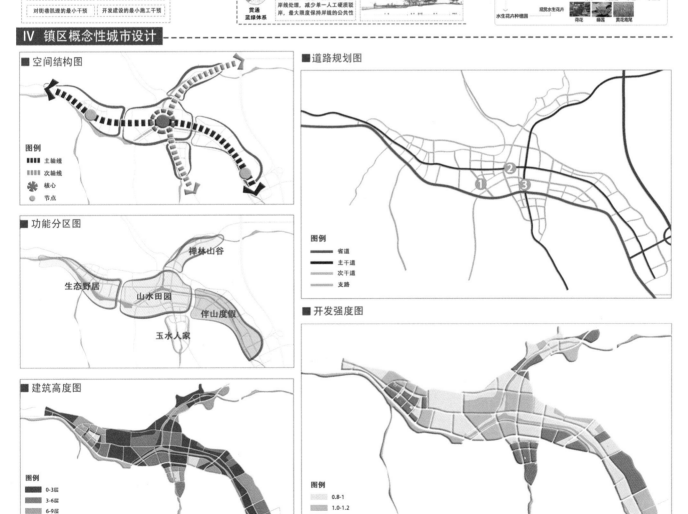

林田忆景
悠然山居

① 大戏广场
② 游客服务中心
③ 艺术中心
④ 精品酒店
⑤ 佛教建筑文化展览馆
⑥ 滨水公园
⑦ 艺术家工作坊
⑧ 特色商业街区
⑨ 民俗风情街
⑩ 天齐庙
⑪ 村民活动广场
⑫ 滨水步道
⑬ 创意区
⑭ 滨景观
⑮ 登山步道

经济技术指标:
规划用地面积: 78ha
建筑密度: 3.6
容积率: 1.2
绿地率: 34.3%

VI 规划分析图
■ 空间结构图　■ 功能分析区　■ 道路系统规划图　■ 景观绿化分析图

VII 空间肌理分析

VIII 游线设计

IVV 鸟瞰图

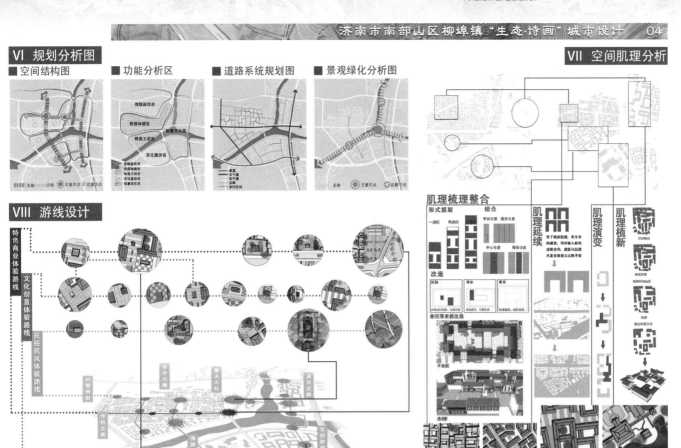

蔓藤城镇

泉源覔山水，柳畔话平生

生态•诗画济南市南部山区生态小城镇设计
URBAN DESIGN OF ECOLOGICAL SMALL TOWNS IN SOUTHERN MOUNTAINOUS AREAS OF JINAN

1

项目概况

区位分析

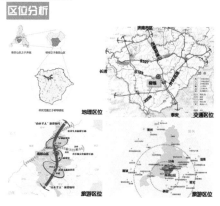

地理区位

交通区位

旅游区位

旅游区位

柳埠街道办事处位于济南市南部，东南邻泰安市，北邻西营镇，西邻仲宫街道办事处。

济泰高速的建成将大大改善柳埠的交通区位，并促使柳埠成为济泰沟通的一个重要节点；外环高速的建成将提升柳埠与西营之间的沟通效率。

南部山区位于"山水圣人"旅游轴线及齐长城文化旅游长廊的交点；同时柳埠境内拥有古齐鲁长城遗址，其必将是构建区域旅游产业联动的一个重要节点。

相关规划分析

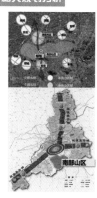

较于仲宫、西营两镇，历史文化资源约三分之二分布于柳埠，同时柳埠也分布了较多的名泉，因此柳埠镇文旅发展基础较其他两镇更为优越。

柳埠将是南部山区重要的旅游集散中心；柳埠将是南部山区经济产业发展的重要片区；柳埠将是南部山区历史文化记忆的核心承载地。

基地现状分析

历史沿革

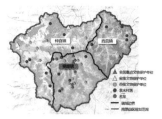

社会与经济分析

社会分析

59055

5241　53814

柳埠城镇化现状示意图

柳埠贫困县分布示意图

省级贫困村
市级贫困村
非贫困村

总人口
城镇人口
村庄人口

产业分析

第一产业以林果业为主，遍布全域，但经济效益低且未形成规模化经营；第二产业以石材加工为主，集中于片区西部，现大多已经关停；第三产业以街道级服务商业为主，多位于老镇中心，旅游相关配套服务尚未发展。

第一产业　第二产业　第三产业

建设现状分析

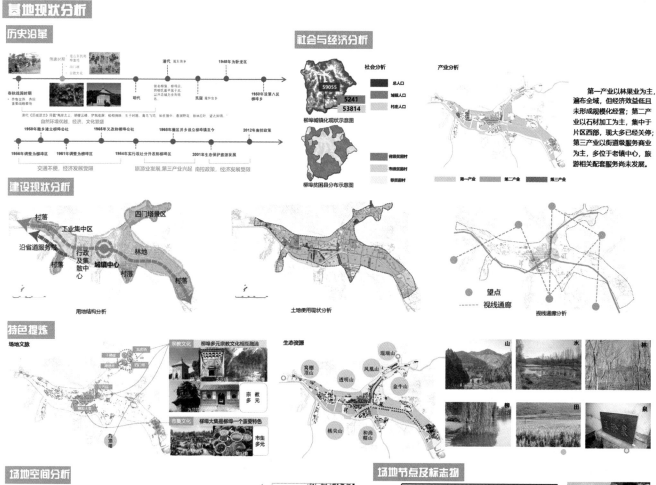

村落
四门塔景区
工业集中区
沿省道服务带
村落
行政及集散中心
城镇中心
林地
村落
村落

用地结构分析

土地使用现状分析

望点
视线通廊
视线通廊分析

特色提炼

场地文脉

宗教文化
柳埠多元宗教文化相互融洽
宗教多元

市集文化
柳埠大集是柳埠一个重要特色
市集多元

生态资源

现瑞山
葛棚顶山
凤凰山
透明山
金牛山
桃尖山
和尚帽山

山　水　林

柳　田　泉

场地空间分析

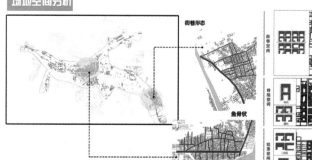

街巷形态

街巷空间
巷道空间
鱼骨状

场地节点及标志物

标志物
节点

蔓藤城镇

生态·诗画济南市南部山区生态小城镇设计
URBAN DESIGN OF ECOLOGICAL SMALL TOWNS IN SOUTHERN MOUNTAINOUS AREAS OF JINAN

泉源觅山水，柳畔话平生

2

发展愿景

——承接上位要求[旅游集散中心、行政中心]
——顺应区域发展背景[生态、诗画、野趣]
——基于现状分析[文旅小镇]

成为济泰一体化的触媒点，
推动区域旅游格局的形成

成为生态为底，山水着墨的
诗画水乡

塑造多元文化共融共生，
富有体验感的文旅小镇

理念提出

"蔓藤城市"是由"蔓藤城市"理念是由崔愷院士提出的一种组团式的规划结构，使城市发展融入风景、保护田园。强调城市发展的过程犹如植物藤蔓生长一样可持续。它因地制宜，根植于当地生态环境、传统地域文化，试图探索一种新型的田园城市规划模式。

六个城市设计策略

城景共融，塑造山水城市格局　　组团布局，传承聚落打造小镇
功能混合，分组配套，激发活力　　自由路网，路路有景，慢行交通
开发模式，小尺度高密度渐进　　田园模式，延续生态农业景观

交通路网　　慢行路网　　绿化系统

设计策略

生态为底

显山露水——拆除阻碍视线的多层建筑，利用农田、低矮建筑塑造视线通廊。

● 塑点
--- 视线通廊

景观为屏

归园田居
城镇共生
新田共融
活力新城

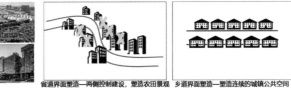

省道界面塑造—两侧控制建设，塑造农田景观　　乡道界面塑造—塑造连续的城镇公共空间　　临山界面塑造—塑造开敞空间界面

用地规划图

文化为魄

通过步行空间及公交站点串联重要节点，打造市集文化、宗教文化两条游线，在游线交相之处创造一个多元文化共融共生的文化中心；在游线上植入文旅体验项目，加强游线的连续性

● 文化中心
● 宗教文化节点
● 市集文化节点
● 研究院暨种文化节点

规划结构图

体验为核

觅山水　　登山、戏水、耕田、观景

享文化　　拜佛塔、登庙宇、撞晨钟、逛庙会、观表演

品生活　　品山珍、逛大集、慢生活

慢生活　　撞钟

学习民间手工艺　　逛大集

交通规划图

总体城市设计

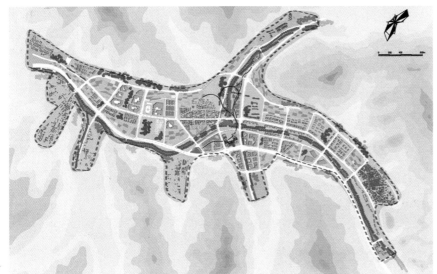

绿地系统规划图

蔓藤城镇
泉源觅山水，柳畔话平生

"生态 • 诗画 "济南市南部山区生态小城镇设计
URBAN DESIGN OF ECOLOGICAL SMALL TOWNS IN SOUTHERN MOUNTAINOUS AREAS OF JINAN

3

设计分析

设计分析：山水筑轴

规划塑造沟通山水的轴线，并将主要的功能组团、公园布于轴线沿线，成为区域最为重要的游览路线和景观通廊。

设计分析：多样的功能组团

地块位于两河交汇的中心，是整个城镇的生活中心，需要设置高度混合的功能组团。

设计分析："坐"享其成

设计分析："骑"乐无穷

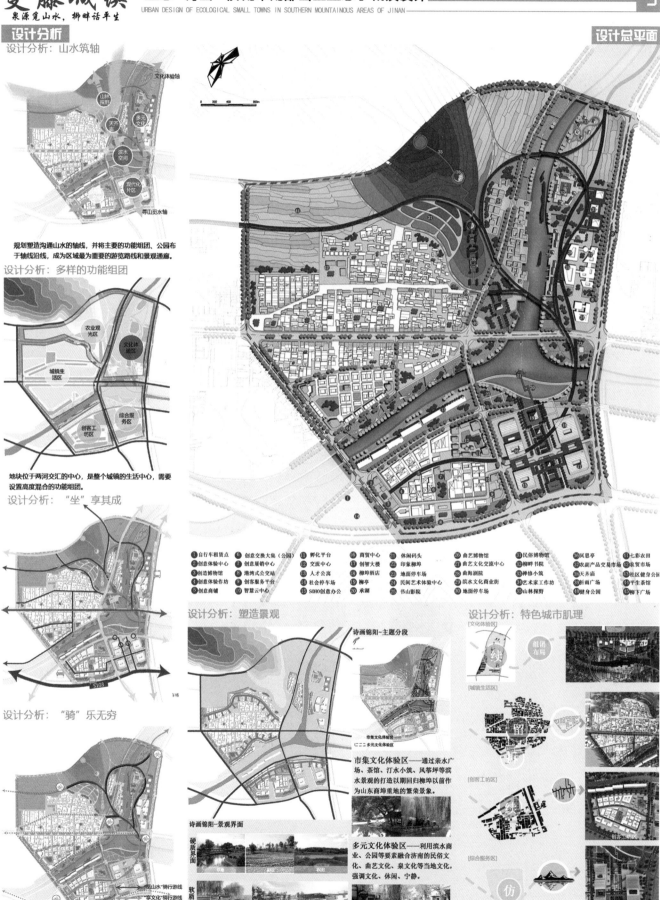

① 自行车租赁点　② 创意体验中心　③ 创造博物馆　④ 创意体验作坊　⑤ 创意商铺　⑥ 创意交换大集（公园）　⑦ 创意销售中心　⑧ 港湾式公交站　⑨ 创客服务平台　⑩ 智慧云中心　⑪ 孵化平台　⑫ 交流中心　⑬ 人才公寓　⑭ 社区停车场　⑮ SOHO创意办公　⑯ 商贸中心　⑰ 创智大楼　⑱ 柳埠丽店　⑲ 柳岸　⑳ 承澜　㉑ 休闲码头　㉒ 印象柳埠　㉓ 曲海剧院　㉔ 民间艺术体验中心　㉕ 书山影视　㉖ 曲艺博物馆　㉗ 曲艺文化交流中心　㉘ 禅修小筑　㉙ 滨水文化商业街　㉚ 地面停车场　㉛ 民俗博物馆　㉜ 柳畔书院　㉝ 天齐庙　㉞ 艺术家工作坊　㉟ 山林探野　㊱ 凤思亭　㊲ 农副产品交易市场　㊳ 听荷广场　㊴ 平生茶馆　㊵ 健身公园　㊶ 七彩农田　㊷ 农贸市场　㊸ 社区服务点　㊹ 平生茶馆　㊺ 柳下市场

设计分析：塑造景观

诗画锦阳-主题分段

市集文化体验区——通过亲水广场、茶馆、汀水小筑、风筝坪等滨水景观的打造以期回归柳埠以前作为山东商埠重地的繁荣景象。

多元文化体验区——利用滨水商业、公园等要素融合济南的民俗文化、曲艺文化、泉文化等当地文化，强调文化、休闲、宁静。

诗画锦阳-景观界面

硬质界面

软质界面

设计分析：特色城市肌理

[文化体验区]

[城镇生活区]

[创客工坊区]

[综合服务区]

蔓藤城镇
泉源觅山水，柳畔话平生

"生态 诗画" 济南市南部山区生态小城镇设计
URBAN DESIGN OF ECOLOGICAL SMALL TOWNS IN SOUTHERN MOUNTAINOUS AREAS OF JINAN

4

综合服务区

[功能策划]

文化体验区

[构思推演]

STEP1.思考
文化体验区作为文旅体验轴线上的核心点,如何布局其空间结构。

STEP2.基地要素
片区西考虑片区东部布置人流量较大的公共建筑,西侧布局体量较为休闲建筑

STEP3.滨河景观渗透
沿河布置体量较小的滨河建筑,增加滨河景观的渗透性。

STEP4.延续街巷格局
对原有滨河两岸的街巷肌理进行传承延续,体现在地性。

STEP5.采用组团布局模式
现状滨河右岸的建筑或组团式分布,形成一个较为静谧的氛围。

STEP6.功能植入
片区作为小镇文旅体验轴线上的核心节点,应该展现济南文化。

[规划结构]

--滨河景观带
通过生态绿地的预留及滨河建筑的形制的选择,打造一条安静、休闲的滨河景观带。
--文化体验轴线
以慢行交通的方式将文化组团有机组织起来,形成一条串接人文功能,兼备生态意义的文化体验轴线。

[分区设计]

优美山水湖鸟瞰图

意象图

① 泉源广场　⑤ 创智大楼
② 山水连廊　⑥ 商贸中心
③ 柳亭　　　⑦ 柳坞酒店
④ SOHO办公　⑧ 承湖
⑨ 体闲码头
⑩ 印象柳坞
⑪ 疏林草坡

[分区设计]

艺术家工坊

景观较好的区域设置艺术家工坊,吸引艺术家入驻,加深柳埠的文化气息

民俗博物馆

通过民俗博物馆的内外来游客展示济南的风土人情

禅修小筑

小体量建筑散布于农田之上,形成一个安静、祥和的氛围,供人以修身养性

柳畔书院

"济南自古多名士",借柳畔书院让游客重回书院时光

① 港湾式公交站　⑤ 曲海剧院　　⑨ 柳畔书院　　⑬ 禅修小筑
② 自行车租赁处　⑥ 书山影院　　⑩ 滨水文化商业街　⑭ 花田风情
③ 地面停车场　　⑦ 曲艺博物馆　⑪ 艺术家工坊　⑮ 泉园
④ 民间艺术体验中心　⑧ 曲艺文化交流中心　⑫ 民俗博物馆

鸟瞰图

溯源承境·品韵刻卷

技术路线

第一步：解读上位规划，分析与柳埠街道密切相关的政策；由现状调研成果入手，总结现状存在的问题，为之后的规划和方案设计提供方向。

第二步：通过对现状问题的成因分析，进一步凝练柳埠街道的特征，在总体城市设计阶段，确定规划目标和基本功能组成，制定规划设计方案。

第三步：落实总体城市设计阶段的方案布局，细化功能，策划切实可行的开发项目，实现柳埠街道"禅意山水，诗韵生活"的设计愿景。

任务解析	发展背景	现状条件
	此次设计应解决哪些问题？	
	生态环境受损	动力要素缺乏
	历史文化遗失	社区生活无序

设计目标	如何解决现状问题？	
	修复景观环境	引导产业转型
	挖掘历史文化特色	完善公服配套
	提出柳埠街道规划定位	
	山水休闲文旅小镇；南部山区旅游服务集散中心 Planning and positioning: landscape leisure trip to town; Southern mountains tourism services hub	

整体构思	怎么实现愿景？	
	规划策略一：溯源	规划策略二：承境

详细设计	柳埠重点地块城市设计	
	打造"禅意山水，诗韵生活"的禅境山水文旅片区	
	设计策略一：品韵	设计策略二：刻卷

背景解读

■ 构建绿色生态城建模式，鼓励有条件的乡镇发展生态文旅产业

国家层面	省域层面	市域层面

■ 构建"生态南山、诗画南山、野趣南山"

《济南市南部山区多规合一规划草案》中将柳埠镇列为南部山区两大旅游服务中心之一。柳埠街道未来将以旅游服务业为主导产业，以林果产业、观光农业、农副产品加工业为支柱产业，以餐饮休闲、生态农业为配套产业。

柳埠处于济南中心城区和泰山风景区的交汇处，使之成为大泰山旅游圈构建的关键节点，借此带动周边村镇的发展。

南部山区作为济南水源涵养区之一，规划要求改善生态环境质量，通过生态农业、生态小城镇、生态工业和生态旅游业建设，提高可持续发展能力；生态农业着力发展生态和观光旅游农业，大力发展林果生产，加快优质果品生产基地建设，形成绿色产业体系。

市域打造"南山、北水、山水融城"整体山水格局。

▼ 东拓、西进、南控、北跨、中优

·《济南市城市总体规划（2011-2020）》

街道概况

区域分析

柳埠距市区20km，东南邻泰安市，北邻西营镇，曲柳仲宫街道统共事，济泰高速的落地，交通区位提升，济泰高速的建设落地，联天了南部山区与市区的一沟通道路，缩小了南部山区仲宫、西营、柳埠五大节点间的沟通效率。

产业经济

辖区重要是以历史文化旅游、乡村旅游、林果产业、观光农业等绿色产业为主；耕地重要以商业贸易、农产品深加工、中草药加工业为主。第一产业（林果产业）占比大，但较为零散；第二产业受福提政府的管理，发展式微；第三产业发展因受交通区位限制而发展缓慢，仍处于起步阶段，体量小，服务对象单一，接待能力低下。

人口概况

留守老人
✓ 50岁左右，仍具有一定的劳动力但需被城市所抛弃。
✓ 留守在家看孩子或者在村子里做单工作。
✓ 收入：1000-2000元/月

进城务工人员
✓ 青壮年打工者，往返于济南市区与柳埠，早出晚归。
✓ 主要工种：家庭（中年人），市政护工（老年人），建筑打工（青年人）
✓ 收入：3000-4000元/月

留守青年
✓ 青壮年劳力，一般为开店，保安等，女性较多，在家看孩子
✓ 收入：3000-4000元/月

留守儿童
✓ 在镇的留守小学或中学读书。

柳埠街道沉户籍人口1.2W人，实际居住人口仅6000左右，且多为老年人，年龄构成出现断崖化，青壮年缺失严重。

山水格局

总体格局：城依山，城靠山，山水相融。

锦阳川以南和湖阳山生态屏障，锦阳川以北散点分布，互不相连；地形咬合建筑建筑，建筑与地形形成为一体；环水管山，依山而居，餐饮游道观民商业；山水山，水竞纵，山体多以散点分布；主要河道景带透明显。

现状建筑分析

分析图纸

■ 土地使用现状   ■ 道路现状   ■ 建筑高度   ■ 建筑质量

规划定位

问题分析

问题一：生态环境受损

表现1：生态环境破碎	表现2：环境品质低下

成因分析：原矿山开采导致山体沙化，生态恶化；城市建设，规模建设，部分零散的农田和荒地被破坏，乱污公共环境配套建筑；公共区域缺少维护和设计，村庄缺乏生机。

对策：修复视觉景观环境，重新树清公共区域

问题二：历史文化遗失

表现1：历史记忆断裂	表现2：资源缺乏整理

成因分析：历史人物事件被遗忘，历史文化活动缺失；历史情怀逐渐模糊；随着规划者的开发和空心化的加剧，民间活动日渐式微；境内文旅资源发展迟缓，旅游景点开发滞后联动性。

对策：整理历史文化资源，重现当地特色文化

问题三：动力要素散失

表现1：生态环境要素破碎	表现2：产业发展受重制约	表现3：产业活力不足

成因分析：柳埠是南部山区重要组成部分之一，地处泰山山脉，自是济南的生态屏障。生态保护要素重要；受政策，用地、规划制多方约束，产业发展受制约；经济发展落后，产业结构单一。

对策：产业转型，将生态保护与产业发展相结合

问题四：社区生活无序

表现1：布局结构不合理	表现2：公服配套缺乏	表现3：缺乏活力空间

成因分析：柳埠城镇化程度较低，公共服务配套不完善；公共空间布局单一，零碎化，不成体系；道路体系缺乏合理性，缺乏公共服务设施，村落间美学一；多为零售商业，缺乏娱乐空间和活力空间。

对策：完善公服配套，打造公共空间体系

案例分析

□ 黄山·汤口

■ 与核心景区互补发展

> 汤口镇以服务黄山风景区为主要目标，是黄山的主要生活服务基地和旅游接待基地。黄山景区提供的主要是作为核心吸引力的"游"的要素，除了"行"以外，"住、食、购、娱"等四大要素都同汤口镇紧密相关。

借鉴要点一：邻补景区的配套设施不足；鼓励民宿的开发建设。

借鉴要点二：基于自身资源优势积极开发旅游景点。

1 树立品牌	2 借力景区
3 支撑景区	4 添彩景区

规划定位

雅韵山水，诗画柳埠

规划定位：山水休闲文旅小镇；南部山区旅游服务集散中心
Planning and positioning: landscape leisure trip to town; Southern mountains tourism services hub

溯源承境 · 品韵刻卷 「Ⅱ」

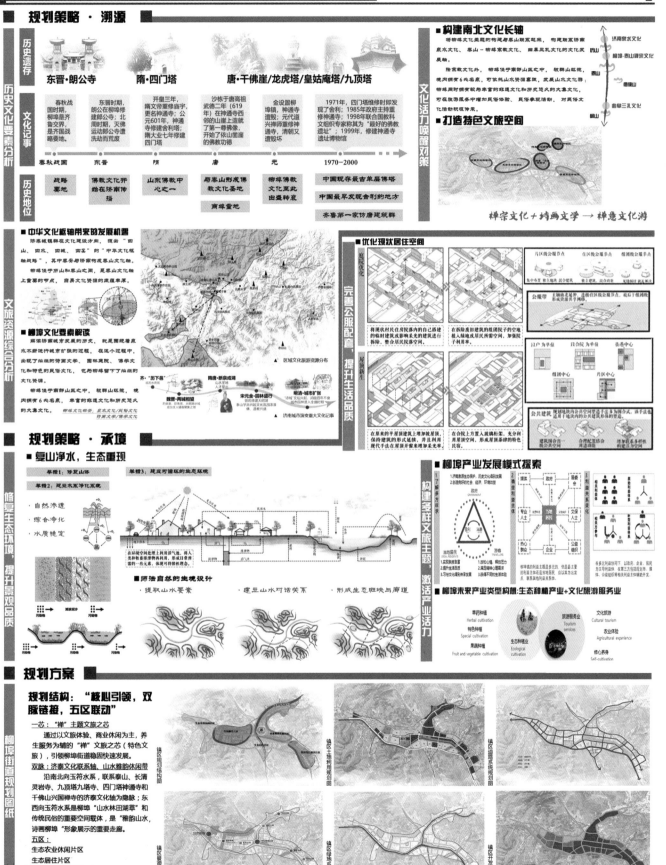

溯源承境 · 品韵刻卷

总平面图

功能划分

依托柳埠优越的生态本底和经济社会基础，以提高居民生活质量、完善街道服务配套和产业发展为原则，构建发展脉络，划分功能片区，本次设计由五个功能片区构成：

A. 生态农业体验片区
B. 生态源居片区
C. 生态居住片区
D. 山水禅境文旅片区
E. 游客综合服务片区

沿着纵向的玉符水系，东侧的商业服务区主要为游客的配套服务，西侧的商业设施则是居民日常生活的配套服务设施。

设计策略：品韵

文化

为何发展"禅"文化游

禅意旅游即在自然、宁静的避世之地度假修心的新旅游形式。

统计资料表明："著名的旅游景点中，宗教名胜所占的比例，在中国达到55%"；在"联合国教科文组织颁布的《世界文化遗产名录》"中，宗教名胜竟占了90%"。

全球每年有超过三亿人的旅游是以宗教为目的，这一市场每年的旅游收入超过180亿美元，宗教旅游已经成为全球重要的产业。

禅是一种旅游热潮

外界因素

禅是一种生活方式

禅是一种生活的智慧，如星云大师的《献给旅行者365日》："一教，二众，三好，四给，五和，六度，七戒，八道……"
三好：做好事，存好心；
四给：给人欢喜，给人信心，给人希望，给人方便；五和：自心和悦，家庭和顺，人我和敬，社会和谐，世界和平；七戒，戒烟毒、戒烟酒、戒暴力、戒偷盗、戒嗜博、戒酗酒、戒酒口……

禅是一种精神境界

禅宗是印度佛教中国化的发展，融合了儒家和道家的思想精华。

禅，讲究修心观境，其实就是提倡心灵的完全自由，不为形所束，不受物役的。琴棋书画、古朴文学皆有禅机，讲究以"心"交流，独具极具美感韵味。如诗词书画讲究传神，讲究意境的表达，常常借景抒情，托物言态。

柳埠佛文化旅游资源

神通寺

神通寺是山东最早的寺庙，是山东佛文化的发源地。神通寺内现存的四门塔是中国现存唯一的隋代石塔，也是中国现存最古的单层庭阁式石塔。四门塔在1971年的修缮中发现舍利，比重经鉴定内内的中国最早发现舍子的西安法门寺早14年。由于时值"文革"期间的原因，这一本应极具轰动效应的重大发现遗至今鲜为人知。

高僧朗

笠僧朗将佛法带入山东，在泰山金舆谷以北建朗公寺，以南建灵岩寺、泰山一带成为山东佛教文化的中心。

高僧义净

义净是"三大西行求法高僧""四大佛经翻译家之一"。义净拜于章寺的善遇、慧习为师，善遇、慧习原是神通寺的僧人，即朗公的法嗣；贞观年间，他临回归神通寺奉拜朗公遗像。

"禅"文化主题园设计思路

禅合

"悟禅之道"：忘忧谷

以养生禅为功能主题，以禅表、禅乐、禅文为体验活动，受众群体多为有一定禅学文化基础的"禅"文化爱好者，追求"禅"意的自在生活，是"隐"的禅意空间体现。

禅转

"习禅之境"：君子园

以"君子四艺"为主要品学对象，在体验中国文人所推崇的琴棋书画，提升自我精神修养，感悟文化中"禅"的悠远意境，是"朴"的禅意空间体现。

禅承

"品禅之韵"：鉴雅园

以"文人四雅"为旅游主题，以点茶、焚香、插花、挂画为主要体验活动，从嗅觉、味觉、触觉和视觉四方面体验文人生活的雅韵，感受"禅"文化的美学意境，是"雅"的禅意空间体现。

禅起

"积禅之趣"：雅趣园

以禅意客栈、特色商业街、素食馆、造艺工坊为主要节点，以"吃"、"住"、"购"为旅游主题，提供物质化的"禅"文化体验，是"趣"的禅意空间体现。

设计策略：刻卷

形体内容构建思路

a. 特色商业街空间生成

| 肌理分析 | 提取肌理 | 模块组织 | 丰富街巷 |

居民传统院落肌理以及街巷构成提取。

对基地肌理解析分析后将传统肌理划分为10m×10m的单体模块。

将单体模块进行重新细分，延续既有建筑肌理，增加组团中心，形成组团公共空间。

结合建筑质量综合评价来进行建筑的拆除和改造，通过新建和改造丰富街巷空间，并塑造组团的中心绿地。

各分区功能景观设计思路

精神

Ⅲ 禅是题养生休闲区

以禅宗文化为主题的养生休闲片区，为游客提供禅文品鉴、养生居佳、休闲农耕的活动体验；景观风貌以自然风貌为主。

Ⅱ 禅文化活动体验区

是文旅体验功能的主要承载场所，以"禅"生活文化体验为主题；景观风貌由城市风貌向自然风貌过渡。

Ⅰ 特色商业区及配套服务区

为游客提供停车、吃饭、住宿和购物的基础旅游配套服务；景观风貌以城市风貌为主，地块内建筑密度和开发强度最高的片区。

物质

自然 内敛

城市 外放

设计方案

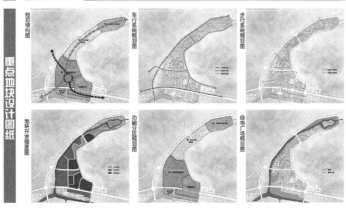

规划结构图
车行系统规划图
步行系统规划图
地块开发强度图
功能分区规划图
绿地广场规划图

重点地块设计图纸

节点鸟瞰

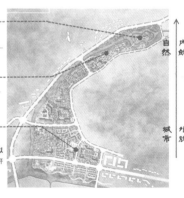

溯源承境·品韵刻卷

「IV」

重点地段总平面

设计方案

01 石山广场（主入口广场）
02 禅集主座
03 造水工坊
04 跌瀑花园
05 祥瑞广场
06 风景瞭望台
07 特色商业街
08 接待中心
09 主题酒店
10 山水河流廊
11 禅食堂（素素斋）
12 养生休闲会馆（如家居）
13 禅修客栈（公生居）
14 次入口
15 一味品茗（点茶）
16 四季花园
17 雨禅院（焚香）
18 净汁养（福祉）
19 冲水轩（禅浴）
20 静坐台（远眺高峰禅修）
21 馨音禅（乐坊）
22 自在寮舍
23 无量园（禅修养生）
24 国大休闲商业街
25 滨流生态公园

禅主题养生休闲区

禅文化活动区

特色商业区及配套服务区

鸟瞰图

2019/03/04-10 · 济南

山东建筑大学 建筑城规学院

■ 2019 年联合毕业设计选题研讨会

■ 基地现场踏勘

2018/04/26 · 济南

山东建筑大学 建筑城规学院

■ 中期成果交流

■ 基地补充调研

2019/03/05-10 · 济南

山东建筑大学 建筑城规学院

■ 基地集体调研：
　　柳埠街道办驻地

■ 南部山区多规合一及基地概况介绍：
　　济南市规划设计研究院
　　济南市南部山区管理委员会

■ 调研汇报成果制作

■ 毕业设计教学研讨会

■ 联合毕业设计七校教师教学研讨

■ 调研成果分组汇报

■ 调研成果交流

■ 补充调研及自由参观

2018/06/04-06 · 合肥

安徽建筑大学 建筑与规划学院

■ 最终成果答辩

■ 设计成果展览

■ 联合毕业设计评优

全国城乡规划专业"7+1"联合毕业设计

第九届 "7+1" 全国城乡规划专业联合毕业设计终期答辩

安徽建筑大学 2019.6

◎ 北京建筑大学 ◎

张忠国

逐步走向成熟的"校企融合"的联合毕业设计教学模式

全国城乡规划非常"7+1"联合毕业设计已经走过了第九个年头了，同时，这也是我们"地方联盟"随着时代的要求自发形成的联合毕业设计，在参加联合毕业设计的各所院校共同努力下，这种教学模式不断地完善、不断地进取、不断地塑造品牌，发展到现在成为在全国规划教育界颇具影响的联合毕业设计的教学交流活动。

这届联合毕业设计在济南市规划设计研究院的积极支持下，设计题目瞄准生态文明这一国家战略，以济南南部山区这一生态小城镇为切入点，引导学生在快速城镇化背景下，运用现代先进的规划理论和先进的科技手段，如何来考虑去保护生态，如何勾勒出生态诗画的新型小城镇的美丽画卷。

回顾这届联合毕业设计，在山东建筑大学的积极组织下，指导教师们深入到山区实地认认真真地调研，各校同学们混编成组调查交流，中期检查和规划展览初见成效，到安徽建筑大学的最后答辩及展览评优的完美收官，每一个环节无不凝聚着主办方老师的辛勤汗水，凝聚着所有参与指导的老师们的共同努力，凝聚着所有同学们的努力拼搏，所有的一切给这个联合毕业设计的成功举办奠定了坚实的基础。

衷心地希望这种校企融合的联合毕业设计的教学模式能够为全国的地方高等院校城乡规划的教学工作提供指导和借鉴，衷心祝愿我们的地方联盟的联合毕业设计能够一年一年、一届一届地传下去，能够越办越好。

苏 毅

今年七校联合毕业设计选址于济南南部山区的柳埠镇。选址从往日多选择的城市中心区，变到大城市周边的小城镇，体现出联合毕业设计选题的日渐丰富。特色小镇也是近年来住建部倡导的方向，有鲜明的时代要求和政策背景。各校同学们各尽其能，做了不少畅想，图纸和方向也是最丰富的一届。我校同学做了GIS、参数化设计和三维打印等方面的尝试，还比较稚嫩，希望未来能成熟起来。规划行业总体处于深刻的变化中，不仅仅是政策的原因，而且更是市场使然，愿同学们自身都能健康成长！并促进规划行业的健康成长！

◎ 苏州科技大学 ◎

陆志刚

城乡规划专业教育是培养未来规划师的基地，我们的"7+1"联合毕业设计已持续多年，之前只是听说，这次亲身参与，体验了与兄弟院校的合作交流，参与的七所高校城乡规划专业已经办学多年，大家多希望向更高的目标迈进。

我一向认为能够有真实题目进行毕业设计是最好的选择，由于种种原因，这种方式越来越困难。而联合毕业设计则是次好的选择，通过联合毕业设计这种教学形式，推动了校际联系，也增强了不同学校师生之间的交流，在交流中改进教学模式方法，开拓学生的视野，激发创造性的思维，提升设计能力，总之让参加这一活动的师生们受益良多。

这次的济南南部山区城市设计课题，学生从整体区域研究出发，通过现场调研、问题分析、项目策划，提出城市设计的方案，2-3人组成小组，大家有争论有合作，使设计方案更完善，达到了联合毕业设计的目的，希望联合毕业设计能够继续推进，越办越好！

顿明明

有幸第五次参与"7+1"联合毕业设计教学，今年与往年相比较选题比较特别：研究对象从城市中心区地块拓展到城市边缘区小城镇；设计主题由单一转向多元，并紧随时代需求关注生态与文化。"新鲜"选题带来"教"与"学"激情的同时也充满挑战，感谢山东建筑大学老师们承办本次联合毕业设计的辛勤付出。特别是在前期调研阶段的周到安排和缜密组织，为后期设计教学开展奠定坚实基础。毕业设计是大学五年学习积累和技能的总结和展示，"吴越文化"与"齐鲁文化"差异明显，使苏州科技大学的同学们获得在更广泛地域中应用所学所得的珍贵机会。大家皆设计感悟良多，毕业因此而意义非凡。精彩的结束是卓越的开始，愿所有参加"7+1"联合毕业设计的各校同学们能不忘今朝，前程似锦！

周 敏

有幸在教师生涯伊始参与到"7+1"这个大家庭中，收获颇多。感谢山东建筑大学老师的精心组织，在国家生态文明建设背景下，将济南南部山区生态小城镇作为此次研究设计对象，选题具有挑战性与时代特征，使学生们从总体概念策划到地块详细设计，得到了全方位的锻炼和考验。毕业设计对于每一位即将步入社会亦或是继续深造的毕业生来说，更像是一次具有仪式感的"毕业礼"，而联合毕业设计给予了各校师生一个更为广阔的交流平台，祝福每一位毕业生能在此过程中用心付出、真实收获、圆满收官，给大学生涯交上一份"对得起"自己的人生答卷。

◎ 山东建筑大学 ◎

陈　朋

本次毕业设计以小城镇作为选题对象，对大家来讲具有很大的挑战性。城市设计的教学应体现研究性教学的特点，培养同学们通过感知、调查、研究去有的放矢地提出思路和解决问题。本选题涉及的知识面较广，要解决的问题也比较多，各组之间需较多的协作配合。设计的过程是短暂的，尽管很多认识还没有深入，很多策略还没有落地，但我们试图在小城镇的发展中探索符合时代要求和居民需求的多元化路径。同学们差异化的方案展现了各院校的专业培养特色，但也反映出同学们在系统性、特殊性、实施性等方面的考虑不足，这既需要在教学过程中加以认真对待，也值得我们在今后的工作学习中反复思考。本次实践是一次珍贵的旅程，期待未来更多的参与和收获！

程　亮

◎ 西安建筑科技大学 ◎

邓向明

在山东建筑大学历经选题、开题、中期答辩环节，并于安徽建筑大学完成终期答辩后，第九届全国城乡规划专业"7+1"联合毕业设计已完满落幕。"7+1"联合毕业设计教学联盟已经成为国内城乡规划院校教学交流的重要平台，对于深处内地的我校而言，也是深入了解东部发达地区城乡规划建设的难得机会。感谢承办方的付出，感谢杨辉、高雅两位老师的辛劳，也祝可爱的同学们前程似锦。

树立生态文明理念，建设如诗如画的美丽城乡，重拾规划初心。在规划大变革的前夜，全国城乡规划专业"7+1"联合毕业设计教学联盟任重道远。

杨　辉

每一届的毕业设计，对指导教师而言都是一次自我审视与反思的过程。面对济南市南部山区生态小镇城市设计这一命题，"人工与自然、保护与发展、普遍理念与地域特色、文化内核与外在形态"这几个问题的思考与探索贯穿整个教学过程始终。同学们在设计中发散思维、大胆尝试，经历了困惑，遇到过瓶颈，经过此番历练，不仅是完成了自己本科阶段最后的作品，提升了专业技能，更重要的是思想的成熟与专业价值观的不断修正。毕业设计的结束，也是同学们新一段人生旅途的开始，愿大家勿忘初心，归来仍是少年！

第一次有幸参与联合毕业设计教学，对青年教师来说是非常珍贵的一次教学相长与学习交流的机会。回望这短短几个月，过程中有疑惑、迂回反复，也有突破、反思。可贵的是在与同盟院校的交流中看到了对专业探讨的多种维度与更多的可能性，这无论是对学生还是教师都是一次新的尝试与探索。本届联合毕业设计虽已圆满结束，但对于生态小城镇绿色发展路径的思考与实践会伴随大家继续前行！感谢承办方和各位老师从选题、调研到答辩的辛勤付出！相逢是缘，很荣幸在大学的最后时光我们陪伴彼此一程，祝愿学子们以后拥有更广阔的天地！

高 雅

◎ 安徽建筑大学 ◎

非常感念山东建筑大学为我们出了这样一个绝妙而又令人神往的城市设计命题：生态·诗画。

这令我深感，这不仅仅只是一个毕业设计的课题，更具有城市设计实践的学科探讨。在满是充斥的所谓"经济、社会参与、文脉文化传承、知识融贯整合、跨界妄谈创新……"的世俗的空泛清谈而无一脚落实的教育、读书的今天，以"生与诗"的画境，诠释着城市设计古往今来最本质的思想实践与学科指向。这无疑是一次求真务实的呐喊！

然，世俗太重、太深、太多……终淹没了"生态"的"生"境，浅谈着"绿"、滥用着"情"；自欺欺人亦或浑然不觉地、忘却了"诗言志、画贵境"的真……

吴 强

城乡规划专业"7+1"联合毕业设计已连续走过了九个年度，每年都有新的收获与新的感悟，感谢山东建筑大学、济南市规划设计研究院各位老师和同仁半年来不懈的努力和辛勤的付出，为第9届七校联合毕业设计工作画上了圆满的句号。

绿色发展与生态文明建设已成为新时代城乡规划建设的主题，是城乡协调发展和乡村振兴的重要目标，在生态优先、多规合一理念指引下，运用城市设计的视野来聚焦城镇和乡村规划十分必要。城市设计的视野要求我们要有综合的、宏观的、整体的视野，"大处着眼，小处着手"；国土空间规划、建筑设计、风景园林、生态环境保护、经济、社会等多位一体，二维空间与三维空间兼顾，生态优先，经济、社会发展和生态环境保护兼顾；要关注城镇与乡村文脉，历史文化传承、生态保护以及城镇的可持续发展；还要关注城镇与乡村的特色塑造与个性挖掘，避免"千城一面""万村一面"……城市设计还要关注法定规划与技术标准，不能我行我素，没有法定规划的支撑，城市设计缺乏支撑体系，空间规划难以实施。

李伦亮

于晓淦

"7+1"全国城乡规划专业联合毕业设计活动经过九年的摸索已找到成熟的组织和开展模式，本次选题既联系实际训练了学生土地利用及物质空间的构筑的专业基本功，也通过本次作业为柳埠镇城镇建设和经济社会的全面发展起到了参考的作用。从专业的角度说，这两个维度紧密相关，符合城乡规划专业本科毕业生的培养要求；从实践的角度来说，为城镇发展提供充分参考，满足地方多视角的决策建议需要；对七校七十多位本科毕业生而言，丰富了本科阶段学习的方式，为五年学习画上了圆满的句号，明晰了规划师坚持以人民为中心的职业责任和使命。

当前，规划在经历变革，我们也需要充分领会精神，在教学中不断尝试新的方式和选题培养适应国家发展的新型人才。改革往往是摸着石头过河，规划教育的改革既是学科发展和进步的必由之路，也关系我们国家城镇发展的未来，使命光荣，责任重大，任务艰巨。感谢山东建筑大学的同仁们的认真筹备，精心组织，期待联合毕业设计的第十年取得更大进步！

◎ 浙江工业大学 ◎

徐　鑫

不同的学校，不同的学生，不同的场地，不同的视角，每年的联合毕业设计都能给人不同的感受和惊喜。今年的济南南部山区提供了更广阔的视野，学生在想象的田野自由驰骋，描绘出一幅幅或活力或诗意的理想画卷，给人以无穷的期待和憧憬。

印象深刻的是山东建筑大学老师悉心地组织与安排、当地设计院的热情与敬业，为此次联合毕业设计的圆满落幕打下了坚实基础。感谢山东建筑大学及各兄弟院校的师生，期待七校联合毕业设计更精彩的明天。

周　俊

全国城乡规划类院校"7+1"联合毕业设计已经走过了九年，并圆满地完成了"济南秀"！通过联合毕业设计，各校展现了毕设教学方法，同学们展示了各自风采；大家相互学习、相互借鉴，收获了知识、收获了友谊！

今年的联合毕业设计以"生态·诗画"为主题，第一次选择了"山区生态小城镇"作为城市设计对象，契合了生态文明振兴、美丽中国建设、城乡绿色发展等建设目标。另一方面，小城镇城市设计既不像城市片区的城市设计，也不是乡村规划中的村庄设计，但又同时包含了两者的部分特征，作为毕业设计而言难度还是较大的。各校师们秉承知难而上、开拓创新的精神，开启了这次意义深远的毕业设计。毕业设计中，同学们以实地调查建立认知体系、以多元策划构架价值体系、以系统规划实践知识体系、以空间设计展现技能体系、以精炼表达展现综合素养，从多方面实践了小城镇城市设计的方式方法，展现了生态小城镇的新形象，成果丰盛、成绩显著。最后，祝我们每一位同学在专业的道路上光芒四射，也祝全国城乡规划类院校"7+1"联合毕业设计越办越好！

　　第九届全国城乡规划专业"7+1"联合毕业设计在齐鲁泉城开启新的征程，参与指导本次教学活动感受最多的就是联合毕业设计教学内容日臻完善，从前期选题的教学研讨到现场调研的专题讲座，再到终期答辩后的作业评优讨论，一路走来工作任务和内容似乎比原来增加不少但更多是收获。

　　2019年的联合毕业设计以"生态·诗画"为命题，让同学们思考如何破解城郊生态小城镇在环境保护与城镇发展中的桎梏；思考生态文明建设视角下小城镇发展的新要求；如何构建具有特色风貌环境的城镇空间格局等，以此展望规划设计地块未来的可持续发展。对于参与本次教学活动的各校同学来说，紧张而有序的毕业设计工作终于画上了圆满的句号，从成果到最终答辩表现依旧精彩。相信这一段难得的规划师之旅一定会给各位留下难忘的回忆。

龚　强

◎ **福建工程学院** ◎

　　全国城乡规划专业"7+1"联合毕业设计从第八届开始，开启了塑造品牌、追求品质的征程。由山东建筑大学主办的第九届联合毕业设计，可以说，在延续传统联合模式和命题导向的基础上，沿创新创优路径上获得了两点重大的突破。其一，设计地段的转变。从城市区域转向了城镇区域，以创建"特色小镇"的思路，来探讨新时代新型城镇化的发展路径。其二，融入"生态·诗画"的主题。让我们重新思考自然与人居、保护与发展的关系，让城市设计回归"诗意栖居"的内在追求。山东建筑大学这种"尚功效、重伦理，求革新、尊传统"的精神，恰恰是"齐鲁文化"思想内核的真实写照！

杨昌新

167

杨芙蓉

这一届的联合毕业设计也要告一段落了，不管结果如何，过程也仍旧是珍贵的。虽然每一年的城市在变，基地在变，同学在变，但是在过程中，师生们一起解决问题的学习和进步并没有改变。由此也深深感受到过程远比结果要重要。精心地准备，大胆地尝试，不断地修改，不停地调整，反复地探索，构成了一幅幅生动的画面，也留给参与者美好的回忆。

卓德雄

又一届"7+1"联合毕业设计
为诗和远方，眼前足迹
从四面八方，来聚一起
不论尺寸斤两、计量统一
求同存异
在济南柳埠，领略了北国三季
不管雨雾冰霜、风和日丽
生态就在那里
进咫尺天涯，求索锦绣山川和往圣故里
不仅日月星辰、广厦天地
诗画在你心里
蓦然回首
城市设计是为尘事社稷
尘事社稷就是诗情画意

张 虹

2019年，是我第三次参与全国城乡规划专业"7+1"联合毕业设计活动，山东建筑大学以"生态·诗画"为主题，让七校师生从别样的视角感受齐鲁大地和齐鲁文化，让全体师生有机会重新思考与审视城镇与自然的关系，也让学生在设计过程中进行一次次地思维碰撞，通过方案比较，不断创新，更激发了教师的责任感与使命感。最后，也祝愿毕业的同学能在今后的城乡规划执业道路上怀揣理想、砥砺前行。

北京建筑大学

朱永椿

很荣幸参加这次联合毕设，通过合作与交流，收获颇丰。毕设是我们在学习阶段的最后一个过程，是对所学知识的一次综合运用，既是一次检验，更是一次提高，相信在未来走出了校园，步入工作岗位之后，依然可以记起过程的点点滴滴，记住遇到的困难和面对困难时的感悟。

锲而舍之，朽木不折；
锲而不舍，金石可镂。

杨　跃

随着毕业的日子即将到来，我们的毕业设计也画上了圆满的句号。毕业设计是我们学业生涯最后的一个环节，不仅是对所学基础知识和专业知识的综合应用，更是对我们所学知识的一种检测与丰富，是一种综合的再学习、再提高的过程，这一过程对我们的学习能力、独立思考及工作能力也是一种培养。
在此次联合毕设中，首先要感谢张忠国老师和苏毅老师对我悉心的指导，以及联合学校各位老师的精心点评，让我受益良多，深刻体会到自己在城乡规划专业的学习上任重而道远。在设计过程中，通过查阅大量有关资料并与小组同学交流讨论，遇到瓶颈请教老师，使自己收获颇多，在今后的工作生活中有着非常重要的影响。在此，向帮助我的各位老师和同学们表示衷心的感谢！

吴　凡

时光如梭，转眼即逝，从刚跨入学校时的懵懂和迷茫，到现在即将毕业的从容、坦然。这除了有适应能力和乐观的生活态度外，更重要的是得益于大学五年的学习积累以及技能的培养，面对未来，我知道这将是人生中又一个挑战。
通过这半年联合毕业设计，经历了很多挫折和坎坷。我明白了人生中不可能一帆风顺，而学习更是如此。使我清晰地认识到了在专业技能上的不足，我还应不断尽力地完善自我，不断总结经验，在学习完善自我的这条路上，始终前行。
这半年经历的每一天，都在我心中留下了印记，因为这些印记见证我的成长。而这当中，张老师与苏老师给予了我们最大的帮助，使我们能够顺利完成毕业设计，在这里对两位老师表示深深的感谢！

王鹤婷

本次毕设给了我一次宝贵的机会，以全新的视角思考在政策管控的大背景下小城镇的发展出路。柳埠镇是一个很好的代表，它存在很现实的经济发展与生态保护需求之间的冲突。针对这一特点，我们从上到下梳理了柳埠镇发展的条件和障碍，从客观分析开始，一步步得出设计结果。并且，我学习到了如何在城市设计中将理性的分析和感性的设计语言相结合，最后得出一个合理且特征明显的设计方案。通过整个设计过程，我们也对"城市设计"有了新的认识。城市设计不只是解决公共空间的问题，同样需要准确的规划定位作为支撑，与规划内容紧密衔接。在这次设计中，虽然我对设计结果不是完全的满意，但非常感谢有机会向其他学校的小组学习，认识到了自己方案的不足之处和改进的方向。

孔　菲

"7＋1"联合毕业设计让我们有机会走出自己学校，与其他学校有更多的交流，对于其他学校的规划特点和偏向都有所了解，在这个过程中，我们从其他学校的老师和同学的身上学到了很多。
毕业设计作为大学五年学习生涯的收官之作，大家都使出浑身解数，努力把它做得更好，在这个过程中，我们相互学习，共同成长。与此同时，老师也给予我们很多帮助，在无论是在方案设计，学习方法上，还是日常生活为人处事方面都对我们悉心指点。
最后，非常感谢老师们的谆谆教诲和小组成员的包容帮助，为毕业设计画上一个圆满的句号。希望我们都能以自己的方式不断前进，不断成长。

叶权民

天行健，君子以自强不息。毕业设计，是对大学五年所学知识与技能的综合运用，让每个人重新审视自己五年的规划学习以及对未来的发展方向的展望。通过"7+1"联合毕业设计，我们与不同学校不同专家进行交流与碰撞，互相学习，突破自己。
感谢我的指导老师张忠国和苏毅老师、团队以及其他专家们对我们的悉心指导。在最后阶段，经历不少艰辛，也培养了自身的工作能力，相信对今后的学习工作生活会有着潜移默化的影响。在此，感谢这次难得的机会！

北京建筑大学

 程明远

随着毕业日子的到来，我们的毕业设计也画上了圆满的句号。毕业设计是我们学业生涯的最后一个环节，不仅是对所学基础知识和专业知识的一种综合应用，更是对我们所学知识的一种检测与丰富。这次毕设是我对参数化城市设计和3d打印的入门，这一过程对我来说是一次挑战，对我的学习能力、独立思考及工作能力也是一个锻炼。

在此要感谢我的指导老师张忠国老师和苏毅老师对我悉心的指导，感谢老师给我的帮助。在设计过程中，我通过查阅大量有关资料，与同学交流经验和自学，并向老师请教等方式，使自己学到了不少知识，也经历了不少艰辛，但收获同样巨大。

 马冬宁

"宝剑锋从磨砺出，梅花香自苦寒来。"我早就有所耳闻联合毕设会很忙碌、很累，过程中我发现我还是低估了它了威力，但结束了后我发现收获也远比我想象的更多。作为对五年以来自己的专业知识和能力储备的全方位综合考验，毕业设计给了我前所未有的全面的反馈。我更加了解自己对于城乡规划这个专业的具体兴趣点和方向所在，也更加清晰自己在以后的专业道路上比较擅长哪些方面，又需要弥补哪些欠缺。这一切既是对于本科的五年给出的一个难得的全面总结，也是对于未来专业发展给出的重要参考指引。

即将毕业的自己真的很感激这次联合毕设的经历，给我的本科交出了一份算是满意的作品答卷。感谢老师，我又得到了新的知识和帮助；感谢组员，让我认识到了时间掌控和诚信的重要性；感谢这次设计，让我更感受到有效的沟通和协调在规划工作中的重要性。在接下来的学习生活中，我必当不忘初心，砥砺前行！

 詹孟霖

很幸运地，选择了这个题目作为毕业设计的课题。作为大学五年的最后一个设计，在这个设计中第一次接触到小城镇设计的内容；也在老师的指引下，初步接触到了参数化设计的内容。学习的过程虽然非常痛苦，但当设计结束时，回顾之前改过的方案和熬过的夜，感觉一切都是值得的。

这次设计，路途虽然相对辛苦，但也认知了不同的城市。在调研和答辩之余，参观其他城市，对那里的风土人情、名胜古迹等有初步了解，增长见识。

设计结束之际，感谢各位老师的指导！感谢各位队友的配合！也感谢这次机会，让我认识了其他学校的小伙伴们，能够相互切磋，收获友谊！

 张禹尧

多少年后，蓦然回首，我相信这次的联合毕业设计，一定还会深深地留在我的心里。拼搏与挣扎，合作与孤独，不同的情感，伴随着大学的最后一个设计，慢慢送走我的大学时光。不同于以往，联合毕设让我放开了眼界，增长了见识，见到了行业内的其他同伴的优秀能力。在相互学习、相互借鉴中，成长了很多。

非常感谢老师和同学们在这次毕设中对我的各种帮助，也非常感谢山东建筑大学，为我们提供这次柳埠镇城市设计这么有内涵的项目。数月的时光，让我收获颇多，感慨颇深。

这次的联合毕业设计，让我对济南，对柳埠镇，对像柳埠镇这样的在山中的小镇、小村，有了更深刻的见解和领悟，对于自我能力的提升，有很大的作用。在设计中，我与组内同学在老师的认真教导下，对于城市设计，有了更深入的学习，对于生态小镇，有了更加细致的认识，对于协调在规划中，发展与生态的关系，有了更加深刻的感悟。

 于婧妍

大学五年转眼就要过去，参加七校联合毕业设计既是对自己大学五年的总结，也是与其他学校同专业同学间的相互比较学习。中国还有很多类似于柳埠镇的待规划、待发展的小镇，相比那些需要"锦上添花"的大中城市，这样的小城镇才更需要规划的"雪中送炭"。经过这次的联合毕设，让我认识到自己在专业方面还有很多的不足，城乡规划是一门专业的学科，在学校中我们的设计只止步于书本与理论，在未来的工作里才能把知识真正地应用于实践，这次的毕设是理论与实践的桥梁，是步入社会参与实际案例的过渡，更是学校生活与社会生活的缓冲。最后，感谢老师和同学给予我的帮助，让我在规划设计方面又有了新的提升和思考。

 王珂晔

历时一学期的毕业设计完成之际，我的大学生活在这个季节也即将画上一个句号。而对于我的人生却只是一个逗号，我将面对又一次征程的开始。

毕业设计是我作为一名学生即将完成学业的最后一次作业，这既是对学校所学知识的全面总结和综合应用，又为今后走向社会的实际操作应用铸就了一个良好开端，毕业设计是对所学知识理论的检验与总结，能够培养和提高设计者独立分析和解决问题的能力，是我在校期间向学校所交的最后一份综合性作业。

通过这次毕业设计，我才明白学习是一个长期积累的过程，在以后的工作、生活中都应该不断地学习，努力提高自己的知识和综合素质。

总之，不管学会的还是学不会的的确觉得困难比较多，真是万事开头难，不知道如何入手。最后终于做完了有种如释重负的感觉。此外，还得出一个结论：知识必须通过应用才能实现其价值！有些东西以为学会了，但真正到用的时候才发现是两回事，所以我认为只有到真正会用的时候才是真的学会了。

苏州科技大学

李紫扬

在新时代的背景下党中央提出加快建设美丽中国，绿色化地营造城乡空间，并提出乡村振兴战略的发展理念，从而推进城乡一体化的发展，这些顶层设计给小城镇的发展提供明确的方向以及相应有力的保障。本次各层级的规划设计便是顺势而为，不断尝试思考，探索推演而来。

本次方案将理念与规划相结合，设计与空间相结合。在规划前期，在研究范围内分层次性对规划范围的现状进行充分的调查与研究，为后期概念规划和片区城市设计提供相关夯实的推演支撑。

方案的推演是在区域格局透析、本底资源识别与方案理念三个层面做了详实的研究和探讨，基于现有的资源，对南部山区柳埠镇进行分层次性的梳理，最终剖析出柳埠需打造全域旅游服务中心，强化疏散游客功能，最终着力驻地集聚效应。规划基于多点触媒、多维融合等理论，以宿旅为规划理念，对柳埠驻地进行概念规划，在总体定位的基础上对片区城市设计进行目标定位，以双创阡陌、宿旅社区为设计思路，在四门塔为文化极核片区打造生态、文化、共享的民宿聚集区，从而探索山水融合，小城镇及乡村振兴的发展路径，以期塑造新时代富春山居图优美画卷。

通过毕业设计的学习和努力，在规划设计的系统性思维上和各层级规划的知识盲区都有了极大的提升，这离不开和搭档的通力合作，以及老师的辛勤努力，学无止境，开拓进取，热爱本身就是规划的初心。

黄林杰

时光荏苒，毕业设计的结束为五年大学生活画上了圆满的句号。三个多月的拼搏，收获了颇多感悟和人生道路上的精彩时刻。从江南水乡苏州到泉城济南，一个以园林筑园，一个以园林筑城，两个文化底蕴如此深厚的古城，为设计增添了许多丰富的灵感。

三人行，必有我师焉。很幸运能参加"7+1"联合毕设，能够与其他学校的老师同学进行学习上的交流，弥补自己原有知识体系的不足。联合毕设只是一个开始，未来要学习的还有很多，我会在学习生活和工作生活中不断学习，提高自己的专业素养。

在此感谢三个多月来和我们一起奋斗在前线的顿明明老师和周敏老师，细心的指导让我在毕业之前对五年所学知识有了更深的理解，谢谢老师们不辞辛苦地为我们一遍又一遍地提出宝贵的建议。

龚肖璇

时间如白驹过隙，一瞬不肯停留。回首联合毕设三个月的时光，短暂而又充实。从最初能够加入毕设的大团体里，与来自不同学校同学之间的交流与合作，并且得到各位老师的悉心点评的荣幸，到更加熟练地掌握学科知识，学习不同的设计思路与方法，从而弥补方案设计中的不足，这些过程都让我受益匪浅。此次任务"济南市南部山区生态小城镇城市设计"，让我们深入地了解了柳埠镇的历史，纵观当地文化特色，体悟地方风土人情。

从前期调查以及分析总结，济南的宗教文化资源具有很高的艺术价值、审美价值、文物价值，种类丰富，历史悠久。本次课题我们希望能够通过深入挖掘柳埠镇四门塔的历史意义、建造艺术、文化内涵，以"禅"为切入点，梳理宗教文化在禅修文化中的转译，让禅文化守住柳埠镇的生态红线加快城市发展……

在这，我要特别感谢我们的指导老师——周老师与顿老师，他们在方案设计中给了我们许多指点和建议，是他们的辛勤付出，让我们少走了不少弯路，是他们的耐心教导让我们能够完成这个毕设。

我和同伴在循环反复的设计过程中一路走来。有无法切入主题的失落、有找不到合适出路的迷茫、有方案停滞不前的沮丧，也有过指导老师一句肯定或者小小表扬的喜悦。一切的情绪都在最终的毕业时光中画上一个句号。今后，我仍应守住本心，努力前行。

陆 园

为期三个多月的毕业设计终于要落下帷幕，回想起这三个月的辛勤钻研，我不禁感慨良多。从最初被选为参与联合毕设成员的志忑，到中期汇报的焦虑，再到最终提交成果的欣喜与满足，这些经历都会成为我人生道路上十分重要的一部分，引导我以后在城乡规划道路上越走越远。通过这次极具挑战的城市规划任务，我更加熟练地掌握了城乡规划的知识，能够真正将其运用到实际项目中。同时，我也学习到了团队合作的重要性，养成了分工探讨研究的好习惯。此外，通过这次联合毕设，我认识了许多其他学校的同学，领略了济南独特的自然人文景观，也对不同学校的教学特点有了一定的认识，也能对其进行一定的吸收利用。这些收获是在平时的课堂学习中无法获得的，因此我更对这次的联合毕设心怀感激。

整个毕设过程中，我最感谢的是我们的指导老师——周敏老师和顿明明老师。毫不夸张地讲，如果不是老师们不遗余力的教导，我们甚至不能按时完成作业，更不用说取得令自己满意的成果了。当然，我也要感谢我的搭档。在一个个画图的深夜，如果不是她的陪伴与帮助，我们最终也不会取得这样的成绩。

这次的联合毕设，对我来说已经不是一个作业那么简单了，它已经成为我人生的重要成果与节点，它为我们的五年学习生活画上了一个句号，也让我们在规划的道路上有了一个良好的开端。

孙睿颖

终于，大学五年的学习生涯，伴着毕业设计的结束，即将画上句号。此时此刻，百感交集。最不得不说的就是，感谢！感谢学校和老师给我们一个相互交流、碰撞灵感的宝贵机会，让我们看到了与本校截然不同的设计角度、设计思维、设计手法，以及一个个闪光的作品。感谢我的指导老师，竭尽全力，不厌其烦地给我们提供意见，优化我们的设计。同时感谢我的搭档，在这三个多月的时间里，包容我，鼓励我，在许许多多的日夜，为同一件成果共同努力！

在这次的设计中，为了扣住毕设选题，我们选用了环境容量的理论来结合设计。设计过程中我们做了大量的数据分析，建立了数据模型，最终得到了一个"理性＋感性"的一个设计方案。对于我们来说，这也是一次新的突破。

更为之珍贵的是各位耐心聆听汇报的老师给出的许多建议。老师们都从不同的角度提出了自己的意见，让我们在设计初、设计中，哪怕在设计完成以后，都不断思考自己方案的合理性和创新性，让我们认识到自己的不足和缺憾。

七校联合毕设是我们大学规划学习的终点，却是我们未来规划学习的新起点！愿各位同学扬帆起航，在未来我们有缘相聚！

宋品涵

不知不觉中，五年的大学生涯即将走到了尽头。在三个多月的历程后，我们终于完成了自己的毕业设计。毕设是大学生涯的最后一个环节，不仅是对五年学习生涯的一个总结和检验，也是一个再次提高的过程。

非常荣幸能有这次参加"7+1"联合毕设的机会。在这个过程中，我能够拥有与其他学校老师同学交流的机会，认识了新的朋友，也能从他人的思路和方法中获取新的东西，受益匪浅。在这个过程中，我也深刻地认识到了自己还有很多不足，未来需要学习的东西还很多。学习是一个长久的过程，需要不断的积累，在未来的工作中不断提高，努力提升自己的基础知识和综合素养。

最后，在此还要感谢我的指导老师陆志刚老师以及在毕业设计过程中向我提出宝贵建议的老师们。在设计过程中，这些建议和指导给了我更多完善设计的方向，做出了更好的作品。无论如何，这都是一次十分宝贵的经历。

苏州科技大学

韩 夏

以前曾在老舍先生的《济南的冬天》里读道：小山整把济南围了个圈儿，只有北边缺着点口儿。这一圈小山在冬天特别可爱，好像是把济南放在一个小摇篮里，它们安静不动地低声地说："你们放心吧，这儿准保暖和。" 到了济南发现果然如此，整个城市都被山环绕着，许多地方就建在山坡上，要爬一个又长又陡的坡才能上去，但又实实在在是在城市里，这样的景观真是十分有趣。而柳埠又是一个格外安静可爱的小城镇，白日里街道上也没有几个人，但是你却能从那流动的泉水、明媚的阳光里感受到那种跳动、勃发的原始的活力。

很荣幸能参加"7+1"联合毕设作为大学生涯的一个收尾，在进入社会之前，能有这样一个机会和其他几所高校的同学切磋交流是十分有意义的。在联合毕设的过程中，我们一路跌跌撞撞，面对了很多问题，经历了很多挑战，但在周敏老师和顿明明老师的悉心指导下，最终还是顺利完成了。我们的毕设还有许多不足，这都是未来我们在工作岗位上或者校园里需要继续学习的地方。

希望"7+1"联合毕设越办越好，大家都能在未来的工作岗位上发光发热。

何 鑫

初到北国，实在不大适应济南的干燥。虽名为"泉城"，却依然逃脱不了温带季风气候的魔爪。济南的泉水之源属于南部山区，而此次联合毕业设计的基地则是位于南部山区的柳埠街道。

初到柳埠时，河床是干涸的，山坡是枯燥的，但是调研及汇报过程是充实而有趣的。再到济南时，花已经开始绽放，空气也有了一点湿润的气息，但中期汇报是让人猝不及防的。不过明白自己和他人的差距终究是好的，相比联合毕设的意义也在于让我们互相切磋，互相成长。

此次毕设，劳累了顿明明老师与周敏老师许多。一开始的磕磕绊绊总是让他们担心，实在是抱歉了。在两位老师的悉心指导下，毕业设计还是顺利地孕育了出来。虽不完美，但已足够完整。同时也要感谢同组的搭档们的热心陪伴与答疑解惑，快乐学习，快乐成长。也衷心祝愿各位老师、各位同学越来越好。

最后也祝愿"7+1"联合毕业设计越来越好。

史佳铖

能参加这次联合毕设确实是一个很意外的收获，认识了很多人，学会了很多事，算的上是人生的一个转折点，可能开始清楚地意识到了不满足于现状的自己，还有很多想要去学习的方向。

在这次毕设中，经历过了焦虑期，一些反反复复，一些工作与学习的不平衡之后，好在终于还是有了些起色。不管是前期定下的方向，还是之后的设计想法、工作分配，在不停的探索之后，终于找到了一个比较适合自己的位置。

感谢学校能给我这次难得的机会，走出校门，遇到新的老师、同学，遇到另一种意想不到的小惊喜，很感谢亲爱的顿明明老师和周敏老师对我们的悉心指导和鼓舞鞭策，虽然我们也许并没有那么出彩，但是目标是月亮，落下来也在云端，不管是这次，还是之后的工作学习，都会给自己一个清晰的方向，以及不忘初心的初衷。最后要感谢我勤劳能干、踏实稳重的搭档，替我解决了很多后顾之忧，能顺利完成这次毕业设计和他的辛苦是分不开的。结束又是另一个全新的开始，很珍惜这段时间，也庆幸自己的改变，希望未来的自己也能如此。

最后，祝未来的你们也越来越好！

周 洲

这次毕设始于济南的晚冬，终于合肥的初夏。

老舍先生在《济南的冬天》里写"小山整把济南围了个圈儿……这一圈小山在冬天特别可爱，好像是把济南放在一个小摇篮里"。恰巧，我们正是在这个可爱的时间来到了基地——山水村镇柳埠进行调研。初到柳埠，课题"生态·诗画"与经济发展、居民诉求的矛盾就从和司机的聊天中得到了体现，如何平衡保护和发展之间的关系并再落脚于规划设计，这成为了我们重点思考的难题。

虽然题为城市设计，但课题过程中涉及了总规、控规、修建性详规，地块设计中又涉及了居住区、商业区、公建、公园等设计，真可以说是一次大学五年学识的"期末大考"了。几近变更，我们组最终确立"慢生活"为核心理念进行设计，从景观、交通、建筑、产业等进行了规划，对每个环节都进行了思考和把控，最终呈上了这份有限时间里能让自己满意的答卷。

纵然意犹未尽，也已到达终点。感谢母校的栽培让我成为了现在的我，求学五年中的所学所悟将受用终生。感谢顿明明和周敏老师在这段旅程中给予的帮助，感谢我最美的搭档能和我愉快圆满地完成这次毕设，感谢五年中遇见的所有师友以及我的家人们，最后要感谢印第安艺术家亚历桑德罗的巡演直接加速了这次的毕设进程，我爱你们！

山东建筑大学

刘雨晗

从冬到夏，从北到南，三个月的毕设学习已然接近尾声。七校联合毕设给予我一次机会发现济南之南，探索锦绣之上，与伙伴一起奋斗，与老师一起交流，与同学一起成长，相信这段日子会是我永远珍贵的回忆。

面对城市设计中错综复杂的问题，如何找到有效的发展途径是本次设计的重中之重。于是在设计之中回归基地本身，通过对驻地自身进行生态敏感度分析以及与周边市镇进行资源类比、功能类比得出驻地生态休闲康养小镇的发展定位。在明确定位之后确定规划片区为康体片区，因此我们在设计中引入"交互"的概念，通过打造"风翎公园"运动绿核及其蔓延生长出的多条带形公园绿地连接金牛山野趣活动与锦阳川滨水休闲活动，构成片区骨架，创造个体与环境、个体与行为、环境与行为之间的交互活动，同时融入山水元素打造一个有山有水有人烟的诗画片区。

最后，发自内心地感谢陈朋老师和程亮老师的悉心指导，老师们对待设计严肃、科学的态度与精益求精的工作态度深深感染和激励着我。在毕业设计的过程中，老师们始终给予我精心的指导和不懈地支持；感谢我的队友璐瑶小宝贝和一起做总体城市设计的阿嫦和雨菲，珍惜我们共同奋斗的日日夜夜；感谢七校联合的同学，让我们互相帮助，共同进步。终于还是迎来了毕业，为五年画上句号的是告别，黄尘清水我们再相见。

韩璐瑶

从没想过三个月可以这样度过，日日夜夜这样度量的时间怎样看都是我人生中最为耀眼的一段日子，只因为在最好的时间有最好的人相伴做最有意义的事。我有幸选择了七校联合毕设，参与到这样一个有价值的设计题目，让我大学五年的结点变成了一个新的开始。真挚地感谢程亮老师和陈朋老师，他们在我专业的"平流期"带给我全新的理解与认知，让我看到更多的可能性；庆幸我与我的小可爱黑黑一起完成这个项目，这让我学到很多；也要说和宋和嫦一起的总体城市设计总有真实的欢乐，总之，一切，恰到好处。

项目伊始，我抱有太多一个地块基本城市设计的固化思想，过分的简单化了问题，认为不过是像从前一样，挖掘一个设计新奇点，一点延伸，提出解决策略，但实际上，对于一个具备完整产业链条的小城镇，不同于城市中的某个地块，要考虑的内容也不仅仅围绕发现问题和解决问题，还关乎发展，还关乎限制，还关乎开发建设逻辑，还关乎社会矛盾，也因为一个地块不足以支撑小城镇发展的背景，我第一次进行了总体城市设计的研究，这期间在老师的指导之下，我们团队完成了一套能说服他人也能说服自我的论证逻辑，这让我认识到规划专业的严谨态度与强大逻辑，也让我意识到规划中视野的独特价值。

愿未来的我们都能在规划领域不断成长，愿我可以保持对于规划设计的赤诚初心。

徐一鹤

在该次毕业设计中，我与麻承琛同学为一组，设计题目为《踏石寻山-济南南部山区生态小城镇城市设计》。在开题调研初入柳埠镇时，柳埠镇对我的感觉就像远离济南市区的一处世外桃源——依山傍水、村静人美。但随着调研的不断深入，我们也陆续发现了许多现存的问题，例如：公共空间平庸、年轻人群流失、土地利用低效、滨河空间消极、绿色空间被侵蚀等。

本着以解决城镇现状问题，优化城镇生态空间为目标，在设计前期我们梳理了三个核心解决方向，即挖掘主体特色、构建功能空间、织补网络系统。随后，我们在穿越镇区的锦阳川水中卵石产生概念灵感，以"踏石"意向构筑整体设计理念，以"寻山"思想贯穿各功能空间组织。石之意向的产生，首先因济南南部山区为泰山余脉，而泰山自古以来以奇石文化文明；其次，所选基地北靠山，南依水，寻求联系南北山水的中间共同元素即为石。在设计过程中，生成踏石意向，以石形建筑、石阵广场、踏石平台、软硬岸线将踏石概念落实到空间上；并通过观山视廊、寻山步道、显山天际线、望山节点的塑造，营造由南部水系"寻"到北部山体的景观路径，形成联系南北山水的寻山线索。最终随设计方案的生成，将"踏石寻山"落实到具体空间设计上，并加之各区间的活动策划引导，使柳埠镇成为山清水秀、活力迸发，并兼具生态旅游、医养度假功能的济南后花园。

最后，由衷感谢两位老师的悉心指导，为我们在本科阶段的学习过程画上了理想的句号。

麻承琛

在这次毕业设计中，我与徐一鹤同学为一组，设计题目目为《踏石寻山-济南南部山区生态小城镇城市设计》。在团队作业中，队友的选择固然重要，我与徐一鹤同学在经历过几次课程作业的配合之后，这次毕业设计过程中也做到了合理分工，短时高效。在初期调研阶段，我们组负责社会调查部分，从而深入地了解到柳埠镇部分居民对柳埠城镇建设提出的问题及对城镇建设的愿景。而我们本次设计也本着解决城镇现状问题和保护柳埠生态资源为主，将柳埠打造成保护生态、如诗如画的宜居小镇。

在整个毕业设计的过程中，我们的工作大致分为三个部分：现状问题梳理、总体城市设计、区段城市设计。首先对柳埠的现状问题进行总结，对其发展潜力进行评价，从而得出柳埠镇的核心产业、发展方向及生态保护策略，对总体城市设计及区段城市设计进行支撑。其次进行总体城市设计的工作，提出城镇总体发展策略及技术路线，做好各地段的控制引导，在总体城市设计工作的同时，我们组也进行了区段城市设计选址，从而进一步深化城市设计。最后感谢两位老师的悉心指导，在这次毕业设计中我们也学到了很多东西。

陈景艺

漫长而又短暂的五年大学生涯即将结束，匆匆时光里总有一些值得记忆与回味的时刻存在并深深保留下烙印的痕迹。毕业设计是我们在本科学习阶段的最后一个设计作业，是对我们自学能力和解决问题能力的一次考验。

在做毕业设计的过程中，从最初的调研开始，通过不断的调查及分析，最后确定所设计的地块，利用SWMM雨水管理模型，对动态降水、径流的水量和水质进行模拟，从而确定基地内的最佳排水走向及景观廊道。同时运用CAZ的理念，塑造多种活动的组合空间区域，最终，将所选基地打造成一个集服务、休闲、康养为主要功能的柳埠中心。

在设计的过程中，通过与老师的交流，我学习到了更多的设计手法及知识，但自己的领悟也是非常重要的，多学习优秀案例，将先进的、适宜的设计融入自己的理解，充分运用到设计当中，才能真正深入到我们的思维习惯和设计特性中去。我们进行毕业设计，是在专业理论的指导下，通过各种设计，来解决一些实际性的问题。因此，设计是否具有可落地性也是十分重要的，特别是像柳埠街道这样一个处于新旧交替的地域，更应注重其更新地段的设计。

通过这一次毕业设计，我比以前更加熟悉了一些规划方面的知识，还锻炼了自己的实践能力，觉得收获颇丰。在以后的学习和工作中，我们也应该同样努力，不求最好，只求更好！

魏佳良

毕业设计是我们本科学习阶段的最后一个环节，是对所学专业知识的一次综合应用，也是学校生活与社会生活间的过渡。在完成毕业设计的时候，我尽量把设计与现有地形地貌有机地结合起来，从而力求设计的可落地性。

区段城市设计层面，结合上位规划及相关政策，依据《济南市城市设计编制技术导则》进行编制，打造南部山区的服务型生态旅游宜居小镇。街区（地块）城市设计层面，结合基地现状，借助CAZ理念，将所选基地打造成一个集服务、休闲、康养为主要功能的柳埠中心。专项城市设计层面，前期基于GIS汇水分析构建疏水廊道，利用SWMM进行暴雨模拟分析，通过设置不同的LID设施便于增加雨水的渗透量，从而达到节水保水的目的。

脚踏实地、认真严谨、实事求是的学习态度，不怕困难、坚持不懈、吃苦耐劳的精神是我在这次设计中最大的收益。我想这是一次意志的磨炼，是对我实际能力的一次提升，也会对我未来的学习和工作有很大的帮助。

很感谢我的指导老师和专业老师，是你们的细心指导和关怀，使我们能够顺利地完成毕业设计。不顾劳累与辛苦为我们讲解毕业设计需要调整和修改的方向，让我不仅学到了扎实、宽广的专业知识，也学到了做人的道理。我相信，在以后的成长道路中我一定会铭记五年来带给我的每一份欢乐与汗水，将它们绘制成只属于我的风画卷。

山东建筑大学

 黄 嫦

这次联合毕设的题目是济南市南部山区生态小城镇城市设计。我们组地块设计的主题是"禅境·刹那静"，以四门塔的隋唐文化，七十二名泉"涌泉"为引导，结合柳埠的生态优势，配备相应的功能，让从都市来的人们因为文化的沉淀以及生态的环境在来到这里时心灵刹那得到平静，打造充满禅意的境界。

前半学期，老师安排六人一组做总体城市设计，这也是第一次与这么多人做同一个设计，印象最深的就是总体城市设计中六个同学在 3 张 A1 的图拼起来的一张图纸上一起画图，分工协作，互相帮助，互相调侃打气。中期的答辩更像是一次阶段性成果的交流，每个组在自我完善的前提下接受来自不同学校老师的点评，看到了我们没有注意的方面，开拓了新思路。在后半学期，针对老师们提出的意见与建议，我们进行了不断的完善和深化。在终期，来到安徽建筑大学交流成果，每个学校对于生态小城镇设计的不同思路以及图纸的表达都有值得学习和借鉴的地方。

大五下学期在终期答辩结束后，已经渐渐接近尾声。感谢老师们提供参加"7+1"联合毕设的机会；感谢程亮老师、陈朋老师在联合毕设中对我们的指导与督促；感谢一起熬过夜的队友。最后，感谢联合毕设为我的毕业季画上圆满的句号。

 宋雨菲

回想过去的一个学期，近三个月的毕业设计一路走来，感受颇多。这次的毕业设计对我来说是一次新的尝试，在众多的限制因素中，如何突破现有的限制条件，使柳埠街道利用其本身的资源，充分发掘历史文化，达到生态诗画的目的，是我们主要想要解决的问题。

柳埠街道是一个群山环绕的小城镇。尤其是四门塔地区。那里环山抱水，是"采菊东篱下，悠然见南山"场景的真实写照。所以我们在四门塔地区规划了很多山野民宿，为在城市中繁忙工作的人们在南部山区的山林中留有一片放松身心、感受自然的净土。同时，我们也进一步弘扬四门塔地区的佛教文化，结合茶室、风情街等功能，融入佛文化和隋唐时期的风情。禅境，是我们对这片地区美好的向往，希望各方游客能在这里找到刹那间的平静，能够得到身心的升华。

方案设计在不断地反复中，不断地否定之中得到确认。设计本身是一件需要反复研磨的事情，有时会遇到瓶颈，想要突破自己，突破常规，必须经历时间的考验，最后拾起散落满地的思想碎片，在不断的挣扎与蜕变中完成方案。感谢我的两位老师，在我迷途之际给予我引路的明灯，感谢老师的悉心指导。同时也要感谢我的队友，我们互相扶持，共同进步，这是我们共同的成功！

 孙 宁

作为一名即将毕业的规划大五学生，毕业设计可以说是在五年漫长本科学习期间的最后一个设计，也是一个充满挑战的任务。一方面，我希望能完成一份自己满意的设计，另一方面，也想要珍惜大学期间最后一次学习的机会。能够参加这次七校联合毕设，无疑是为我本科学习生涯画上一个完美的句号。从初期调研到中期汇报，再到终期答辩，这一整个过程，无论是自己付出的心血也好，还是得到的收获也好都是无与伦比的。能够有机会与其他各个院校的同学一同调研、交流、合作，同时能够得到其他名校教授老师对我成果细致入微、充满专业性的点评，可以说，"7+1"联合毕设对我而言不仅限于一个学习的过程，更是一个能够了解不同城市地域文化和规划专业精神的机会以及未来实际工作衔接的良好平台，感谢"7+1"，也感谢过程中帮助过我的所有老师与同学，希望未来有机会可以继续沟通学习。

 房 荀

通过联合毕业设计的课程设置，增进了对其他学校规划专业同学的了解。这是一个非常有趣的过程，我们接受了相似又不同的规划教育，最后却又到达了相同的终点。联合毕设将我们聚在一起，交流了解，认识到自己的不足，更加明确自己未来努力的方向。我庆幸自己选择了联合毕设，走出了校园，广交朋友，解读到了更多的设计以及设计以外的知识。这一路，忙碌充实，疲惫也感动。

最感谢的还是毕业设计的指导老师们——陈朋老师与程亮老师，是他们不厌其烦的悉心指导与陪伴，是他们高标准的要求使我们一次又一次突破自我，达到更好的状态，是他们仔细地分析我们思维中、设计中出现的问题，夯实了我们的基本功，理清了我们应该具备的专业思路，提升了我们的专业素养，无疑在毕业前又给我上了重要的"一课"，让我更加有勇气去面对未来的学术生涯，真的感谢老师们对于我的关注与培养，希望以后有机会能继续向老师们学习。

 豆 丁

非常有幸参加此次"7 + 1"联合毕业设计，这次联合毕业设计始于济南，终于合肥，始于冬，终于夏，像一场漫长的旅行，在我的大学生涯中画上了浓墨重彩的一笔。

这次毕设的主题"生态·诗画"，让我开始思考，我应该怎么运用自己的专业知识帮助小城镇提高生活水平和生活质量，怎样去使城市建设和生态保护和谐共存，怎样使我们的城市更为和谐更为诗画更为美好，感谢这次毕业设计让我对城市规划师的使命有了更深的理解。

在这次联合毕设中，非常感谢本校两位毕设老师对我耐心的指导，你们的指导让我在思考问题和解决问题方面的能力有了很大的提高，让我的设计更具有逻辑性，让我懂得了如何去深化和完善自己的方案。在这次联合毕设中，我结交了很多志同道合的朋友们，虽然我们可能此生无缘再见，但是我们对求知的执着和对卓越的追求将永远留在我们心底，激励我们勇往直前，激励我们成为更为优秀的人！

这次联合毕设开阔了我的眼界，让我了解了其他高校的教学模式和思维方式与我们学校的不同之处，让我发现了我在舒适圈难以改进的欠缺之处。感谢在每次汇报交流中同学们的精彩发言让我学到我所没有的优点和长处，感谢各个学校老师和同学们对我的指导和帮助。虽然各个学校互相交流的时间很短暂，但是，我将带着联合毕设的这种"互相帮助、互相交流、共同进步以及追求卓越"的精神继续向前，努力提高自己的专业水平，争取成为一名优秀的城市规划师！

 王雅弘

随着答辩的结束，毕业设计也即将画上句号。虽然不能说完美，但却令我受益匪浅。非常有幸能参加这次的"7+1"联合毕业设计，历经几个月，由南到北由东到西，散布在各地的七校的我们共同铸就了抹不去的辉煌与记忆。

这次毕设围绕济南南部山区生态小镇的主题来展开，顺应目前生态发展的态势，研究如何实现小镇更好的发展。以前我认为，毕业设计只是个设计，是大学以来所学知识的汇总，但其实不仅是对之前积累知识的检验，更是对自身能力的一种历练与提升。

几个月走下来，想感谢的人有太多。感谢指导我毕设的老师们，无论是本校的还是外校的，是你们的指导让我在很多问题上豁然开朗，很多思考不明白的问题都迎刃而解。感谢我本次的队友，因为有你，我才能坚持下来，很多困难的时候我们都是相互鼓励，互相帮衬着继续前行。还有各个学校那些志同道合、相识又很快分别的朋友们，虽然我们相见时间尚短，但我们对求知的执着和对更高水平的共同追求将永远留在我们心底，激励我们勇往直前，成为更优秀的人。

这次毕设让我感受到，不同学校之间的教学模式和方法确实是有很大的差别，在汇报交流中同学们的不同想法也让我学到了许多之前没有想到过的思维方法。我会带着这次难忘的经历继续前行，继续着成为一名规划师的漫长旅程。

西安建筑科技大学

胡宇光

首先要感谢"7+1"联合毕业设计这个平台，给了我们一个开阔眼界、互相学习交流的机会，没有接受任务以前觉得毕业设计只是对这几年来所学知识的单纯总结，但是通过这次做毕业设计发现自己的看法有点太片面了。毕业设计不仅是对前面所学知识的一种检验，而且也是对自己能力的一种提高。下面我对整个毕业设计的过程做一下简单的总结。
在此要感谢我的指导老师对我悉心的指导，感谢老师给我这样的机会锻炼。在整个毕业设计过程中我懂得了许多东西，也培养了我独立工作的能力，树立了对自己工作能力的信心，相信会对今后的学习工作生活有非常重要的影响。在生态小城镇这个从未接触的领域内，不断寻求新的可能。

孙 璇

首先要感谢"7+1"，感谢多个学校各位老师的悉心教诲与经验传授，加上自己的一份勤奋，完成大学本科阶段最后一次设计。通过这次城市设计，我们更加熟练了有关城市设计的方法、过程、思考点、空间与流线的组织等技巧，并深刻体会到前期基地现状研究的必要性和尊重现状和地域文化的重要性，提高了独立分析问题和提出解决对策的能力，养成了与大家共同探讨问题，分工合作的习惯。转眼大学五年将过，我们也由最初对专业的懵懂到如今的专业入门，在规划这条专业道路上以后还有一段很长的路要走，有很多的知识要了解和学习。今后我会继续努力。

高靖葆

首先感谢"7+1"联合毕设，给我这样一个机会可以和其他同学进行交流。同时，感谢我小组的其他同学在我们之中的互相鼓励、帮助。对于这次毕业设计，我们面对的是我们平时经历不多的生态小城镇——柳埠，柳埠与我们平时学习、设计所接触的城镇有很大区别，这里山清水秀、鸟语花香，这里却又风貌混乱、亟待开发。通过对这么一个保护和发展共生的城镇的设计，我明白了对于一个城市，我们需要的不只是经济的增长与产业的更新，更需要一个优美的环境和宜居的生态。在未来的设计学习生活中，我要更加注重小组合作、注重对保护与发展的平衡。

侯笑莹

感谢这次"7+1"联合毕设活动，让我接触到了柳埠这么一个风景优美、生活闲适而又有历史、有文化的城镇，南部山区的情况不同于我们以前设计的任何片区，这种以生态保护为主的区域在设计时会有十分多的限制。柳埠作为南部山区中的重点保护地区，在进行设计时更要加注重对生态环境的保护。我们为柳埠赋予了"文韵山水、乐活驿站"这样的概念，期望柳埠在未来的发展中，注重展示山水景观，发展历史文化，营造宜居生活，塑造活力驿站。这次毕业设计为我打开了全新的视野，建立了不同的观念，为我以后的规划生活起到了重要作用。

苏航营

时光飞逝，转眼间五年大学生活即将结束，这个学期参加了七校联合毕设，有机会和全国优秀的同行和同学进行交流和学习，并且在这次城市设计中，对自己的专业知识也有了更为深刻的认识，也充分体会到了工作学习中合作的重要性。
在这里，我想首先要向这次毕设的三位指导老师予以致谢：邓向明老师、杨辉老师和高雅老师，三位老师不仅在专业学习方面，更在做人方面给了我们极好的榜样，老师的悉心教诲与经验传授还历历在目，在整个过程中收获满满。
其次，感谢小组合作的伙伴，虽然有时候对于专业课程有不同的idea，但互相的沟通与交流让我们收获颇丰。
最后，也感谢自己的努力。完成大学本科阶段最后一次设计。过程愉快，收获丰富，结果也较为满意。
愿，大家一切顺利！

吴隐杰

这次毕业设计规划用地位于山东省济南市，对方案整体功能定位和结构组织有一定难度，但是基地有丰富的历史底蕴和人文气息，较容易做出新意和特色。前期阶段，我们赶赴济南市基地附近进行了基地调研和城市生活体会，其中济南的文化、生活节奏、当地美食等都给予我深刻印象。这次的设计过程促使我们思考如何"在城市发展中重现文化价值"的问题，虽然这个问题我们的回应还不是很完善，但是在设计过程中所学到的东西是这次毕业设计的最大收获和财富，同时我认识到我现在掌握知识实在是太少了，要想成为一名优秀的规划师未来的路还很长，要不断地去学习，去积累。总之，对于这一次毕业设计，很庆幸能参加这次联合毕设，特别要感谢的是老师们，在设计过程中为我们提供莫大的帮助，让我们对建筑、规划都有了全新的认识，使我们收获颇丰富。还有想在此对于承办这次毕设的老师、同学们表示衷心的感谢，感谢他们在这毕业设计过程中给我们的帮助！

董慧超

经过一学期联合毕业设计对于柳埠镇的研究，我了解和收获到了许多关于小城镇规划与设计的知识和概念。在基地调研过程中，我们与来自不同学校的同学进行了紧密的合作与交流，我们学习到不同的调研方法与分析思路，增长了知识，促进了交流，也建立了友谊。在设计过程中，我们着眼于保护生态、发展特色文化旅游业两点设计理念对柳埠镇进行城市设计。结合初次对于柳埠镇的调研中发现的问题及基地自身可挖掘的潜力，我们对于柳埠镇全域进行了设计定位、设计理念及设计策略的规划与设计。针对所选地块，我们着力挖掘其文化及历史底蕴，对其潜力产业与现状具有保留价值的特色要素进行分析，得到相应的保护与发展策略，同时采取对于生态低影响的开发模式，保护当地生态环境。相信不远的未来，柳埠镇在同学们的集思广益下，会发展成为具有山东特色的生态小城镇。

李婉莹

经过整整一个学期的毕业设计，我对于城市设计有了更加深入的理解和认识。之前在大四大学期间虽然进行过城市设计的学习，但是更多是在感性层面的认知以及空间设计的角度，而经过了此次全面和完整的城市设计过程，我不仅仅从空间的层面，更多地从城市设计的强制性实施的角度有了更多的认识。在设计的初期，对于规划背景了解的时候，融合进了很多大四学习的总规、控规的知识，后期的空间设计的内容也更多融合了城市设计导则的内容，空间设计不再是简单地图纸，而被赋予了可实施的可能性。在方案形成的阶段，有不断地更改，也让我认识到了城市设计更多是一个不断完善和更新的过程，即使实施之后也会有很多新的问题不断产生，随着政策的改变和技术的发展，城市设计总是要不断向前推进。

薛 健

经过三个多月的努力，这次"7+1联合毕设"终于圆满落幕，这也是我在学生生涯参加的最后一个课程设计，第一次参加多校联合课程设计，我们大家的心情都是既期待又紧张，期待的是之前的学习一直是在本校"闭门造车"，这次终于有机会见识到全国各地的同行们，紧张的是第一次跨学校合作，担心毕设中可能会遇到各种各样的问题。调研中来自天南地北的同学们一起集思广益，听到了许多视角独特的新奇声音。在合作完成调研汇报后，我们小组便开始了独立设计，我们小组选择了历史文化片区，想在生态保护的前提下通过资源挖掘、游线设计、空间整治等手段激发该片区的旅游活力，迎接济泰高速的开通，届时柳埠将成为济泰沿线上重要的旅游服务中心。

安徽建筑大学

王羽轩

为期四个月的毕业设计，这一段曾经以为是没有尽头的旅程，终于伴随着终期答辩迎来了尾声。毕业设计既是对大学五年所学知识的一次检验，又是一次对未来人生目标的再定位，在毕设的过程中，我经常思考到底什么样的设计是我想做的，到底什么样的设计是未来应该做的。这次毕设帮助我找到了未来努力的方向。

感谢于晓淦老师悉心的指导，给予我们设计上、思维上的很多帮助，并让我们依据自己的想法自由地做出属于自己的东西，助我们顺利过关。在进行毕业设计的全过程中，不论是前期进行相关文献的研究，还是后期设计上的修改调整，以及最后整理出图，于老师都给了我们很多方面的指导建议。我还要感谢我的队友赵煜彤，正是因为有着优秀的小伙伴交流各自的意见，我才能在毕设的过程中不断吸收不同的看法，扩展了自己对待专业知识的深度与广度。

本次毕设让我收益最深的就是对于逻辑的把控，在对待问题的时候不断考虑逻辑的严谨性，反复推敲后期的设计落实点是否与前期提到的理念相匹配。相信缜密的逻辑思维将对我未来的设计生涯影响深远。

此次毕业设计树立了我对于城市设计的信心，进一步激发了我对于城市设计方向的兴趣，相信这段设计体验将成为我未来研究生生涯甚至是职业生涯的基石，让我能够更加勇敢地走在设计之路上。

赵煜彤

随着毕业日子的到来，毕业设计也接近了尾声。经过几个月的奋战，我的毕业设计终于完成了。通过这次毕设，我明白毕业设计不仅是对前面所学知识的一种检验，而且也是对自己能力的一种提高。同时也发现自己知识还比较欠缺。自己要学习的东西还有太多，不能眼高手低。通过这次毕业设计，我才明白学习是一个长期积累的过程，在以后的工作、生活中都应该不断地学习，努力提高自己的知识和综合素质。在这次毕业设计中也使我们的同学关系更进一步了，同学之间互相帮助，有什么不懂的小组在一起商量，听听不同的看法，有助于我们更好地理解知识，所以在这里非常感谢我的小伙伴轩轩大佬。

然后要感谢我的指导老师于老师的悉心指导，感谢老师的辛劳付出、给予我的帮助。在设计过程中，我通过查阅大量有关资料，与同学交流经验和自学，并向老师请教等方式，使自己学到了不少知识，也经历了不少艰苦，但收获同样巨大。在整个设计中我懂得了许多东西，也培养了我独立工作的能力，树立了对自己工作能力的信心，相信会对今后的学习工作生活有非常重要的影响。虽然这个设计做得如何还有待检验，但是在设计过程中所学到的东西是这次毕业设计的最大收获和财富，将使我终身受益。

程　龙

几个月的联合毕业设计终于画上了一个圆满的句号，回想起毕业设计的整个日程，心里还是感慨万千，其中辛酸苦辣，最后也乐在其中。感谢队友——杨光平，在大学的最后一个学期，仍然可以一起踏实地勾勒我们对于柳埠镇生态小城镇的构思。感谢指导老师——李伦亮老师的教导，让我们不仅在专业上受益匪浅，在做人做事方面更加明确了一点——踏踏实实地做好下一步。

为期四个月的毕业设计终于完成了，从实地调研到最后的图纸和汇报，每一步我们都遇到了挫折，但我们最终找到了办法去克服毕业设计中的"疑难杂症"，正是因为老师和队友的帮助，让我有了坚持和前进的动力！站在大学五年的尾巴上，回顾自己的城乡规划的五年，收获万千，这些经历都成为了我心头的纹路，不断激励着我之后要走的道路。

杨光平

现在的毕设都流行搞个"大新闻"，这次的联合毕设也属于这一类。但我不得不说这个"大新闻"搞得还是挺好的。4个月的时光匆匆而过，也许是的忙碌，或许是小组成员的交心与包容，让我忘却即将离别的伤痛。

熟悉新的设计模式可以说是我最大的收获，脱离以往任务书设计方案的模式，这次的设计自开题起就保持了十分强的开放性和自由度，此外，通过联合毕设的教学与训练，在这个输入与输出交叉的过程中，我进一步掌握了规划的思考方式、沟通方式以及合作方式。从事规划行业很重要的是要有丰富的阅历、正确的价值观和良好的团队合作能力，在面对复杂的社会问题时能够从容应对，而联合毕设给了我们一个非常好的平台与机会。

寥寥数语，不足以表意。但还需再次感谢李伦亮老师的认真辅导与教诲，感谢我的可爱的小伙伴龙哥的信任与支持。愿"7+1"联合毕设活动可以成为规划学生的历练场，在未来诞生出更多优秀、精彩的方案。

莫心语

非常幸运地能够参与本届"7+1"联合毕业设计，与以往课程设计不同，此次济南南山柳埠镇课题的现场调研更为全面，时间较之以往更为充裕，初期调研由来自天南海北七个不同学校的同学们合力完成，内容更完整，效率更惊人，这也让我深深地感受到团队合作的力量和互相学习重要性。

本次规划范围3.9平方公里，我选择的进行城市设计的地块面积达1.8平方公里，未严格按照设计任务书的50-60公顷来进行。之所以选择这么大的地块，是因为在我看来规划范围核心地块面积颇大，并且这样的面积之下才能够很好地体现城市设计中一个统筹控制的思想，不局限某一地块小打小闹，重在体现地块主要与次要职能，与周边环境的关系，多个层次的整体控制等。本次我将设计主题定为"乐活其里，山水之间"，对于调研背景和现状进行核心把控，以山水筑体，文化筑魂，活力筑形，而乐字便是我们的规划愿景，我们致力于将其打造成整个柳埠镇的生态宜居地，欢乐活力的小城镇中心以及旅游服务核心，集文化休闲，生态居住，商务办公，娱乐活动为一体，在整个济南市对南部山区"南控"的背景下，引入多种对生态环境无不良影响的产业，大力发展镇区经济，树立乐山水，乐文旅，乐生态的片区形象。

此次联合毕设顺利拉下帷幕的同时，也给予了我对于课题，对于设计的思考。如何最大限度绽放大城市周边小城镇的生命力，协调地区发展与生态保护之间的矛盾，是我们需要不停探索的问题。而在设计之路上摸着石头过河的我们，伙伴的参与和助力不可或缺，以后的我们都将成为团队里的一员，如何高效合作交流，向他人学习，以及绽放自身的光彩，这些书本里学不来的知识，都将使我们受益终身。

裴　萍

本次毕业设计是我们作为学生在学习阶段的最后一个环节，是对所学基础知识和专业知识的一种综合应用，是一种综合的再学习、再提高的过程，这一过程对我们的学习能力和独立思考及工作能力也是一个培养。在完成毕业设计的时候，我尽量把毕业设计和实际工作有机地结合起来，实践与理论相结合。这样更有利于自己能力的提高。

在做毕业设计的过程中，在遇到自己很难解决的问题的情况下，在查阅了一些资料和经过老师与同学的帮助下，这些问题才得以解决，从而顺利地完成这份毕业设计。亲身去实践的过程，不仅仅锻炼了我们理论上的能力，到实践上同样是一种很好的锻炼。在设计中要保持清醒的头脑，不断接受新事物，遇到不明白的要及时请教，从中获益，让自己的思想也不断得到修正和提高。在走出校园，迈向社会之际，把握今天，才能创造未来，老师的熏陶和教诲，使我懂得了更多处世为人的道理，有了一定的创新精神和钻研精神。

总之，对于这一次毕业设计，我感觉个人不但比以前更加熟悉了一些规划方面的知识，还锻炼了自己的动手能力，觉得收获颇丰。而在以后的学习工作中，我们也应该同样努力，不求最好、只求更好！还有就是，想在此对于我的指导老师和同学们表示衷心的感谢，感谢他们在这毕业设计过程中给我的帮助！

安徽建筑大学

周 阳

作为五年本科学习的收官之作，"7+1"联合毕业设计是对我们五年学习的最终检验，很荣幸能参加第九届全国城乡规划专业"7+1"联合毕业设计，由衷地感谢吴强老师对我们的信任与教诲，非常感谢各位同伴几个月来的相互交流与合作。

"生态·诗画"主题下的济南市南部山区生态小城镇城市设计包含两个主要内容：总体城市设计以及局部地段的城市设计。作为总体城市设计而言是我们五年来没有涉及过的，是我们第一次对于一个小城镇的未来发展提出我们自己的畅想。从前期为期近一周时间的调研，让我们对于柳埠镇当地城镇现状有了大体上的了解，通过老师同学之间的交流，我们得到了关于本次城市设计的基本思想与主要技术路线，抓住柳埠镇自然山水空间格局、特色建筑、特色产业、旅游专线等特质，提出柳埠镇未来城市发展目标，以及城镇平面空间形态。

最后感谢山东建筑大学、济南市规划设计研究院以及济南市南部山区管理委员会和安徽建筑大学的支持与奉献，衷心祝愿参赛的各位老师同学越来越好，祝愿"7+1"联合毕业设计越办越精彩。

赵子涵

通过本次联合毕业设计课题，我对以城市意象为主导的涵盖总体规划架构和详细地段设计的城市设计方法有了更加清楚和系统的认知。通过现状要素提炼出的城市意象，其对于总体规划架构的调节也让接下来的空间规划更加轻松和明确。将当地实际种植产业与城市空间意向的形态相互结合，二者相辅相成，为对方的持续存在提供了坚实的基础，也是对"生态·诗画"的一种有力解读。今后在思考大城市周边小城镇的发展方向时，尤其是在鼓励开发特色旅游型城镇的当下，这种空间形态与实际产业相结合的设计方式为接下来要做的研究课题提供了更加有趣并且可行的思考角度。

潘鸣亚

现在回想起这一个学期的毕业设计，我觉得自己收获颇多，不仅是从专业知识和设计方法上，更多的是设计思路和探知精神的生成上。

从设计思路上来说，作为一个以生态、文化旅游为定位的小城镇设计来说，我们认为设计的重点应在保护南山生态环境、发掘人文旅游资源、改造旧城风貌上。本次的课题是"生态·诗画"，我们是从滨水活力空间入手，建设滨水公园和商业步行街；依据周边山体地势建设绿带，力求从人的角度游览城镇时，能有完整的山水视廊体验，感受到生态小城镇之美。

从探知精神上来说，经过一个学期的学习，我从吴老师那里学到了探求事物本质的精神，不论是研究还是设计层面，要多加思考，对问题的本质还有设计的导向要有明确的认识，不能浮于表面，从本质入手，抓住主要特质，发现主要问题，才能做好一个设计。

本次毕设让我对于小城镇，尤其是大城市周边的小城镇的设计有了更深的了解。着眼其现有的资源和发展潜力，在立足于生态保护这一关键问题上，进行合理的城市设计，还要关注产业与城市的相融，让小城镇不仅有着良好的生态环境，还有着经济发展的动力，让设计方案更加具有实际意义。

谢 鸣

在设计思路上，鉴于柳埠镇的全国示范性生态重镇和全国历史文化旅游名镇的定位和现状的矛盾，我们认为此次城市空间的架构重点应该侧重于严守生态红线的基础上充分发挥其历史文化悠久，自然资源丰沛的优势，实现其战略定位。我们总体指导思想是"生态管控、传承历史、发掘潜力"。就本次的设计课题"生态·诗画"我们要立足于提升滨水活力空间，整改镇区建筑风貌，依托自然地理格局，将柳埠镇打造成为全国示范性生态重镇和旅游名镇。在充分考虑用地性质和城市职能空间布置等理性思考之上，根据周边自然地理环境，将设计方案提升到理性感性并存的高度，用浪漫主义手法，依据凯文·林奇城市意向五要素指导，借鉴巴西利亚规划方针，将凤凰的意向引入城市空间整体架构。

经过本次课题毕业设计，我对大城市周边的小城镇的总体城市设计有了更深入的了解。大城市周边的小城镇通常作为特色小镇来开发，通过与大城市的交流带动本地经济发展。同时，作为规划设计者的我们应当更加关注当地的生态，严守"绿水青山"，时时刻刻牢记生态的重要性。此外，我们还应当关注当地所特有的历史文化和特色产业，将方案赋予特质，使其具有落地性。

浙江工业大学

方俊航

非常荣幸可以参加这次的联合毕设，感谢各个学校老师同学们的点评合作，最感谢的是指导我们小组毕业设计的三位老师，不断地提供支持与帮助。济南柳埠是个惬意的小城镇，虽说不上多舒适，但四季变化的生态环境，禅音袅袅的佛寺石塔，还有朴实随意的小镇生活让我们觉得柳埠是一个挖不完的宝藏。得益于这次选题的开放性，我们根据对内对外的需求，配合城市设计的空间指导，重点突出从需求导向，到空间设计，搭建了我们的设计框架。我们的规划设计始终贯穿着我们对生态的重视，对基地的理解，希望打造一个有康养特色的生态小城镇，而地块设计方案谈不上多精致多出彩，但也还是顺利表达出了我们对它的愿景。

能够与许多优秀的同学一起交流合作学习也是非常快乐的，而且这也是给了自己这五年大学生涯提交了一份较满意的答卷，万事皆有遗憾，数学物理的最终结果是确定的，但我们做的成果在不同人眼里是不一样的花，学校的最后一次创作，不为他人，只为向自己证明，这五年没荒废。

朱灵巧

首先非常荣幸可以参加这次联合毕业设计，感谢在此过程中各校老师对我们提出的方向和建议，以及由衷感谢本校老师对我们的悉心指导和支持，感谢我的队友方俊航同学一路以来的相互扶持与鼓励。

其实柳埠生态城镇设计的选题对我们来说很具有挑战性。柳埠是一个什么样的城镇？有着良好的生态环境，同时面临落后的产业状态，空心化的人口结构。但是柳埠又是非常幸运的，它有着独特的本底优势，让它在历史的长河中熠熠闪光。说到底，难在何处，还是"生态"两个字。该如何将它一以贯之？我们做了大量的前期工作，从分析场地内部需求、资源困境到外部市场的竞争与导向，再包括职能的研判和类似案例的分析，最终我们赋予了柳埠以"康养"的主题。在后期的设计中，我们始终以"康养"为引导，以"生产、生活、生态"的三生理念为框架来导出我们的设计，并尽力使柳埠达到我们"四时山城·康养柳埠"的愿景。

感谢这次联合毕设，成就了一段难忘的大学经历。

李入凡

毕业设计的结束也意味我的本科时光将告一段落。非常感谢山东建筑大学作为东道主的组织和招待，也很感谢徐鑫、龚强、周骏老师和其他院校指导老师的悉心指导。本次的"生态·诗画"的主题是一个非常开放的命题。我们在研究和解读这个题目的过程中也因为主题的开放性遇到过阻碍。最后也多亏老师的指引和自己的想象力，更深入地剖析了柳埠的资源和环境，提出了新的特色。联合毕业设计的机会也让我多了不少新的体验。这次深入了解一个山东的山区城镇，体会南北两地不同的生活生产习惯和城镇风貌。同时借此机会能够感受济南这座城市的面貌和风情。在汇报中，能更直观地从大家的汇报当中明白自己的优势和能力的短板，也在汇报的过程中获取了其他院校的导师中肯的评价与指导。

总而言之，这次联合毕设不仅是一个展现实力、提升自我的新平台，也是不可多得的多方交流机会。希望在这次联合毕设中，我和我的搭档充分展现了浙江工业大学的风采，也预祝今后的联合毕设能够碰撞出更激烈的思维火花。

何芊荟

随着毕业设计落下帷幕，本科五年的学习时光也画上了一个句号。很有幸，本科阶段的最后一个设计能够与其他六所高校一起调研，一起学习，一起交流。从调研方式到后期策划思路以及方案构思都见到了很多新的思路。非常感谢山东建筑大学作为东道主的组织和招待，各个院校指导老师的指导。联合毕业设计也让我有机会能够在山东的山区城镇进行深入的调研，了解与体验济南的风土人情，体会南北两地、山区与平原的不同的生活习惯，不同的城镇特色。本次"生态·诗画"的主题十分契合环山抱水的柳埠。南山是济南的生态之源，泉水之源，文化之源，而柳埠则是南山的一颗璀璨明珠。我认为保护与发展的共生是本次解题的重点与难点。如何在保护生态，保护泉水之源的同时，解决居民发展难的问题，使居民有良好的居住环境的同时，获得就业机会，带动柳埠经济的发展为我们本次规划设计的重点。

非常感谢徐鑫、龚强、周骏老师一路的指导与帮助，也很感谢搭档和自己一克服阻碍，一起解决难题。这次联合毕业设计是一个不断学习交流，展示自己，提升自己的过程。

秦佳俊

2019年6月10日，第九届全国城乡规划专业"7+1"联合毕业设计——"生态·诗画"济南市南部山区生态小城镇城市设计汇终期汇报在安徽建筑大学系楼顺利举行。课程参与单位包括西安建筑大学、浙江工业大学、北京建筑大学、苏州科技学院、福州工学院、山东建筑大学六个学校，各校师生积极参加了交流活动。

本次毕设交流汇报的目的主要是帮助同学们把研究方向、明确工作思路，同时检查工作成果。各校的规划小组轮流展示毕设成果，同学们立足于济南省会城市的背景，从不同的尺度思考生态小镇的问题和定位，探求持续存在的城市边界小城镇地区的未来内涵演变与功能创新，从不同的视角结合区域交通、边界生态、城市肌理等尝试探索落到城边生态小镇地区的空间表现形式。

经过老师们的点评，各校规划小组均表示收获满满，来自不同学校的思路、方法、方案都有各自的精彩之处，激发了同学们相互学习的热情和动力。老师们分别对本次联合毕设的理念进行归纳总结，并对后阶段的毕业设计也提出殷殷期望。

沈文婧

在本次毕业设计的过程中，从对场地、现场调研，到定位、构思，以及方案的细化深化，感触良多。我们来到济南城边的生态受隔的小镇，充分感受到了这里与浙江的不同的文化与风土人情，也要求我们在后面的学习中需要因地制宜，考虑地方的条件与需求。这次的课题相比以往更有难度，因为设计更多规划层次，更能体现规划对于城市设计大方向上的引导与控制作用。通过这次训练，新接触到的是总体城市设计，从一开始的摸索，到后来慢慢对这一工作层面产生更深的理解，老师在工作的过程中对我们认知的不足与偏差也进行了许多解释与指正，其中花费了许多时间，但我觉得这段经历是此次毕设最大的收获，帮助我更好地理解规划专业以及城市设计这项工作，为我未来的学习积累了经验。联合毕业设计也为我提供了一个向其他学校的老师、同学学习的平台，在这里我能接触到很多新的东西，充实自己的认知。希望联合毕业设计能越来越好！

姚海铭

本次设计综合柳埠交通条件、地理位置等因素，将柳埠镇区定位为南部山区旅游大本营，承接旅游集散、游客休整住宿饮食等功能，服务于上位规划划定的"文韵山水"与"奇峰丛林"片区。整个方案形态以柳埠山水环境为依据和基础，融合梳理居民与游客需求以科学布置功能用地，期望营造"晨赏山水韵，暮栖鸟林间"的生态生活体验。

通过对本次毕业设计基地多样的发展方向和限制条件的多次探讨，通过对生态受限向生态优势的思维转换，我丰富了设计思维。从杭州到济南，风、光、水、鸟、林、草……无不在向我诉说属于它们的独特。通过对自身所不熟悉的风土地貌的探讨研究，意识到眼界尚且狭隘。规划需要经历，需要体验，没有普适的模板，是一个确实需要"读万卷书，行万里路"的行业。

感谢山东建筑大学与安徽建筑大学所做的工作，使我有幸与其他各校同学相互交流学习，愿诸位同道未来可期！

金利

下大巴的第一眼，是柳埠的风卷着尘土飘荡在陈旧的街道。做小城镇的城市设计的难度远远超乎了我们的想象。这个小镇有着自己独特的机遇和困境，我们试着了解它，感受它，再结合自己的认和和判断"规划"它。塑造柳埠的形象面貌，打造优质的空间品质，释放强大的公共活力等价值观在设计过程中起了很大的作用。我们希望通过规划设计使柳埠可以更好地把握机遇，冲破发展的瓶颈，走出自己的城镇发展之路。在建设和发展、生态和保护的博弈中把握动态平衡。

几个月的毕设周期很短，我们研究的深度也有所不足，但是在这个过程中还是收获了很多东西。在和各个学校同学一起研讨的过程中，看到了许多不同的观点，听到了许多不同的声音，感谢"7+1"提供了这个平台。

希望同学和老师们在未来的规划旅程中可以继续思考、继续探索，为城乡发展出谋划策砥砺前行。

福建工程学院

周永明

随着毕业日子的到来，七校联合毕业设计也接近了尾声。经过四个月的奋战，毕业设计终于告一段落，接下来迎接我们的将是新的挑战。能够参加此次七校联合毕业设计感到非常荣幸。这次毕业设计为我五年的大学生活画上了圆满的句号。在此次的联合毕业设计中，能与来自不同学校的同学相互学习、相互交流，使我获益良多。同时也让我学习到新的方法和知识，发现了自己的不足和漏洞，促使我不断提高自己，为毕业后的工作打下良好的基础。

通过此次毕业设计，让我对"泉城"济南这座城市有了更深入的了解，更新了济南印象，感受了济南的人文魅力。毕业设计的整个过程中，从前期调研、中期汇报到毕业答辩，从一个模糊的想法到方案的一步一步推进到最后方案定稿，这期间，尽管有过迷茫、失望，但更多的是坚持、努力和成长。非常感谢此次毕业设计让我获益良多；感谢这期间耐心指导我们的杨昌新老师，总是认真地给我们提供修改建议与新的想法，帮助我们不断改善和提升设计方案。

林航蕾

这一次的七校联合毕业设计的主题是"生态·诗画——济南南部山区生态小城镇城市设计"。小城镇不同于大城市，我们在设计策略上提出了"留"和"布"两大策略，从山、水、城、文出发试图书写柳埠闹市寻禅，山水溯昔的篇章。希望留住柳埠文化，留住城镇特色，实现柳埠发展。最终我们通过城镇视觉廊道的打通，特色水岸的处理，文化体系的构建，道路系统的完善，建筑形态的塑造实现我们的主题。虽然最后由于时间和精力的关系完成的成果和自己的最初预想还有一段距离，可是在过程中也算是尽己所能了。

以为遥遥无期的五年大学时光在联合毕业设计完成的那一刻落下了帷幕。在参加联合毕业设计的过程中，有不安，有彷徨，也有喜悦与希望。谢谢杨昌新老师、杨芙蓉老师、卓德雄老师、张虹老师在设计过程中的悉心指导，特别感谢杨昌新老师与张虹老师一路的陪伴以及我的搭档在这三个月的时间里与我的配合。

林雨琦

时光荏苒，五年的时光转瞬即逝。转眼间，我们即将离开大学，步入另一个充满未知和挑战的世界。而我也在老师和同学们的帮助与指导下，收获了一份份惊喜与成长。从大一对规划专业的一无所知、不知所措；到大三初次接触规划，剖析问题，建立体系；再到大五时与团队一起共同协作完成一份城市设计，感受营造美好人居环境的富足感。我渐渐在这个过程中对城市、规划、空间、设计等有了一定的认知，也感受到规划设计对一个人价值体系的影响。

很荣幸能参加第九届"7+1"全国城乡规划专业联合毕业设计，感谢这次活动，让各个学校的优秀人才能齐聚济南，相互交流，相互学习，感谢老师和队友在其间给予的指导和帮助，在这短短的三个月时间里充满了欢笑与泪。最后，要感谢各大高校的评委老师们，在涉及人口、产业、空间、交通、建筑、景观等诸多方面的庞杂综合体里，为我们一一指出设计的不足之处，拓展设计思路的同时，也使我对方案有了更深的理解。随着毕业设计的结束，我的大学生活也即将告一段落，愿能在未来的人生路上活出不一样的精彩！

宋金芪

很荣幸能参加第九届"7+1"全国城乡规划专业联合毕业设计，让各个学校的优秀人才能齐聚济南，相互交流，相互学习，在这短短的三个月时间里。学习到了与平时课程设计不同的东西。

这一次的七校联合毕业设计的主题是"生态·诗画"。我们在设计策略上提出了"聚核""慢居""驻游""织网""活水""留绿"六大策略，分别对应空间上的核、块、点、网、带、面的空间结构。大量保留非建设用地，用大开大合的空间，沟通山体视线。希望保住柳埠诗画绿山青水，留住城镇空间特色，提升产业，继而实现柳埠发展。

以为遥遥无期的五年大学时光在联合毕业设计完成的那一刻落下了帷幕。在参加联合毕业设计的过程中，有焦虑不安，也有欢呼。谢谢杨昌新老师、杨芙蓉老师、卓德雄老师、张虹老师在设计过程中的悉心指导，特别感谢杨芙蓉老师一路的陪伴以及我的搭档在这三个月的时间里与我的配合。

范冰冰

时间就像洪流，不知不觉，我已经做完了这个联合毕设。回首往昔，在不断的反复中走过来，有过开心，有过失望，有过失落，也有收获。这次毕设的主题是"生态·诗画"，是我们以前较少遇到的从景观方面考虑小城镇的设计。在认真地研判了柳埠的发展之后，我们总结了一句话"泉源觅山水，柳畔话平生"。通过"河""柳"两个元素的结合，打造滨水活动以期回归这种独特的安静舒适的生活模式。小组判定它适合发展文旅小镇。而文旅小镇主要的设计点在于如何让人们在体验的过程中感受我们想要表达的文化，所以项目策划也是一个很重要的内容。在这个"慢城镇"中，慢行交通是一个极为重要的设计点。借鉴蔓藤的形态，通过立体的慢行交通去联系各个功能组团，同时打破整个呆板的平面，让柳埠这个地方也有它的独特之处。时间有限，我们做的设计只能从一个角度切入来为柳埠出谋划策，但希望人们在对城镇的真实改造中思考得能够更为深入。

韩东森

依然清晰地记得初到柳埠时的场景，分组、分工、调研……七校的学生交叉组合，很荣幸能在自己五年本科的最后时光加入到七校联合毕业设计，与其他各校的同学交流合作，它不仅是对自己能力的提升总结，还是一个跳出原有圈子与其他学校交流的平台，此次毕业设计过程是从现场调研，对基地的分析开始，经历了方案理念，设计策略的思考，再到设计方案的推敲，最终成果的制作。此次毕业设计不仅反映出了自己的短板之处，需要在之后的生活学习中做出调整，当然也对自己的综合能力有了提升，解决了很多复杂的问题。此次联合毕业设计也给了我们与其他学校学生交流的机会，"学而不思则罔，思而不学则殆"，这次设计让我体会到学习与思考的重要性，设计不是画图，设计需要逻辑的支撑，它是思想的载体，也是心意的呈现，此次毕设让我对城市设计有了更深的思考，更多的兴趣。再次感谢七校联合毕设，感谢山东建筑大学、安徽建筑大学的辛苦与付出。

林畅

在设计过程中，我们从柳埠街道区域的特性出发，提出打造柳埠－泰山的联动发展，提出"一芯引领，双脉链接，五区联动"的规划构想，通过对禅境山水文旅片区的详细刻画，实现"柳埠山水存雅韵，神通古寺觅禅心"的设计愿景。初次体验与不熟悉的搭档完成一份设计成果，从最初的磨合到之后的配合，很大程度上提升了我的人际交往能力与应变能力，因为个人对时间和整体进度把握失调，设计成果与预期的差异较大，还有很多的设想未实现，但这个过程中也算是竭尽所能，所以也没有太大的遗憾。

特别感谢母校能够提供我这次参与联合毕业设计的机会，能够与不同学校的学生交流学习，更让我深刻认识到自己还有太多不足的地方需要完善；感激指导老师张虹在设计过程中的悉心指导和杨昌新、杨芙蓉、卓德雄老师的指点；谢谢搭档一路以来的包容和配合；感谢山东建筑大学和安徽建筑大学体贴周全的接待。希望未来的规划之路能守得初心，实现理想和展望。

王子宪

随着毕业日子的到来，毕业设计也终于结束了。经过几个月的奋战毕业设计终于完成了。在没有做毕业设计以前觉得毕业设计只是对这几年来所学知识的单纯总结，但是通过这次做毕业设计发现自己的看法有点太片面。毕业设计不仅是对前面所学知识的一种检验，而且也是对自己能力的一种提高。通过这次毕业设计使我明白了自己原来知识还比较欠缺。自己要学习的东西还太多，以前老是觉得自己什么东西都会，什么东西都懂，有点眼高手低。通过这次毕业设计，我才明白学习是一个长期积累的过程，在以后的工作、生活中都应该不断地学习，努力提高自己的知识和综合素质。在这次毕业设计中也使我们的同学关系更进一步了，同学之间互相帮助，有什么不懂的大家在一起商量，听听不同的看法有助于我们更好地理解知识，所以在这里非常感谢帮助我的同学。在此更要感谢我的指导老师对我的悉心指导，感谢老师给我的帮助。

179

后记
Postscript

　　本书记录和呈现的是第九届"7+1"全国城乡规划专业联合毕业设计教学过程以及学生作品。北京建筑大学、苏州科技大学、山东建筑大学、西安建筑科技大学、安徽建筑大学、浙江工业大学、福建工程学院师生以及济南市规划设计研究院、济南市南部山区管理委员会领导和专家的辛劳付出，使得本次活动硕果累累。

　　本次选题由山东建筑大学提出后经多方协商确定，济南市规划设计研究院、济南市南部山区管理委员会给予了大力支持，济南市规划设计研究院的周东所长、段泽坤工程师提供了全面的基础资料和详尽的概况介绍，济南市南部山区管理委员会规划发展局张嘉瑞主任安排了相关部门访谈，并给同学们提出了宝贵的建议，在此对他们的大力支持表示感谢！

　　本届联合毕业设计的终期答辩和成果展览是在安徽建筑大学举行的，因此要特别感谢安徽建筑大学建筑与规划学院吴运法院长、王薇副院长、杨新刚老师、吴强老师、李伦亮老师、于晓淦老师及其相关师生为此次答辩顺利进行所做的大量工作。同时要感谢七校各位老师和同学们的辛勤付出，感谢中国建筑工业出版社对联合毕业设计成果出版的大力支持，这本充满生态智慧与诗画意境的教学成果才最终得以呈现。最后感谢山东建筑大学建筑城规学院仝晖院长、陈有川、任震副院长对本次联合教学的指导、帮助和支持。

　　预祝"7+1"全国城乡规划专业联合毕业设计越办越好！明年安徽再相聚！

山东建筑大学建筑城规学院

2019 第九届"7+1"联合毕业设计指导教师组

2019 年 7 月